高职高专“十二五”规划教材

生物技术系列

基因操作技术

彭加平　田　锦　主编

化学工业出版社

·北京·

内容提要

本书为项目化教学改革配套教材，具体以大肠杆菌丝氨酸羟甲基转移酶基因（*glyA*）的克隆和表达为任务目标，按照基因工程的操作流程将相关知识和技能分解为前后连贯的9个项目、31项任务，涉及的主要内容包括核酸的分离纯化技术、PCR技术、DNA体外重组技术、琼脂糖凝胶和聚丙烯酰胺凝胶电泳技术、分子杂交技术、基因操作安全及防护技术，以及基因操作常用溶液及试剂配制方法等。全书突出技术原理和操作技能的有机融合，深入浅出，图文并茂，便于学生“做中学”和“学中做”，适合项目载体、任务驱动的行动导向教学。

本书可作为高职高专生物技术及应用、生物制药技术、食品生物技术及相关专业师生的教材，也可供制药、食品企业相关技术人员参考。

图书在版编目（CIP）数据

基因操作技术/彭加平，田锦主编．—北京：化学工业出版社，2013.1
高职高专“十二五”规划教材　生物技术系列
ISBN 978-7-122-16106-2

Ⅰ.①基…　Ⅱ.①彭…②田…　Ⅲ.①基因工程-高等学校-教材　Ⅳ.①Q78

中国版本图书馆CIP数据核字（2012）第304329号

责任编辑：梁静丽　李植峰　　文字编辑：周　倜
责任校对：宋　夏　　装帧设计：关　飞

出版发行：化学工业出版社（北京市东城区青年湖南街13号　邮政编码100011）
印　　装：北京云浩印刷有限责任公司
787mm×1092mm　1/16　印张13　字数228千字　2013年3月北京第1版第1次印刷

购书咨询：010-64518888（传真：010-64519686）　售后服务：010-64518899
网　　址：http://www.cip.com.cn
凡购买本书，如有缺损质量问题，本社销售中心负责调换。

定　价：26.00元

《基因操作技术》编写人员名单

主　　编　彭加平　田　锦

副 主 编　黄晓梅

编写人员　（以姓氏笔画排列）

王小国　（三门峡职业技术学院）

韦平和　（常州工程职业技术学院）

田　锦　（北京农业职业学院）

连瑞丽　（郑州牧业工程高等专科学校）

汪　峻　（湖北生物科技职业学院）

沈建华　（南京化工职业技术学院）

高勤学　（江苏畜牧兽医职业技术学院）

黄晓梅　（东北农业大学）

彭加平　（常州工程职业技术学院）

前言

高职教育是我国高等教育的重要组成部分。21世纪以来，高职教育为经济社会发展服务，培养了大量高素质技能型专门人才。近年来，国家加快经济发展方式转变、产业结构调整和优化升级，对高职教育提出了更新、更高的要求。因而，迫切需要与之相适应、专业与产业对接、课程内容与职业标准对接、教学过程与生产过程对接、适合高素质技能型人才培养使用的教材和教学资源库。为此，我们在化学工业出版社的组织下编写了高职《基因操作技术》教材。

基因工程是在分子水平上对生命复杂现象的认识和操作，内容丰富，概念抽象，技术含量高，操作流程长。传统的基因工程教材，内容偏于理论化，实验安排大多是独立的，缺少技术上的连贯性和系统性，不利于培养以应用为目的的高素质技能型专门人才。基于这一认识，我们把基因工程特点、现状和高职教育特色结合起来，力求将《基因操作技术》编写成能适应高职教学改革、与当前高职院校正在积极探索的项目化教学相配套的项目化教材，强调行动导向、项目载体、任务驱动，着重解决“怎么做”和“怎么做得更好”，以满足高职教育人才培养目标之要求。

本书围绕大肠杆菌丝氨酸羟甲基转移酶基因（*glyA*）的克隆和表达，按照基因工程的操作实际和基本流程，分解为9个项目（27项任务）实施，即基因操作安全及防护→基因操作常用溶液及培养基配制→细菌基因组DNA的制备→PCR扩增目的基因（*glyA*）→质粒pET30a的小量制备→琼脂糖凝胶电泳检测染色体DNA、PCR产物及质粒pET30a→将*glyA*克隆至质粒pET30a→将含*glyA*基因的重组质粒转化至大肠杆菌$DH_{5\alpha}$→重组子的鉴定及基因表达产物分析。其中，前两个项目为后续七个项目的前导项目；前一项目是后一项目的基础，后一项目的实验材料由前一项目提供；每个项目由2～5个任务组成，突出培养学生的动手操作能力和实际应用能力，并且设置“必备知识”作为任务的理论补充，“能力拓展”用于扩展学生的知识面和操作技能，“结果分析”和“实践练习”有助于培养学生分析和解决问题的能力。

本书由南京化工职业技术学院、郑州牧业工程高等专科学校、北京农业职业学院、湖北生物科技职业学院、江苏畜牧兽医职业技术学院、东北农业大学、三门峡职业技术学院、常州工程职业技术学院的骨干教师联合编写，彭加平负责全书的统稿和定稿，韦平和不仅参与了教材编写，而且协助主编做了许多工作，谨此表示谢意。

本书可供高职生物技术及应用、生物制药技术、食品生物技术等专业作为教材使用，亦可供相关技术人员参考。

由于编者水平有限、经验不足，本书中存在的疏漏和不足之处，敬请同行和广大师生批评指正。

编　者

2013 年 1 月

目录

项目五 质粒 pET30a 的小量制备 / 95

项目六　琼脂糖凝胶电泳检测染色体 DNA、PCR 产物及质粒 pET30a / 117

项目七　重组质粒的制备将丝氨酸羟甲基转移酶基因（*glyA*）克隆至质粒 pET30a / 132

项目八　将含*glyA*基因的重组质粒转化至大肠杆菌DH5α /151

项目九　重组子的鉴定及基因表达产物分析 /168

项目一

基因操作安全及防护

学·习·目·标

【学习目的】

对基因操作有整体认识，重视基因操作中的生物危害，掌握基因操作中常用试剂和仪器的正确使用、标准操作和注意事项。

【知识要求】

1. 理解基因工程的概念及操作流程；
2. 了解基因操作危险因素、危害程度和生物安全水平分级；
3. 熟悉不同生物安全水平的操作规范。

【能力要求】

1. 会正确选择和使用基因操作常用有毒化学试剂，并注意其防护措施；
2. 会正确操作基因操作常见的仪器设备规程；
3. 会正确处理基因操作生物危害废品。

※ 项目说明

本项目是本教材的第一个项目，为后续八个项目的前导项目，主要介绍两方面内容：一是基因工程的概念、操作流程和发展概况，让学生感知基因工程，特别是操作层面上的基因工程基本流程，教材的项目编排顺序，也是根据这一操作流程进行设计的；二是基因操作中涉及的生物安全知识和防护技术，重点描述基因操作常用试剂和仪器的正确使用、标准操作以及生物废料的处理方法。此外，在能力拓展部分还介绍了实训室用电安全、火灾预防及急救。通过这些安全知识和防护技术的学习，保证学生顺利完成各项实训任务，同时做到不伤害自己、不危害他人、不污染环境，体现安全第一、以人为本。

※ 必备知识

一、基因操作概述

1. 基因工程的概念

基因工程（gene engineering）是指将一种供体生物体的目的基因与适宜的载体在体外进行拼接重组，然后转入另一种受体生物体内，使之按照人们的意愿稳定遗传并表达出新的基因产物或产生新的遗传性状。供体基因、受体细胞和载体是基因工程的三大要素。基因工程的最大特点是打破了常规育种难以突破的物种界限，可使原核生物和真核生物之间、动物与植物之间，甚至人与其他生物之间的遗传信息进行重组和转移，开辟了定向改造生物遗传特性的新领域。因而，基因工程是现代生物技术中最具生命力、最引人注目的核心技术，已广泛应用于医药、农业、食品、能源和环保等领域，并取得了巨大的经济和社会效益。

基因工程是在分子水平上对基因进行操作的复杂技术，所以也称为基因操作（gene manipulation）；基因工程的核心是基因和载体的重组，基因与载体都是DNA分子，因此也叫做重组DNA技术（recombinant DNA technique）；基因与载体连接形成的重组DNA分子需要在受体细胞中扩增，故又将基因工程表述为分子克隆（moleular cloning）或基因克隆（gene cloning）。另外，与基因工程相关的术语还有遗传工程（genetic engineering）。遗传工程比基因工程所包含的内容要广泛，基因工程主要指基因重组、克隆和表达（分子水平上操作、细胞水平上表达），而遗传工程包括分子水平上的遗传操作（基因工程）和细胞水平上的遗传操作（细胞工程），包括人工改造生物遗传特性、细胞融合、花粉培育、常规育种、有性杂交等。

随着基因工程的快速发展和产业化应用，基因工程的内涵变得更为宽泛，即广义的基因工程包括上游的基因操作和下游的基因工程应用，前者侧重于基因重组、分子克隆和克隆基因的表达（即基因工程菌或细胞的构建），后者侧重于基因工程菌或细胞的大规模培养以及目的基因表达产物的分离纯化。广义的基因工程为DNA重组技术的产业化设计与应用，是一个前后衔接、高度统一的有机整体。上游基因重组的设计必须以简化下游操作工艺和设备要求为指导思想，而下游应用则是上游基因重组设计的体现和保证，这是基因工程产业化的基本要求。

2. 基因工程的操作流程

狭义的基因工程，即基因工程菌或细胞的构建，其基本流程可分为以下四个环节，如图1-1所示。

（1）目的基因的获得　获得目的基因的方法主要有鸟枪法、化学合成法、PCR法等。鸟枪法一般包括提取细胞总DNA，经酶切、克隆至特定载体，再转化至特定宿主细胞，构建具有一定大小的基因文库，然后以同源基因为探针进行杂交获得目的基因。化学合成法合成的DNA片段一般较短，需用DNA连接酶进行连接，从而获得较长的DNA片段。PCR法是目前获得目的基因的常用方法，但其先决条件是基因的核苷酸序

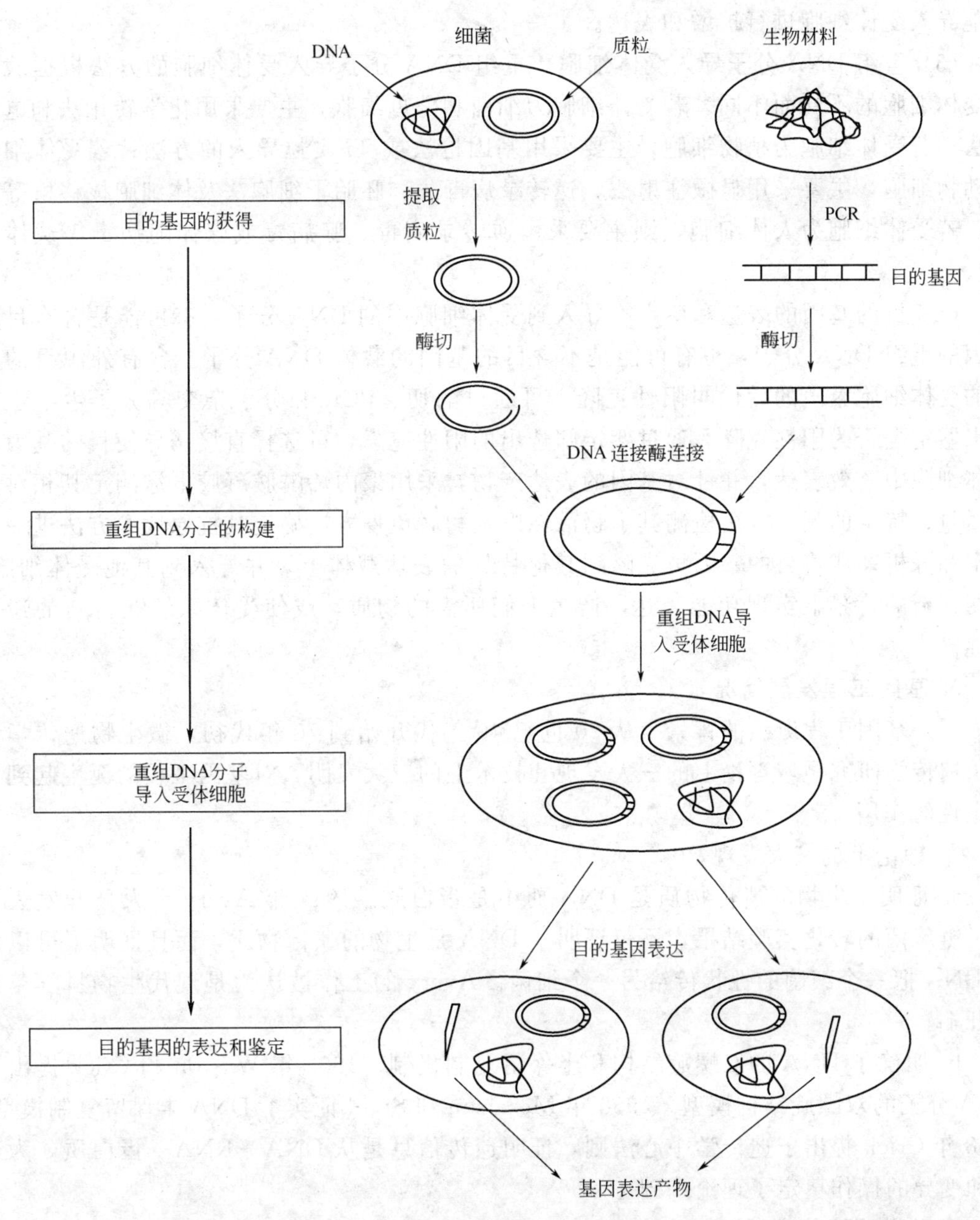

图 1-1 基因工程操作流程图

列必须已知，才能设计引物并进行 PCR 扩增。也可采用反转录 PCR（RT-PCR）等方法，直接从富含目的基因的实验材料提取 RNA，在逆转录酶的作用下获得 cDNA，以此为模板进行 PCR 扩增获得目的基因。

（2）重组 DNA 分子的构建　目的基因只是一段 DNA 片段，一般不是一个完整的复制子，自身也不能高效率地直接进入受体细胞，必须借助基因工程载体才能导入受体细胞进行扩增和表达。基因工程载体包括质粒、噬菌体、黏粒和病毒载体等。选择什么类型的载体要根据基因工程的目的和受体细胞的性质来决定。只有在体外对目的基因与具有自我复制功能并带有选择标记的载体，用限制性核酸内切酶定点切割使之片段化或线性化，然后以 DNA 连接酶将二者连接起来形成重组 DNA 分子，才能将目的基因有效地导入受体细胞进行扩增和表达。

(3) 重组 DNA 分子导入受体细胞　重组 DNA 分子导入受体细胞的方法根据载体及受体细胞的不同而不同。若受体细胞为细菌和酵母细胞，主要采用化学转化法和电转化法；若受体细胞为植物细胞，主要采用基因枪法或 Ti 质粒导入的方法；若受体细胞为动物细胞，主要采用显微注射法、逆转录病毒法、胚胎干细胞法及体细胞核移植等方法；若受体细胞为人体细胞，则主要采用逆转录病毒、腺病毒或腺伴随病毒等载体导入法。

(4) 目的基因的表达和鉴定　导入到受体细胞中的 DNA 分子，有可能是含有目的基因的重组 DNA 分子，也有可能是不含目的基因的载体 DNA 分子。含有外源目的基因的受体细胞繁殖的后代叫阳性克隆。可通过酶切、PCR 和分子杂交等分子生物学方法来鉴定是否为阳性克隆。通过鉴定筛选出的阳性克隆，可选择直接诱导使目的基因在受体细胞中高效表达，并针对基因的表达产物，采用聚丙烯酰胺凝胶电泳测定其相对分子质量、特定的测活方法检测其生物活性以及酶联免疫方法确定其抗原性等方法进一步鉴定和分析；或将目的基因再克隆到其他特异的表达载体上，并导入到其他受体细胞，以便在新的背景下实现功能表达，产生人们所需的物质，或使受体系统获得新的遗传特性。

3. 基因工程发展简况

(1) 基因工程诞生的背景　从 20 世纪 40 年代开始到 70 年代初，微生物遗传学和分子遗传学研究领域理论上的三大发现和技术上的三大发明，对基因工程的诞生起到了决定性的作用。

① 理论上的三大发现

a. 证明了生物的遗传物质是 DNA 而不是蛋白质。1944 年 Avery 等人公开发表了肺炎链球菌的转化实验结果，不仅证明了 DNA 是生物的遗传物质，而且证明了可以通过 DNA 把一个细菌的性状传给另一个细菌。Avery 的工作被认为是现代生物科学革命的开端。

b. 明确了 DNA 的双螺旋结构和半保留复制机制。1953 年 Waston 和 Crick 提出了 DNA 分子的双螺旋结构模型。1958 年 Meselson 和 Stahl 证实了 DNA 半保留复制模型。1958 年 Crick 提出了遗传学中心法则，证明遗传信息是从 DNA→RNA→蛋白质，为遗传和变异的操作奠定了理论基础。

c. 破译了遗传密码。1961 年 Monod 和 Jacob 提出了操纵子学说，为基因表达调控提供了新理论。Nirenberg 等人确定了遗传信息是以密码方式传递的，每三个核苷酸组成一个密码子，编码一个氨基酸。1966 年破译了全部 64 个密码，遗传密码具有通用性，为基因的可操作性提供了理论依据。

② 技术上的三大发明

a. 工具酶的发现。1970 年 Smith 等人在流感嗜血菌（*Haemophilus influenzae*）Rd 菌株中分离出第一种Ⅱ型限制性核酸内切酶 *Hind*Ⅱ，使 DNA 分子在体外精确切割成为可能。1972 年 Boyer 实验室又发现了一种叫 *Eco*RⅠ的限制性内切酶，这种酶每当遇到 GAATTC 这样的 DNA 序列，就会将双链 DNA 分子在该序列中切开形成 DNA 片段。以后，又相继发现了许多类似于 *Eco*RⅠ这样的能够识别特异核苷酸序列的限制性核酸内切酶，使研究者可以获得所需的特殊DNA片段。1967年世界上有5个实验室几乎同时发现了DNA连接酶，这种酶能参与DNA切口的修复。1970年美国Khorana实验室发现的T_4 DNA连接酶，具有更高的连接活性，为DNA片段的连接提供了技术基础。

b. 基因工程载体的发现。科学家有了对DNA切割与连接的工具酶，还不能完成DNA体外重组的工作，因为大多数DNA片段不具备自我复制的能力。为了使DNA片段能够在受体细胞中进行繁殖，必须将获得的DNA片段连接到一种能够自我复制的特定DNA分子上，这种DNA分子就是基因工程载体。基因工程的载体研究先于限制性核酸内切酶。从1946年起，Lederberg就开始研究细菌的致育因子F质粒，到20世纪50～60年代相继在大肠杆菌中发现耐药性R质粒和大肠杆菌素Col质粒。1973年Cohen将质粒作为基因工程的载体使用，获得基因克隆的成功。

c. 逆转录酶的发现。1970年Baltimore等人和Temin等人同时各自发现了逆转录酶，逆转录酶的功能打破了早期的中心法则，也使真核生物目的基因的制备成为可能，为真核生物基因工程打开了一条通路。

（2）基因工程的诞生　1972年，美国斯坦福大学的Berg研究小组应用限制性核酸内切酶*Eco*RⅠ，在体外对猿猴病毒SV40 DNA和λ噬菌体DNA分别进行酶切消化，然后用T4 DNA连接酶将两种酶切片段连接起来，第一次在体外获得了包括SV40和λDNA的重组DNA分子。1973年，斯坦福大学的Cohen研究小组将大肠杆菌的抗卡那霉素（Kan^r）质粒R6-5 DNA和抗四环素（Tet^r）质粒pSC101 DNA混合后，加入限制性核酸内切酶*Eco*RⅠ对DNA进行切割，再用T4 DNA连接酶将它们连接成为重组DNA分子，然后转化大肠杆菌，结果在含卡那霉素和四环素的平板上，选出了既抗卡那霉素又抗四环素的双抗重组菌落，这是第一次重组DNA分子转化成功的基因克隆实验，标志着基因工程的诞生。

（3）基因工程的发展　基因工程技术一经诞生便取得了迅速发展。1976年4月7日，美国基因泰克（Genentech）公司成立，1977年1月该公司成功利用大肠杆菌细胞生产了生长激素抑制素（Somatostostatin），1978年他们又利用基因工程技术生产了重组人胰岛素（Humulin），并于1982年获得美国食品及药物管理局（FDA）批准，由制药巨头礼来公司（Eli Lilly and Company）投放市场，标志着世界上第一个基因工程药物的诞生。从此，开拓了现代生物技术产业，开启了基因工程制药新时代，包括生长激素、干扰素、白细胞介素、凝血因子Ⅷ、组织纤溶酶原激活剂（t-PA）等在内的一批基因工程药物迅速生产出来并在市场上推广。

1982年，Palmiter等把大鼠生长激素基因导入小鼠受精卵获得转基因小鼠——超级巨鼠。

1983年，Zambryski等以根癌农杆菌Ti质粒为转化载体，获得了含有细菌新霉素抗性基因（Neo^r）的第一个转基因植物——转基因烟草。

1983年，Mullis发明了PCR技术。

1985年，基因工程微生物杀虫剂通过美国环保署的审批。

1990年，美国国立卫生研究院（NIH）的Anderson等利用逆转录病毒将正常的腺苷脱氨酶（ADA）基因导入因先天性腺苷脱氨酶缺陷而患重度联合免疫缺陷综合征

(SCID) 的年仅 4 岁女孩 Ashanti de Silva 的淋巴细胞内，开创了医学界基因治疗的新纪元。

1990 年，被誉为生命科学“阿波罗登月计划”的人类基因组计划（Human Geneome Project，HGP）启动。

1993 年，世界上第一种转基因食品“转基因晚熟番茄”正式投放美国市场。

1996 年，利用体细胞核移植技术，英国爱丁堡罗斯林（Roslin）研究所 Wilmut 研究小组第一次成功获得了克隆羊多莉。

2000 年，人类基因组工作框架图正式发布。

2000 年，含有绿色荧光蛋白（GFP）的第一只转基因猴“安迪”在美国诞生。

2009 年，含有红色荧光蛋白的第一批转基因狗在韩国诞生。

2009 年，第一只具有较强学习和记忆功能的 NR2B 转基因“聪明大鼠”“哈卜杰”（Hobbie-J）在中国上海诞生。

自 20 世纪 70 年代初诞生以来，基因工程无论是在基础理论研究领域，还是在生产实际应用方面，都取得了许多惊人的成就，为解决人类社会发展面临的健康、食品、能源、环境等重大问题提供了有力的手段，开辟了崭新的路径。

二、基因操作安全及生物安全操作规范

1. 基因操作危险因素及防护策略

(1) 危险因素　基因操作面临的危险因素主要有：①实验微生物；②重组 DNA 和遗传修饰生物；③化学试剂，包括有毒化学品、易燃易爆化学品、不相容化学品等；④仪器设备，包括高压电器的火灾和触电事故等；⑤辐射，包括电离辐射和非电离辐射；⑥实验动物。

生物危害是基因操作安全的显著特征。基因操作的对象主要是细菌、病毒等微生物和实验动物、植物，它们可以是重组 DNA 实验中的 DNA 供体、受体乃至遗传嵌合体。这些对象的致病性、致癌性、耐药性、转移性和生态环境效应往往千差万别，一旦操作不当就会引起严重后果。其潜在危害主要表现在：一是感染操作者造成实验室性感染；二是含有重组 DNA 的细菌、病毒及动植物逃逸出实验室造成社会性污染。因此，基因操作时必须了解危险因素，重视生物危害，明确安全隐患，严格遵守操作规程，并采取必要的防范措施。

(2) 防护策略　生物安全防护是指避免生物危害物质对操作人员的伤害和对环境污染的综合措施。在基因工程实验室中，对接触生物危害物质的操作人员必须采取以下三条防护策略。

① 尽量防止操作人员在污染环境中接触生物危害物质。

② 设法封闭生物危害物质产生的根源，防止其向周围环境扩散。

③ 尽量减少生物危害物质向周围环境意外释放。

防护策略的基本观点，是对生物危害采取控制的手段，达到预防为主，防患于未然。控制可分为物理控制和生物控制两类。物理控制是对基因操作中可能产生的生物危害物质，从物理学角度进行控制的一种防护方法。它涉及操作方法、实验设备、实验室建筑和相应的设施等内容。生物控制是从生物学角度建立的一种特殊安全防护方法，即

利用一些经过基因改造的有机体作为宿主-载体系统，使它们除了在特定的人工条件下以外，在实验室外几乎不能生存、繁殖和转移。这样，即使这类重组体不慎泄漏出物理控制屏障，也不能在实验室外继续存活，从而达到控制的目的。

2. 危害程度和生物安全水平分级

（1）危害程度分级　《实验室生物安全通用要求》（GB 19489—2004）根据生物危害物质对个体和群体的危害程度，将其分为四级。

① 危害等级Ⅰ（低个体危害，低群体危害）　不会导致健康工作者和动物致病的细菌、真菌、病毒和寄生虫等生物因子。

② 危害等级Ⅱ（中等个体危害，有限群体危害）　能引起人或动物发病，但一般情况下对健康工作者、群体、家畜或环境不会引起严重危害的病原体。实验室感染不导致严重疾病，具备有效治疗和预防措施，并且传播风险有限。

③ 危害等级Ⅲ（高个体危害，低群体危害）　能引起人类或动物严重疾病，或造成严重经济损失，但通常不能因偶然接触而在个体间传播，或能使用抗生素、抗寄生虫药治疗的病原体。

④ 危害等级Ⅳ（高个体危害，高群体危害）　能引起人类或动物非常严重的疾病，一般不能治愈，容易直接或间接或因偶然接触在人与人，或动物与人，或人与动物，或动物与动物间传播的病原体。

（2）生物安全水平分级　根据生物危害物质的危害程度和采取的防护措施，将生物安全防护水平（biosafety level，BSL）分为四级，Ⅰ级防护水平最低，Ⅳ级防护水平最高。以BSL-1、BSL-2、BSL-3、BSL-4表示实验室的相应生物安全防护水平。根据世界卫生组织的分类标准，实验室分为三个级别：①基础实验室，具一级和二级生物安全防护水平；②生物安全防护实验室，具三级生物安全防护水平；③高度生物安全防护实验室，达到四级生物安全防护水平。

3. 基础实验室生物安全操作规范

（1）基本操作规范

① 实验室内应备有可供阅读的实验室安全和操作手册，所有实验人员必须阅读该手册内容，了解生物实验室特殊危害，遵循标准操作规范。

② 实验人员在进行实验之前必须进行有关潜在生物危害、避免接触感染性物质、限制材料的释放等方面的培训，并证明已理解所培训的内容。

③ 禁止在实验室工作区域进食、饮水、吸烟、化妆、处理隐形眼镜、放置食物及个人物品，不提倡在实验室佩戴首饰。

④ 严禁用口吸移液管，严禁将实验材料置于口内，严禁用口舔标签。

⑤ 长发必须盘在脑后并扎起来，以免接触手、样品、容器或设备。

⑥ 只有经批准的人员方可进入实验室工作区域。

⑦ 实验室的门应保持关闭。

⑧ 伤口、抓伤、擦伤要用防水胶布包扎。

⑨ 实验室应保持清洁整齐，严禁摆放与实验无关及不易去除污染的物品（如杂志、书籍和信件）。

⑩ 所有进入实验室和在实验室工作的人员，包括参观者、培训人员及其他人员必

须穿戴防护服，不得在实验室内穿露脚趾和脚后跟的鞋子。

⑪ 为了防止眼睛或面部受到喷溅物、碰撞物或人工紫外线辐射的伤害，必须戴安全眼镜、面罩（面具）或其他防护设备。

⑫ 在进行可能直接或意外接触到血液、体液以及其他具有潜在感染性的材料或感染性动物的操作时，应戴上合适的手套。手套用完后，应先消毒再摘除，随后必须洗手。

⑬ 严禁穿着实验室防护服离开实验室（如去餐厅、办公室、图书馆、员工休息室和卫生间）。在实验室内用过的防护服不得和日常服装放在同一柜子内。

⑭ 如果已知或可能发生暴露感染物质，污染的衣服必须先经过去除污染处理，然后送到洗衣房（除非洗衣房设备在防护实验室内，并能有效去除污染）。

⑮ 应限制使用皮下注射针头和注射器。除了进行肠道外注射或抽取实验动物体液，皮下注射针头和注射器不能用于替代移液管或作为其他用途使用。

⑯ 在脱去手套后、离开实验室之前或在操作完已知或可能的污染物之后的任何时候，必须洗手。

⑰ 工作台面必须保持清洁，发生具有潜在危害性的材料溢出以及在每天工作结束之后，都必须用合适的杀菌剂清除工作台面的污染。如工作台面出现渗漏（如裂缝、缺口或松动）必须更换或维修。

⑱ 所有受到污染的材料、标本和培养物在废弃或清洁再利用之前，必须清除污染。污染的液体在排放到生活污水管道之前必须清除污染（采用化学或物理学方法）。

⑲ 用于消毒的高压灭菌锅的控制系统必须定期进行调节（根据高压灭菌锅的使用频率决定，如每周一次），以保持有效性，记录结果和周期日志并存档。

⑳ 在进行包装和运输时必须遵循国家和（或）国际的相关规定，必须使用防止破裂的容器。

㉑ 在生物有害物质操作和储存的区域，必须有可使用的有效杀菌剂。

㉒ 如果窗户可以打开，则应安装防止节肢动物进入的窗纱。

㉓ 出现溢出、事故以及明显或可能暴露于感染性物质时，必须向实验室主管报告。实验室应保存这些事件或事故的书面报告。

㉔ 应当制定节肢动物和啮齿动物的控制方案。

（2）二级防护水平的操作规范

除了按照基本操作规范外，以下是二级防护水平最低的操作要求。

① 利用可避免感染性物质泄漏的良好的微生物实验室进行操作。

② 在有可能产生气溶胶以及涉及高浓度的或大体积的生物毒性物质的程序时，必须使用生物安全柜。

③ 每个实验室外面都必须张贴国际通用的生物危害警告标志，注明生物危害的符号、防护水平，列出实验室责任人的联系方式，如图 1-2 所示。

④ 仅限于实验人员、动物管理员、后勤保障人员和其他工作人员进入实验室。

⑤ 在防护实验室工作的所有人员必须进行项目操作流程方面的培训。受训人员必须有经过培训的工作人员陪同；参观者、后勤保障人员、门卫和其他人员，必须经过培训或者具备在防护区活动相当的指导。

图 1-2 生物危害警告标志

⑥ 必须制定关于如何处理溢出物、生物安全柜防护失败、火灾、动物逃逸及其他紧急事故的书面操作程序，并予以遵守执行。

※ 项目实施

任务 1-1 基因操作常用有毒化学试剂的选择及其防护

任务描述：

生物危害物质是基因操作面临的主要危险因素，其防护主要依赖上述生物安全操作规范。有毒化学试剂是基因操作遇到的重要危险因素，本任务主要介绍溴化乙锭、苯酚和氯仿等九种常用有毒化学试剂的性质、使用、储存和相关注意事项。

1. 溴化乙锭（$C_{21}H_{20}BrN_3$）

溴化乙锭（ethidum bromide，EB）是一种强诱变剂，并有中度毒性，是基因操作经常使用的一种有害致癌物质。接触含有 EB 的染液要戴手套，不要将该染色液洒在桌面或地面上。凡是污染有 EB 的器皿或物品，必须经专门处理后，才能进行清洗或弃去。

（1）EB 溶液的配制方法　在 100mL 水中加入 1g EB，磁力搅拌数小时以确保其完全溶解，配制成 10mg/mL 的溶液，置棕色瓶，室温保存。配制溶液时要在通风橱内操作，并戴防毒面罩。

（2）EB 溶液的净化处理

① EB 浓溶液（即浓度＞0.5mg/mL 的 EB 溶液）的净化处理　加入足量的水使 EB

浓度降低至 0.5mg/mL 以下，然后在所得溶液中加入 0.2 体积新配制的 5%次磷酸和 0.12 体积新配制的 0.5mol/L 亚硝酸钠，小心混匀，检测该溶液的 pH（应小于 3.0）。于室温温育 24h 后，加入大量过量的 1mol/L 碳酸氢钠。至此，该溶液可以丢弃。

② EB 稀溶液（如含有 0.5μg/mL EB 的电泳缓冲液）的净化处理　每 100mL 溶液中加入 100mg 粉状活性炭，于室温放置 1h，不时摇动。用 Whatman 1 号滤纸过滤溶液，丢弃滤液。用塑料袋封装滤纸和活性炭，作为有害废物予以丢弃。

2. 酚（C_6H_5OH）

又名苯酚、石炭酸、羟基苯，常温下为白色晶体，熔点 40.85℃（超纯，含杂质熔点提高），有特殊气味。酚对皮肤、黏膜有强烈的腐蚀作用，被酚腐蚀的皮肤最初出现一个白色软化的区域，以后会产生剧烈的灼热感，它可通过皮肤被吸收，由于酚能局部麻醉，皮肤灼伤往往不能迅速察觉，一旦酚溅到皮肤上，应立即脱去污染的衣着，用大量流动清水冲洗至少 15min，也可先用 50%酒精擦洗创面或用甘油、聚乙烯乙二醇或聚乙烯乙二醇和酒精混合液（7∶3）抹洗，再用大量流动清水冲洗。如果酚溅到眼睛上，应立即提起眼睑，用大量流动清水或生理盐水彻底冲洗至少 15min，并就医。

3. 氯仿（$CHCl_3$）

带有特殊气味的无色透明液体，易挥发，易与乙醇、苯、乙醚混溶，微溶于水。熔点为−63.5℃，沸点为 61.3℃。吸入、消化道摄入和皮肤接触可造成伤害，能影响肝、肾和中枢神经系统，导致头疼、恶心、轻微黄疸、食欲不振、昏迷。长期和慢性暴露能引起动物致癌，是可疑的人类致癌物。操作时需穿防护服，使用丁腈橡胶手套。如氯仿溅到皮肤或眼睛上，应立即用大量流动清水冲洗至少 15min。不相容的化学品有强碱、某些金属（如铝、镁、锌）粉末、强氧化剂。强碱与氯仿或其他氯代烷混合会引发一系列爆炸。加热降解时形成剧毒的光气。可侵蚀塑料、橡胶。纯氯仿对光敏感，故应存放于棕色瓶中。

4. 十二烷基硫酸钠［$CH_3(CH_2)_{11}OSO_3Na$］

十二烷基硫酸钠（sodium dodecyl sulfate，SDS）为白色或浅黄色结晶或粉末，相对分子质量为 288.38，熔点为 204～207℃。属阴离子表面活性剂。易溶于水，与阴离子、非离子复配伍性好，具有良好的乳化、发泡、渗透、去污和分散性能。对黏膜、上呼吸道、眼睛和皮肤有刺激作用，可引起呼吸系统过敏性反应。SDS 的微细晶粒易漂浮和扩散，称量时要戴面罩，称量完毕后需清除残留在工作区和天平上的 SDS。

5. 丙烯酰胺（$CH_2{=}CH{-}CONH_2$）

白色晶体物质，相对分子质量 70.08，沸点 125℃，熔点 84～85℃。丙烯酰胺具有神经毒性作用，可透皮吸收。丙烯酰胺的作用具有累积性。称取粉末状丙烯酰胺及亚甲双丙烯酰胺时，必须戴手套和面具。取用含有上述化学药品的溶液时也要戴手套。尽管可以认为聚丙烯酰胺无毒，但鉴于其中可能含有少量未聚合的丙烯酰胺，故仍应小心处理。

6. 焦碳酸二乙酯（$C_6H_{10}O_5$）

焦碳酸二乙酯（DEPC）是 RNA 酶的强烈抑制剂，能和 RNA 酶活性基团组氨酸的咪唑环反应而抑制酶活性，常用于灭活广泛存在的 RNA 酶。用 0.1%DEPC 水溶液浸泡用于制备 RNA 的离心管、烧杯和其他用品。灌满 DEPC 的玻璃或塑料器皿在 37℃放置2h，然后用灭菌水淋洗数次，并于100℃干烤15min或高压蒸汽灭菌15min，可除去器皿上痕量的DEPC，以防DEPC通过羧甲基化作用对RNA的嘌呤碱基进行修饰。

DEPC是一种潜在的致癌物质。开瓶时要注意内压导致的溅泼，操作时戴合适的手套，穿工作服，尽量在通风的条件下操作。DEPC能与胺和巯基反应，因而含Tris和DTT的溶液中，不能加入DEPC。

7. 苯甲基磺酰氟（$C_7H_7FO_2S$）

苯甲基磺酰氟是丝氨酸蛋白酶抑制剂。白色至微黄色针状结晶或粉末，相对分子质量为174.19，熔点92～95℃。对湿敏感。难溶于水，且在水溶液中非常不稳定，容易分解。可溶于异丙醇、乙醇、甲醇、二甲苯和石油醚。有毒。苯甲基磺酰氟严重损害呼吸道黏膜、眼睛及皮肤，吸入、吞进或通过皮肤吸收后有致命危险。一旦眼睛或皮肤接触了苯甲基磺酰氟，应立即用大量流动清水冲洗。凡被苯甲基磺酰氟污染的衣物应丢弃。储存条件：2～8℃。

8. 甲醛（HCHO）

无色、有强烈刺激性气味的气体。相对分子质量30.03。易溶于水、醇和醚。甲醛在常温下是气态，通常以水溶液形式出现。35%～40%的甲醛水溶液叫做福尔马林。甲醛对眼和皮肤有强烈的刺激作用；对呼吸道有刺激作用；甲醛蒸气有毒，长时间暴露于甲醛蒸气中能出现哮喘样症状——结膜炎、咽喉炎或支气管炎；皮肤接触后可引起皮肤过敏；可能产生不可恢复的健康问题；为可疑致癌物。穿防护服，在通风橱或通风良好条件下操作。如溅到皮肤或眼睛上，应立即用大量流动清水冲洗至少15min。浓的甲醛溶液在低于21℃储存时会变浑浊，故应于21～25℃保存。

9. 放线菌素D（$C_{62}H_{86}N_{12}O_{16}$）

鲜红色结晶，无臭，熔点243～248℃（分解），几乎不溶于水，遇光及热不稳定，有引湿性。是由链霉菌产生的、主要通过与DNA结合而抑制RNA合成的一种抗生素，别名更生霉素。放线菌素D是致畸剂和致癌剂。配制该溶液时必须戴手套并在通风橱内操作，不能在开放的实验桌面上进行。遮光，密闭，在阴凉处（不超过20℃）保存。

任务1-2　基因操作常见仪器设备的选择与使用

任务描述：

仪器设备操作不当不仅影响实训结果的准确性，而且成为基因操作中的重要危险因素。本任务主要介绍高压蒸汽灭菌器、离心机和紫外透射仪等九种常见仪器设备的标准操作规程和使用注意事项。

1. 高压蒸汽灭菌器

（1）操作步骤

① 将内层灭菌桶取出，向外层锅内加入适量水，使水面与三角搁架相平。

② 放回灭菌桶，装入待灭菌物品。注意不要装得太挤，以免妨碍蒸汽流通而影响灭菌效果。三角瓶与试管口端均不要与桶壁接触，以免冷凝水淋湿包扎纸而透入棉塞。

③ 加盖。先将盖上的排气软管插入内层灭菌桶的排气槽内，再以两两对称方式同

时旋紧相对的两个螺栓，使螺栓松紧一致，勿使漏气。

④ 打开电源开关加热，同时打开排气阀，使水沸腾以排除锅内的冷空气。待冷空气完全排尽后，关上排气阀，让锅内的温度随蒸汽压力增加而逐渐上升。当锅内压力升到所需压力时，控制热源，维持压力至所需时间。一般121℃，灭菌20min。

⑤ 灭菌所需时间到后，关闭电源开关，让灭菌锅内温度自然下降，当压力表的压力降至0时，打开排气阀，旋松螺栓，打开盖子，取出灭菌物品。如果压力未降到0时，打开排气阀，就会因锅内压力突然下降，使容器内的培养基由于内外压力不平衡而冲出烧瓶口或试管口，造成棉塞沾染培养基而发生污染。

（2）注意事项

① 专人操作，不得离开，不得在公共场所使用。

② 插座必须装有连接地线，应确保电源插头插入牢固。

③ 安全阀和压力表使用期限满一年应送法定计量检测部门鉴定。

④ 使用前应注意检查安全阀是否正常，水位不能过低。

⑤ 液体培养基灭菌后应自然冷却，不能立即放汽，以免引起激烈的减压沸腾，使容器中的液体四溢。

⑥ 灭菌后久不放汽，锅内有负压，盖子打不开。需将放气阀打开，使内外压力平衡，再打开盖子。

2. 离心机

（1）平衡对称　离心机工作时能产生很大的离心力。当转头所带样品处于不平衡状态时，就会产生很大的力矩，轻者引起机器发抖和震动，重者会扭断转轴造成事故。因此，要特别注意离心样品的平衡装载。离心管至少要两两平衡，并置于转头的对称位置。离心转速越高，对平衡的要求也越高。

平衡时，不仅要保证静平衡（即对称的两管样品等重），还要保证动平衡。因为离心时产生的力矩，不仅与样品的重量有关，还和样品的旋转半径有关。例如，一管水和半管沙子虽然重量相等，但半管沙子的旋转半径要大些，所以力矩相差较大，转动起来并不平衡，因此处于对称位置的两个离心管还须装载密度相近的样品。例如，同时离心两个样品，一管是利用蒸馏水稀释的，另一管是用60%的蔗糖配制的，虽然两管重量相等，但不可配成一对离心，而必须另装一管水和一管60%的蔗糖作为平衡物分别配重。

（2）注意事项

① 仪器必须放置在坚固水平的台面上。

② 不得使用伪劣的离心管，不得用老化、变形、有裂纹的离心管。

③ 不能将离心管装得过满，样品液面距离心管管口要留出适当空间。

④ 对于危险度3级和4级的微生物，必须使用可封口的离心桶（安全杯）。

⑤ 按平衡对称原则，放置离心管于转头腔体内，旋紧转头腔体盖。

⑥ 离心过程中，操作人员不得离开离心机室，一旦发生异常情况，如噪声或机身震动时，应立即切断电源。

⑦ 在离心机未停稳的情况下不得打开盖门。

⑧ 离心结束后，关闭电源开关，取出转头倒置于实验台上，擦干转头上的水和腔体内的水，使离心机盖处于打开状态。

3. 电泳仪

电泳仪的一般操作规程如下。

① 确定电泳仪电源开关处于关闭状态。

② 连接电源线，确定电源插座有接地保护。

③ 将黑、红两种颜色的电极线对应插入仪器输出插口，并与电泳槽相同颜色插口连接好。

④ 确定电泳槽中的电泳缓冲液配制是否符合要求。

⑤ 打开电源开关，根据实验需要调节电流或电压。

⑥ 电泳期间，避免身体接触电泳缓冲液和样品，以免触电。

⑦ 发现异常情况（如出现异味），应立即关闭检查。

⑧ 电泳完毕后，关闭电源，将电极线从电泳槽拔除。

4. 暗箱式紫外透射仪

（1）操作规程

① 打开电源。

② 将电泳琼脂糖凝胶放入仪器内。

③ 将电源选择开关至“ON”侧。

④ 调节选择开关分别在254nm、310nm和265nm三个波长处观测。

⑤ 如需拍照，可在正上方的光圈处拍照。

⑥ 观察完毕，清除箱内物品。

⑦ 关掉电源开关，切断电源。

（2）注意事项　要注意对溴化乙锭和紫外辐射的防护。必须戴手套进行凝胶操作，并注意不要污染暗箱的表面。在关闭暗箱门之前不要打开紫外灯，以免受到紫外辐射的伤害。

5. 紫外可见分光光度计

（1）注意事项

① 开机前将样品室内的干燥剂取出，仪器自检过程中禁止打开样品室盖。

② 比色皿内溶液以皿高的2/3～4/5为宜，不可过满以防液体溢出腐蚀仪器。测定时应保持比色皿清洁，池壁上液滴应用擦镜纸擦干，切勿用手捏透光面。测定紫外波长时，需选用石英比色皿。

③ 测定时，禁止将试剂或液体物质放在仪器的表面上，如有溶液溢出或其他原因将样品槽弄脏，要尽可能及时清理干净。

④ 实验结束后将比色皿中的溶液倒尽，然后用蒸馏水或有机溶剂冲洗比色皿至干净，倒立晾干。关闭电源，将干燥剂放入样品室内，盖上防尘罩，做好使用登记。

（2）问题处理

① 如果仪器不能初始化，关机重启。

② 如果吸收值异常，依次检查：波长设置是否正确（重新调整波长，并重新调零）、测量时是否调零（如被误操作，重新调零）、比色皿是否用错（测定紫外波段时，要用石英比色皿）、样品准备是否有误（如有误，重新准备样品）。

6. 基因枪

（1）操作规程　基因枪的所有操作均需在无菌条件下进行，基因枪所处位置及超净工作台在使用前用紫外灯灭菌1.5h。具体步骤如下。

① 用70%乙醇对基因枪表面及样品室进行消毒。同时，用70%乙醇将阻挡网、固定器浸泡15min，可裂膜用70%异丙醇浸一下，不要超过3s，微弹载体用70%乙醇浸一下，放在超净工作台上晾干。

② 将微粒载片嵌入固定环中，取DNA及金粉的混合物加于微粒载片中心，干燥2min。

③ 安装可裂膜于其托座上，顺时针安装到加速器上。

④ 将空间环、阻挡网、阻挡网托座、微粒载片及固定环（带有微粒的面朝下）安装好，旋紧盖子，插入枪体中。

⑤ 把样品放在轰击室合适位置，关上轰击室门。

⑥ 打开氦气瓶阀门，顺时针旋转氦气调节阀，使气压高于所选可裂膜压力200psi❶。

⑦ 打开基因枪及变压器开关。

⑧ 按动真空键，待真空度达到实验要求时，迅速按下Hold键，接着按住发射键，并保持不动，直到激发为止。

⑨ 按通气键待真空表归零后，取出样品。

⑩ 关机。把氦气瓶的总开关旋紧，打一次空枪，把氦压表指针归零后，再逆时针旋转氦压表调节阀。关闭基因枪的总开关及变压器开关。

（2）注意事项

① 质粒DNA的储存浓度在枪击前最好调至1μg/μL，这样有利于制备微粒子弹时的DNA取样。质粒DNA与金粉形成复合体的比例以0.75～1pg/mg（金粉）为宜。

② 质粒DNA的纯度和浓度是影响转化率的重要参数之一。

③ 亚精胺最好是现用现配。

④ 对于植物材料转化，微粒子弹载体的选择视受体材料而定。

⑤ 可裂圆片的规格应与微粒子弹载体对应。

7. 生物安全柜

生物安全柜是为操作原代培养物、菌毒株以及诊断性标本等具有感染性的实验材料时，用来保护操作者本人、实验室环境以及实验材料，使其避免暴露于上述操作过程中可能产生的感染性气溶胶和溅出物而设计的。生物安全柜可以有效减少由于气溶胶暴露所造成的实验室感染以及培养物交叉污染，同时也能保护工作环境。根据生物安全防护水平，可将其分为一级、二级和三级三种类型。生物安全柜的使用注意事项如下。

（1）操作者　生物安全柜如果使用不当，其防护作用就可能大大受到影响。

（2）紫外灯　生物安全柜中不需要紫外灯。如果使用紫外灯的话，应每周进行清洁，以除去可能影响其杀菌效果的灰尘和污垢。

（3）明火　在生物安全柜内所形成的几乎没有微生物的环境中，应避免使用明火。

---

❶ 1psi＝6894.76Pa。

(4) 溢出 实验室中要张贴如何处理溢出物的实验室操作规则，每一位使用实验室的成员都要阅读并理解这些规程。

(5) 认证 在安装时以及每隔一定时间以后，应由有资质的专业人员按照生产商的说明对每一台生物安全柜的运行性能以及完整性进行认证，以检查其是否符合相关标准。

(6) 清洁和消毒 由于剩余的培养基可能会使微生物生长繁殖。因此，在实验结束时，包括仪器设备在内的生物安全柜里的所有物品都应清除表面污染，并移出生物安全柜。

(7) 清除污染 生物安全柜在移动以及更换过滤器之前，必须清除污染。

(8) 个体防护 使用生物安全柜时，应穿个体防护服。

(9) 警报器 可以在两种警报器中选择一种来装备生物安全柜。

8. 冰箱和冰柜

使用冰箱和冰柜时，应注意以下事项。

① 应定期除霜和清洁，清理出所有在储存过程中破碎的安瓿和试管等物品。清理时，需戴上厚的橡胶手套，清理后要对内表面进行消毒。

② 储存在冰箱内的所有容器，应清楚地标明内装物品的科学名称、储存日期和储存者姓名。未标明或废旧的物品，应当高压灭菌并丢弃。

③ 应保存一份冻存物品的清单。

④ 除非有防爆措施，否则冰箱内不能放置易燃溶液。冰箱门上应注明这一点。

9. 移液器

移液器（pipette）是将少量或微量液体从一个容器转移到另一个容器的计量器具，使用方便，移液准确、精密，是基因工程实验室每天都要使用的基本工具。与移液器相配的吸头（tip），通常是一次性使用，也可超声清洗后重复使用，还可进行高压灭菌。

(1) 种类 根据排液方式，移液器分为两类：一类是空气排代式，另一类是活塞排代式。

① 空气排代式移液器 活塞位于移液器内部，活塞通过弹簧的伸缩运动来实现吸液和放液。在活塞的推动下，排出部分空气，利用大气压吸入液体，再由活塞推动空气排出液体。活塞与液体不进行接触。空气排代式是常用的移液器种类。

② 活塞排代式移液器 活塞位于吸嘴内部，通过改变活塞伸缩进行吸液和放液，活塞与液体之间没有空气段，可以更好地保护液体样本，最大限度地避免交叉污染。主要应用于黏稠度较大的液体，如糖浆、甘油等。

移液器又可分为单道和多道（8道和12道），也可分为手动和电动。

(2) 结构 一般包括控制钮、调节钮、吸头推卸钮（弹射键）、活塞室、体积显示窗、套筒、弹性吸嘴、吸头等，如图1-3所示。

目前，实验室使用的移液器品牌主要有德国艾本德（Eppendorf）、法国吉尔森（Gilson）、芬兰雷勃（Thermo labsystem）、美国托莫斯（Tomos）、芬兰百得（Biohit）、美国瑞宁（Rainin）、德国普兰德（Brand）、日本立洋（Nichiryo）、瑞士Socorex、瑞士哈美顿（Hamilton）、北京大龙（Dragonmed）、北京金花等。

(3) 操作 一个完整的移液循环，包括吸头安装→容量设定→吸液→放液四个步

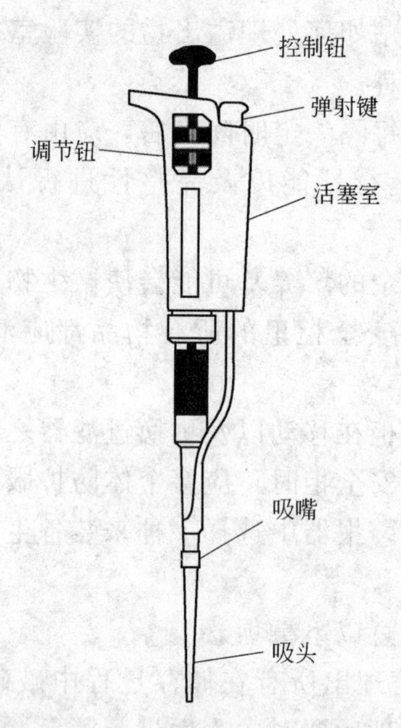

图 1-3　移液器结构示意图

骤。每一个步骤都有需要遵循的操作规范。

① 吸头安装

a. 单道枪：正确的安装方法叫旋转安装法。具体做法是：把移液器顶端插入吸头（无论是散装吸头还是盒装吸头都一样），在轻轻用力下压的同时，把手中的移液器按逆时针方向旋转 180°。切记用力不能过猛，更不能采取“剁”吸头的方式来进行安装，以免造成移液器不必要的损伤。散装吸头的安装方法见图 1-4，盒装吸头的安装方法见图 1-5。

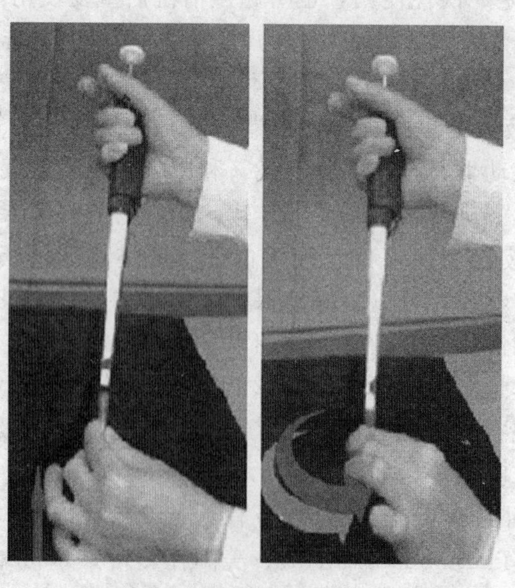

图 1-4　散装吸头安装示意图

两只手分别持移液器和吸头，安装后旋转

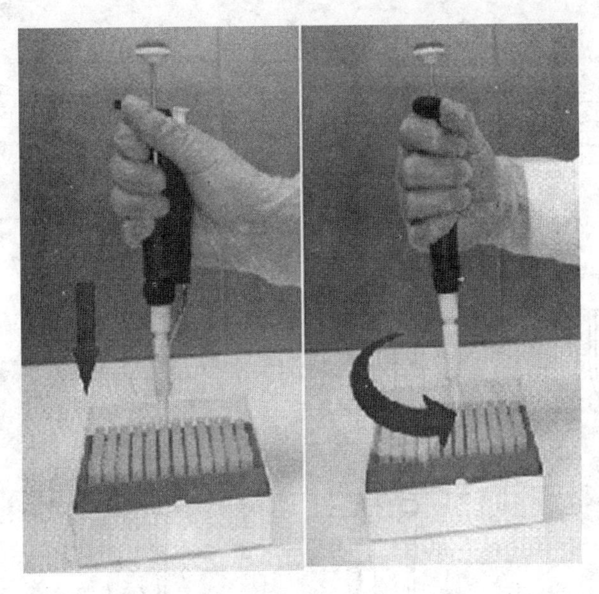

图 1-5 盒装吸头安装示意图

将移液器垂直插入吸头中，稍用力下压，然后旋转

b. 多道枪（排枪）：将移液器的第一道对准第一个吸头，然后倾斜地插入，往前后方向摇动即可卡紧，切不可用移液器反复撞击吸头来卡紧，这样操作会导致吸头变形而影响精度，严重的则会损坏移液器。

② 设定容量　设定所需要的容量时应调整到大于设定容量值的 1/4 圈，再调至设定值，这样可排除机械间隙，使设定量值准确，即先将容量调节钮旋转超过设定容量值的 1/4 圈，再向下调至设定值。

③ 吸液操作（图 1-6）

a. 连接恰当的吸头。

b. 按下控制钮至第一挡。

c. 将移液器吸头垂直进入液面下 1～6mm（视移液器容量大小而定）：0.1～10μL 容量的移液器进入液面下 1～2mm，2～200μL 容量的移液器进入液面下 2～3mm，1～5mL 容量的移液器进入液面下 3～6mm。

为使吸量准确可将吸头预洗 3 次，即反复吸排液体 3 次。

d. 使控制钮缓慢滑回原位，切记不能过快。

e. 移液器移出液面前略等待 1～3s：1000μL 以下停顿 1s，5～10mL 停顿 2～3s。

f. 缓慢取出吸头，确保吸嘴外壁无液体。

④ 放液操作（图 1-6）

a. 将吸头以一定角度抵住容量器内壁。

b. 缓慢将控制钮按至第一挡并等待 1～3s。

c. 将控制钮按至第二挡过程中，吸头将剩余液体排净。

d. 慢放控制钮。

e. 按压弹射键弹射出吸头。

（4）注意事项及养护

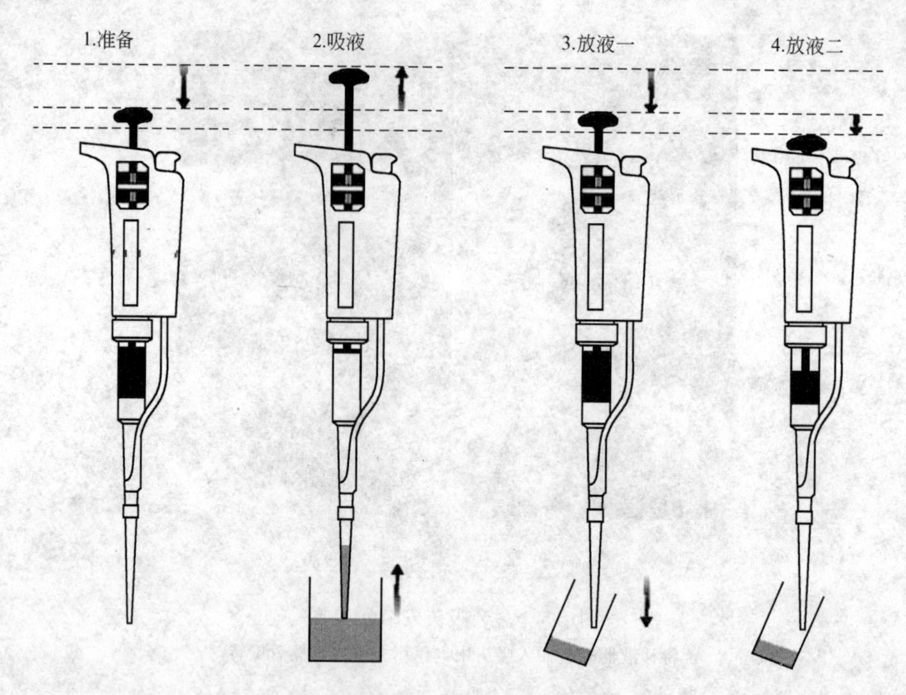

图 1-6 移液器吸液、放液示意图

① 吸取液体时一定要缓慢平稳地松开拇指，绝不允许突然松开，以防将溶液吸入过快而冲入取液器内腐蚀柱塞而造成漏气。

② 当移液器吸头有液体时切勿将移液器水平或倒置放置，以防液体流入活塞室腐蚀移液器活塞。

③ 移液器使用完毕后，将移液器量程调至最大值，且将移液器垂直放置在移液器架上。

④ 如液体不小心进入活塞室应及时清除污染物。

⑤ 平时检查是否漏液的方法：吸液后在液体中停 1～3s 观察吸头内液面是否下降。如果液面下降，首先检查吸头是否有问题，如有问题更换吸头，更换吸头后液面仍下降说明活塞组件有问题，应找专业维修人员修理。

⑥ 避免放在温度较高处，以防变形致漏液或不准。

⑦ 需要高温消毒的移液器，应首先查阅所使用的移液器是否适合高温消毒后再行处理。

⑧ 根据使用频率，所有的移液器应定期用肥皂水清洗或用 60% 的异丙醇消毒，再用双蒸水清洗并晾干。

⑨ 卸掉的吸头一定不能和新吸头混放，以免产生交叉污染。

任务 1-3 基因操作生物危害废品的处理

任务描述：

基因操作实训室的废液、废气和废渣等“三废”必须经过处理才能排放，特别是含有生物危害的废品必须经过消毒后才可丢弃。本任务主要介绍高压灭菌、化学消毒、辐射灭菌和焚烧处理等四种生物废料处理方法。

1. 废料的日常管理

除了废气集中排放以外，所有待处理的废液和固体废料都应就地进行分类放置。

含有病原体的废液应与化学酸碱废液、溶剂分开，污染致病菌的固体物料应与一般的垃圾分开，而这些传染性的废料分开放置时，又须注意针对处理设备（如焚烧炉）的要求，严格分拣。处置玻璃器皿碎片和金属利器之类的废料，采用其他的方法（如蒸汽灭活或消毒）达到处理要求。

对不能立即现场处理的废料必须用密闭的容器进行妥善的包装。包装材料根据处理方法决定，常用塑料袋，有一定强度，可直接作为外包装，亦可作为其他容器包装的衬里，但不能盛放金属利器和液体。其他材料如玻璃、纤维板、纸板等制成的各种容器均可应用，比塑料袋有更好的强度，但各有一定的局限性，视处理要求和废料状态而定。对于场外处理废料的包装，应注意防止跑冒滴漏等影响环境卫生安全的意外事故。

传染性废料运输必须使用专用车辆，同时应注意运输过程中废料包装的完整性，尽量减少废料暴露。一般来说，废料应及时处理，存放时间越短越好。存放地点应仅限于经过培训的专职人员进入。存放过程应尽量减少暴露，防止病原体迅速滋生，必要时备有冷冻系统，并有经常性的清洗消毒制度。

2. 废料的处理方法

下面介绍含有生物危害的废弃物的消毒去除污染方法。

（1）高压灭菌　对于污染的衣物、器械、容器、工具均可采用高压灭菌。有不同形式、多种规格的灭菌设备可供选用。该法的关键是，必须去除设备空间内以及被处理物料空隙中的空气，使蒸汽穿透至各个部位，达到温度均匀和停留时间一致的要求。固体物料中的空气通常随物料类型、数量、包装、填装密度、外形大小而有很大差异，为了达到彻底灭菌要求，应制定标准操作规程，预先进行真空脱气，并采用由脂肪嗜热芽孢杆菌组成的生物指示剂检查灭菌效果。

（2）化学消毒　有气体熏蒸和液体浸泡等方式。环氧乙烷气体可用于衣物、外科器械以及不耐热的器件、仪器或精密器材等的灭菌。其处理方法可以用200mg/L（10%）低浓度、温度不低于20℃、停留时间18h的长期法；也可用800～1000mg/L的高浓度、温度55～60℃、停留时间3～4h的快速法。所用设备要求密闭，可以是固定容积的容器，也可以是不透气的囊袋。环氧乙烷对细菌、病毒均有灭活作用。其他可作为消毒处理的如β-丙醇酸内酯蒸气，对细菌、真菌和病毒均有较强作用，对芽孢杀灭效果更好，浓度为4～5mg/L、温度25℃、接触时间10min，可使99%的芽孢失活，比环氧乙烷迅速。对于玻璃器皿、耐蚀器件的处理，可用2%碱性戊二醛、5%过氯乙酸、3%甲酚皂液之类的消毒剂进行浸泡。

（3）辐射灭菌　利用^{60}Co、^{137}Cs产生的射线辐照污染生物危害物的固体材料，可以达到一定的灭活作用。辐射灭菌的效果常受氧效应、还原剂及致敏剂、湿含量的影响而有很大差异。辐射灭菌方法非常适用于受污染的精密器械、塑料制品、玻璃器材的灭菌，目前它的应用已逐步扩大，但仍受装置和费用的限制。

（4）焚烧处理　对于一次性使用的、可燃的传染性废料、病原体培养物、含有细胞毒性的发酵液滤渣、实验动物尸体等均可进行焚烧处理，使之破坏分解为CO_2、H_2O、NO_2等挥发性气体以及金属氧化物的灰分。焚烧处理的效果与焚烧炉设计、操作温度和停留时间有关，同时也受废料性质的影响。通常，致病性的废料需要较低的温度与较短的焚烧时间，而细胞毒性物质废料则需要较高的温度和较长的停留时间。

知·识·要·点

基因工程是指将一种供体生物体的目的基因与适宜的载体在体外进行拼接重组，然后转入另一种受体生物体内，使之按照人们的意愿稳定遗传并表达出新的基因产物或产生新的遗传性状。基因工程，也称为基因操作、重组DNA技术、分子克隆和遗传工程等。基因工程的操作流程可分为四个环节，即①目的基因的获得；②重组DNA分子的构建；③将重组DNA分子导入受体细胞；④目的基因的表达和鉴定。

生物危害物质是基因操作面临的主要危险因素，生物安全防护是指避免生物危害物质对操作人员的伤害和对环境污染的综合措施。根据生物危害物质的危害程度和采取的防护措施，将生物安全防护水平分为四级，Ⅰ级防护水平最低，Ⅳ级防护水平最高。不同的生物安全防护水平需要采用相应的生物安全操作规范。对接触生物危害物质的操作人员主要采取以下三条防护策略：①尽量防止操作人员在污染环境中接触生物危害物质；②设法封闭生物危害物质产生的根源，防止其向周围环境扩散；③尽量减少生物危害物质向周围环境意外释放。

技·能·要·点

1. 基因操作常用有毒化学试剂主要有EB、苯酚、氯仿、SDS、丙烯酰胺、焦碳酸二乙酯、苯甲基磺酰氟、甲醛和放线菌素D等。使用这些物质时，须戴手套，穿防护服，并在通风橱内操作。一旦溅到皮肤上，应立即脱去污染的衣着，用大量流动清水冲洗至少15min；如溅到眼睛上，应立即提起眼睑，用大量流动清水彻底冲洗至少15min，并视具体情况就医。

2. 仪器设备操作不当不仅影响实训结果的准确性，而且成为基因操作中的危险因素。因此，必须按照每台仪器设备的标准操作规程进行操作。高压蒸汽灭菌器使用前应检查安全阀是否正常，水位不能过低；使用后应待灭菌器自然冷却，不宜过早打开排气阀。使用离心机时，不得使用伪劣、老化、变形、有裂纹的离心管，按平衡对称原则将离心管放置于转头腔体内。使用电泳仪时，电泳期间避免身体接触电泳缓冲液和样品，以免触电。使用紫外透射仪时，须注意对EB和紫外辐射的防护。

3. 基因操作形成的“三废”，除废气集中排放以外，废液和固体废料应分类放置、妥善包装，并经处理后才能排放，特别是含有生物危害的废品必须经过消毒后才可丢弃。生物废料的处理方法主要有高压灭菌、化学消毒、辐射灭菌和焚烧处理。

※ 能力拓展

一、实训室用电安全及触电急救

人体接触到带电体且有电流很快通过人体的过程，称为触电。按照电流对人体的伤害可分为电击和电伤。电击是指电流通过人体内部，破坏人的心脏、神经系统、肺部的正常工作造成的伤害，通常是由于人体触及带电导线、漏电设备的外壳或由于电容放电而造成的。电击是造成绝大部分触电死亡事故的原因。电伤是指电流效应、化学效应等对人体外部造成的局部伤害，包括电弧烧伤、烫伤、电烙印等。造成触电事故的原因有：线路或设备安装不符合要求；设备运行管理不当，绝缘损坏漏电；不熟悉用电知识或意外、草率行事；安全组织和技术措施不完善等。触电对人体的危害与通过人体的电流大小、电压高低、时间长短以及电流途径等因素有关。

1. 安全用电注意事项

① 不要使用劣质插头插座。

② 不要选用过粗的保险丝或用铜丝代替保险丝。

③ 使用电器时，手要干燥。

④ 修理或安装电器时，应先切断电源。

⑤ 电源裸露部分应有绝缘装置，电器外壳应接地线。

⑥ 不应用双手同时触及电器，防止触电时电流通过心脏。

⑦ 一旦有人触电，应首先切断电源，然后施救。

⑧ 对于高压电气设备，必须采取保护接地、重复接地和保安接零的安全措施。

⑨ 对于由于静电感应产生火花放电现象的设备，应采取防雷击和静电接地的安全措施。

2. 触电急救方法

（1）触电急救的要点　动作迅速、救护得法。发现有人触电，首先要尽快使触电者脱离电源，然后根据触电者的具体情况，进行相应的救治。据统计，触电 1min 后开始救治者，90%有良好效果；6min 后开始救治者，10%有良好效果；而 12min 后开始救治者，救活的可能性就很小了。因此，动作迅速非常关键。

（2）使触电者脱离电源的方法　如果触电地点附近有电源开关，可立即拉掉开关；若找不到电源开关，可用有绝缘把的钳子或有木柄的斧子断开电源线；当电线搭在触电者的身上或被压在身下时，可用干燥的衣服、手套、绳索、木板等绝缘物作为工具，拉开触电者或挑开电线使触电者脱离电源。

（3）急救注意事项　救护人不可直接用手或其他金属、潮湿的物件作为救护工具，而要使用适当的绝缘工具；救护人要用一只手操作，以防自己触电；注意防止触电者脱离电源后可能的摔伤，特别是当触电者在高处的情况下，即使触电者在平地，也要注意触电者倒下的方向，防止摔伤；如果事故发生在夜间，应迅速解决临时照明问题，以利于抢救，避免扩大事故。救护人在采取救助的同时，应立即报告相关负责人，并拨打 120 紧急救助电话。

人工呼吸法是在触电者呼吸停止后立即采用的急救方法。口对口（鼻）人工呼吸方法，如图 1-7 所示：①触电者取仰卧位，即胸腹朝天；②清理触电者呼吸道，保持呼吸道清洁；③使触电者头部尽量后仰，以保持呼吸道畅通；④救护人位于触电者头部一侧，自己深吸一口气，对着触电者的口（两嘴对紧不要漏气）将气吹入，造成吸气。为使空气不从鼻孔漏出，此时可用一手将其鼻孔捏住，然后救护人嘴离开，将捏住的鼻孔放开，并用一手压其胸部，以帮助呼气。采用单人心肺复苏时，每按心脏 15 次后，吹气 2 次，即 15∶2。这样反复进行，每分钟进行 16 次。如果触电者口腔有严重外伤或牙关紧闭时，可对其鼻孔吹气（必须堵住口），即为口对鼻吹气。在抢救过程中，如发现触电者皮肤由紫变红，瞳孔由大变小，则说明抢救收到了效果；如触电者嘴唇稍微开合、眼皮活动或嗓子有咽东西的动作，则应注意其是否有自动心跳和自动呼吸。触电者能自己开始呼吸时，即可停止人工呼吸，否则，应立即再做人工呼吸。

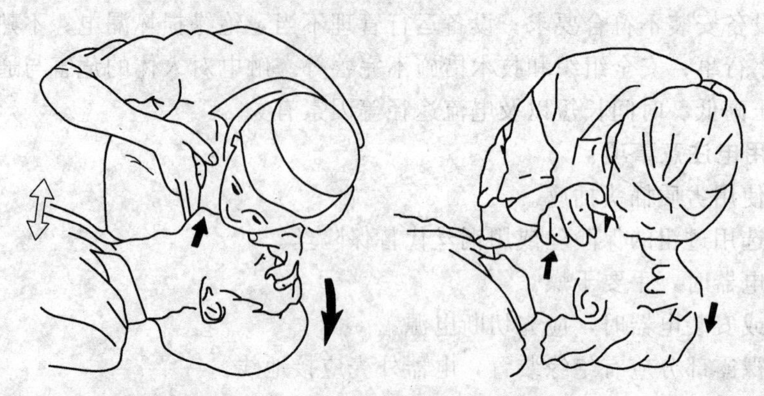

图 1-7 口对口（鼻）人工呼吸方法

3. 电起火的防止措施

① 保险丝、电源线的截面积、插头和插座都要与使用的额定电流相匹配。

② 三条相线要平均用电。

③ 生锈的电器、接触不良的导线接头要及时进行处理。

④ 电炉、烘箱等电热设备不可过夜使用。

⑤ 仪器长时间不用要拔下插头，并及时拉闸。

⑥ 电源、电线着火不可用泡沫灭火器灭火。

二、实训室火灾预防及烧伤急救

1. 火灾分类

实训室经常使用大量的有机溶剂，如甲醇、乙醇、丙酮和氯仿等，而实训室又经常使用电炉等火源，因此极易发生火灾事故。国家标准 GB/T 4968—2008 将火灾分为六类。

① A 类火灾：固体物质火灾。这种物质通常具有有机物性质，一般在燃烧时能产生灼热的余烬，如由木材、纸张、棉、布等固体所引起的火灾。

② B 类火灾：液体或可熔化的固体物质火灾，如由汽油、酒精等所引起的火灾。

③ C 类火灾：气体火灾，如煤气、乙炔等引起的火灾。

④ D 类火灾：金属火灾，如由钾、钠、镁、锂等禁水物质引起的火灾。

⑤ E 类火灾：带电火灾。物体带电燃烧的火灾。

⑥ F 类火灾：烹饪器具内的烹饪物火灾，如由动植物油脂引起的火灾。

实训室容易发生 B 类火灾。

2. 火灾预防

① 严禁在开口容器和密闭体系中用明火加热有机溶剂，只能使用加热套或水浴加热。

② 废有机溶剂不得倒入废物桶，只能倒入回收瓶，以后再集中处理。量少时用水

稀释后排入下水道。

③ 不得在烘箱内存放、干燥、烘焙有机物。

④ 在有明火的实验台面上不允许放置开口的有机溶剂或倾倒有机溶剂。

⑤ 乙醚、乙醇、丙酮、二硫化碳、苯等有机溶剂易燃，实训室不得存放过多，切不可倒入下水道，以免聚集引起火灾。

⑥ 金属钠、钾、铝粉、电石、黄磷以及金属氢化物要注意使用和存放，尤其不宜与水直接接触。

3. 灭火方法

实训室中一旦发生火灾切不可惊慌失措，要保持镇静，根据具体情况正确地进行灭火，或立即拨打 119 火警紧急救助电话，并报告相关负责人。主要灭火方法如下。

① 容器中的易燃物着火时，用灭火毯盖灭。因已确证石棉有致癌性，故改用玻璃纤维布作灭火毯。

② 乙醇、丙酮等可溶于水的有机溶剂着火时可以用水灭火。汽油、乙醚、甲苯等有机溶剂着火时不能用水，只能用灭火毯和沙土盖灭。

③ 导线、电器和仪器着火时不能用水和泡沫灭火器灭火，应先切断电源，然后用 1211 灭火器、干粉灭火器、干沙等灭火。

④ 个人衣服着火时，切勿慌张奔跑，以免风助火势，应迅速脱衣，用水龙头浇水灭火，火势过大时可就地卧倒打滚压灭火焰。

4. 灭火器的种类及使用

(1) 干粉式灭火器　适用于 A 类火灾、B 类火灾、C 类火灾和 E 类火灾。使用方法：拆掉封条；拔出保险插销；喷嘴管朝向火点；压下把手即将药剂喷出。缺点是易受潮结块不能使用，每 3 个月应检查压力表，药剂有效期 3 年，具腐蚀性。

(2) 二氧化碳灭火器　适用于 B 类火灾和 C 类火灾，以及图书档案、低压电器设备及 600V 以下电器的初起火灾。使用方法：拔出保险插销；握住喇叭喷嘴前握把；压下握把开关即将内部高压气体喷出。缺点是不适用于 A 类火灾，使用人员冻伤。每 3 个月检查重量，如重量减少需重新灌充。

(3) 1211 灭火器　适用于 A 类火灾、B 类火灾、C 类火灾和 E 类火灾，尤其对 B、C 类火灾有效。1211 灭火器重量轻、容积小、效果好、不腐蚀、不污染、药剂持久，使用时将插销拔出压下把手即可。缺点是破坏臭氧层。

(4) 泡沫灭火器　适用于 A 类火灾、B 类火灾。使用时颠倒，左右摆动，使药剂混合，产生含有二氧化碳气体的泡沫，这些泡沫受压后喷出。缺点是造成污染，不可用于可燃气体火灾（C 类）。每 4 个月检查一次，药剂每年更换一次。

(5) 高效阻燃灭火器　适用于 A 类火灾、B 类火灾、C 类火灾和 E 类火灾。这种类型的灭火器效果好，重量轻，药剂无毒，无污染，具阻燃、灭火双重功效，药剂持久，可反复使用，为国内 1211 灭火器最佳替代品。缺点是药剂价格较高。

5. 烧伤急救

急救要点：一灭、二查、三防、四包、五送。

(1) 一灭　就是灭火第一，采取各种有效措施灭火，使伤员尽快脱离热源和致伤原因。

（2）二查　检查全身，烧伤一眼可见，如不进行初步的全身检查，就会只顾烧伤，而忽略了其他合并损伤，给伤员带来不应有的损失，甚至危及生命。

（3）三防　就是防休克、防窒息、防创面污染。如出现犯渴要水的早期休克症状，可给淡盐水少许分多次饮用，不要让伤员单纯喝白开水或糖水，更不可饮水过多，以防发生胃扩张和脑水肿。有呼吸道烧伤者，应随时清除分泌物，保持呼吸道畅通。若发生急性喉头梗阻、窒息，情况紧急时可用粗针头从环甲膜处刺入气管内，以保证通气，暂时缓解窒息的威胁，然后在有条件时进行气管切开。在检查、搬运伤员时，要注意保护创面，防止污染。

（4）四包　就是用干净的衣物包裹伤面，防止再次污染。除化学烧伤外，创面一般不在现场作特殊处理，尽量不弄破水泡，保护表皮，用干净的被单包裹伤面。

（5）五送　就是迅速把伤员运送到附近的医疗单位。搬运时，伤员要仰卧，动作要轻柔，行进要平稳，随时观察伤员情况，对于呼吸、心跳不规则甚至停止者，应就地紧急抢救。

三、实训室标准操作规程的撰写

标准操作规程（standard operating procedure，SOP）也称为作业指导书，是用来明确某项具体工作的操作程序或技术要求，是规章制度的细化和充实，是告知从业人员应该如何操作的文件。因此，SOP 必须具有针对性、程序性、规范性和可操作性。

首先，针对不同生物安全实验室等级和不同实验对象，SOP 的侧重点和针对性也不同。安全级别高的实验室，对各种仪器的使用操作规范要求也越高，实验室中涉及的病原微生物的种类和感染特性的差异也会影响制定 SOP 的标准化程度。因此，在 SOP 撰写过程中，应充分考虑本生物安全实验室的要求和针对性，既充分保证操作制度的规范性，又须避免冗长和繁琐的操作流程。

其次，SOP 的程序性非常重要，这是关系到实验室生物安全和仪器正确使用的必然要求。实验室的 SOP 应涵盖所有的质量活动，包括检测或校准计划、管理性程序、技术性程序、项目操作程序和记录表格等。由于影响每个实验室的质量活动的条件和因素不一样，一个 SOP 只在一个实验室内有效，而不一定适用于其他实验室。写作中，对 SOP 的程序性流程的具体要求如下。

① 对完成各项质量活动的方法作出规定，每个 SOP 都应对一个或一组相互关系的活动进行描述。

② 每个 SOP 应说明该项质量各环节的输入、转换和输出所需的文件、物资、人员、记录以及它们与有关活动的接口关系。

③ 规定开展质量活动的各个环节物资、人员、信息和环境等方面应具备的条件。

④ 明确每个环节转换过程中各项因素的要求，即由谁做、做什么、做到什么程度、达到什么要求，如何控制、形成什么记录和报告，以及相应的审批手续。

⑤ 规定在质量活动中需要注意的例外或特殊情况的纠正措施。

⑥ SOP 应简练、明确和易懂，并且工作人员应熟练掌握和严格遵守。

再者，SOP 写作过程中的用词和操作说明一定要符合国际认定的通用标准，具国际水平的规范性是 SOP 制定者应遵循的标准，也方便今后实验室工作人员在国际相关领域间的交流和合作。

最后，实验室配套设施的完备程度和人员的素质水平的差异也应考虑到，所以，有效的 SOP 规程的制定，也须针对本地实验室的具体情况既保证科学严谨性，又有很强的简单易学的可操作性。

实·践·练·习

1. 以下与基因工程相关的术语是（　　）。

A. 基因操作　　B. 基因克隆　　C. DNA 改组技术

D. 分子克隆　　E. 重组 DNA 技术

2. 怎样践行一级、二级生物防护水平操作规范?

3. 按 GB 19489—2004，属于危害等级Ⅲ的是（　　）。

A. 低个体危害，低群体危害

B. 中等个体危害，有限群体危害

C. 高个体危害，低群体危害

D. 高个体危害，高群体危害

4. 以下属于致癌物质的有（　　）。

A. 溴化乙锭　　B. 十二烷基硫酸钠　　C. 放线菌素 D

D. 丙烯酰胺　　E. 焦碳酸二乙酯

5. 适用于 E 类火灾（带电火灾）的灭火器有（　　）。

A. 泡沫灭火器　　B. 二氧化碳灭火器

C. 1211 灭火器　　D. 干粉式灭火器

（彭加平）

项目二
基因操作常用溶液及培养基配制

学习目标

【学习目的】

掌握试剂及基因操作常用试剂和培养基配制的基本知识和操作技能。

【知识要求】

1. 理解化学试剂的规格和生物试剂的分类及特点；
2. 掌握溶液浓度的表示、调整和互换方法；
3. 熟悉常用细菌培养基的种类。

【能力要求】

1. 会正确配制基因操作常用溶液和抗生素；
2. 会正确配制基因操作常用的细菌培养基；
3. 能正确洗涤生物实验室的玻璃器皿。

※ 项目说明

实验中花费的大多数时间不在实验本身，而在配制试剂、准备使用工具以及分析实验上。开始实验前通常需要配制大量的溶液，在实验过程中也要进行试剂的配制，而溶液配制的质量直接决定着实验的成败和数据的可靠性。在基因操作中，有些实验不成功往往就是由于试剂配制不当造成的，例如试剂规格不够、浓度计算错误、未作除菌处理以及试剂保存不当等。因此，项目二也是作为后续项目的前导项目，着重提高和训练学生在基因操作常用试剂和培养基配制方面的基本知识及操作技能。

※ 必备知识

一、化学试剂的规格和生物试剂的分类

1. 化学试剂的规格

化学试剂又称试剂或试药，是进行化学研究、成分分析的相对标准物质，广泛用于

物质的合成、分离、定性和定量分析。试剂规格又叫试剂级别，一般按试剂的纯度、杂质的含量来划分规格标准。我国试剂的规格基本上按纯度划分，常用的四种规格如下。

(1) 优级纯或保证试剂（guaranteed reagent，GR） 为一级品，主成分含量很高，纯度很高（99.8%），适用于精确分析和研究工作，有的可作为基准物质，使用绿色标签。

(2) 分析纯试剂（analytical reagent，AR） 为二级品，主成分含量很高，纯度较高（99.7%），干扰杂质很低，适用于工业分析及化学实验，使用红色标签。

(3) 化学纯试剂（chemical pure，CP） 为三级品，主成分含量高，纯度较高（99.5%），存在干扰杂质，适用于化学实验和合成制备，使用蓝色标签。

(4) 实验试剂（laboratory reagent，LR） 为四级品，主成分含量高，纯度较差，杂质含量不做选择，只适用于一般化学实验和合成制备，使用黄色标签。

除上述几个等级外，还有高纯试剂、基准试剂和光谱纯试剂等。纯度远高于优级纯的试剂叫做高纯试剂（≥99.99%）。高纯试剂是在通用试剂基础上发展起来的，它是为了专门的使用目的而用特殊方法生产的纯度最高的试剂。它的杂质含量要比优级纯试剂低2个、3个、4个或更多个数量级。因此，高纯试剂特别适用于一些痕量分析，而通常的优级纯试剂达不到这种精密分析的要求。目前，除对少数产品制定国家标准外（如高纯硼酸、高纯冰乙酸、高纯氢氟酸等），大部分高纯试剂的质量标准还很不统一，在名称上有高纯、特纯、超纯等不同叫法。基准试剂作为基准物质，常用于标定标准溶液，其主成分含量一般在99.95%～100.0%，杂质总量不超过0.05%。光谱纯试剂主要用于光谱分析中作标准物质，其杂质用光谱分析法测不出或杂质低于某一限度，纯度在99.99%以上。

2. 生物试剂的分类及特点

生物试剂是由生物体提取、生物技术制备或化学合成的用于生物研究和成分分析的各种纯度等级的物质，以及临床诊断、医学研究用的试剂。

(1) 生物试剂的分类 由于生物技术发展迅速、应用广泛，因此该类试剂品种繁多、性质复杂。目前，生物试剂主要有以下四种分类方法。

① 按生物学的分支学科来分类 如生化试剂、分子生物学试剂、细胞生物学试剂、神经生物学试剂、免疫学试剂、植物试剂、动物试剂等。

② 按生物体中含有的基本物质来分类 如蛋白质、多肽、氨基酸及其衍生物、核酸、核苷酸及其衍生物、酶、辅酶、糖类、脂类及其衍生物、甾类和激素、抗体、生物碱、维生素、胆酸与胆酸盐、植物生长调节剂、卟啉类及其衍生物等。

③ 按研究的用途来分类 如缓冲剂、培养基、电泳试剂、色谱试剂、分离试剂、免疫试剂、标记试剂、分子重组试剂（*Taq* 酶、限制性核酸内切酶、DNA 连接酶）、DNA 和蛋白质 Marker、电镜试剂、临床诊断试剂、食品检测试剂、诱变剂、诱导剂、抗生素、抗氧化剂、防霉剂、表面活性剂、标准品以及各种试剂盒等。

④ 按一些新技术、新方法需要使用的物质来分类 如亲和色谱、DNA 测序、PCR、分子克隆、微阵列（DNA chip）、细胞信号、基因组学、蛋白质组学、糖生物学等研究需要使用的试剂。

(2) 生物试剂的特点

① 品种多 近年来发展迅速、层出不穷的各种分子生物学试剂，使生物试剂成为化学试剂中的一个庞大门类，有商品 10000 多种，在中国销售的品种有 2500 种左右。

② 纯度高 基因操作所用试剂必须是分析纯、电泳纯或分子生物学试剂级。

③ 规格多 如酶试剂，有粗制酶、结晶酶、多次结晶酶以及不含某些杂酶的酶制剂等多种。一些 DNA Marker，有的可使用 200 次，有的只能使用 50 次、100 次。

④ 包装单位小 如基因操作使用的 *Taq* 酶、限制性核酸内切酶、DNA 连接酶等一个包装只有几十微升，有的包装只有 5mg、10mg，甚至更低。

⑤ 储运条件高 如多数酶试剂怕热，需在 0～5℃下保存，有些基因工程工具酶需在－20℃下保存，而另一些试剂如 RNA 则需在－70℃下保存。

⑥ 操作要求严 如溶菌酶、蛋白酶 K 溶液须用无菌水配制，并且整个过程须在无菌环境下操作。有的试剂配制后，需 121℃高压灭菌或用 0.22μm 滤膜过滤除菌。

⑦ 试剂盒（kit）多 如 SOD 试剂盒、质粒提取试剂盒、RNA 提取试剂盒、黄曲霉毒素试剂盒、农残检测试剂盒，以及各种临床诊断试剂盒等。

二、溶液浓度的表示、调整和互换

1. 溶液浓度的表示

溶液浓度是指在一定质量或一定体积的溶液中所含溶质的量。常用的浓度有：质量分数、体积分数、物质的量浓度等。

（1）质量分数（%） 质量分数是 100g 溶液中所含溶质的质量（g），即溶质(g)＋溶剂（g)＝100g 溶液。

① 若溶质是固体

称取溶质的质量＝需配制溶液的总质量×需配制溶液的质量分数

需用溶剂的质量＝需配制溶液的总质量－称取溶质的质量

例如，配制 10%氢氧化钠溶液 200g：

溶质（固体氢氧化钠）的质量为：200g×0.10＝20g

溶剂（水）的质量为：200g－20g＝180g

因此，称取 20g 氢氧化钠加 180g 水溶解即可。

② 若溶质是液体

$$\text{应量取溶质的体积}=\frac{\text{需配制溶液的总质量}}{\text{溶质的密度}\times\text{溶质的质量分数}}\times\text{需配制溶液的质量分数}$$

需用溶剂的质量(或体积)＝需配制溶液的总质量－(需配制溶液的总质量×需配制溶液的质量分数)

例如，配制 20%硝酸溶液 500g（浓硝酸的浓度为 90%，密度为 $1.49g/cm^3$）：

$$\frac{500}{1.49\times0.9}\times0.2=74.57(\text{mL})$$

$$500-(500\times0.2)=400(\text{mL})$$

因此，量取 400mL 水加入 74.57mL 浓硝酸混匀即可。

但是，上述质量分数（质量/质量）表示方法使用得较少，在配制梯度溶液时会用到。人们习惯上使用质量体积分数，即每 100mL 溶剂中溶解溶质的质量（g）。一般来说，质量分数的溶液被认为是质量/体积，这也是公认的计算方法。例如，20%的 NaCl 溶液，在 70mL 水中溶解 20g NaCl，再定容至 100mL 即可。

（2）体积分数（%）　每 100mL 溶液中含溶质的体积（mL）。一般用于配制溶质为液体的溶液，如各种浓度的乙醇溶液。例如，配制 100mL 75%的乙醇溶液，量取 75mL 的无水乙醇，再加上 25mL 的蒸馏水，混合均匀后即可。

（3）物质的量浓度（mol/L）　物质的量浓度是指 1L 溶液中含有的溶质的物质的量。

$$物质的量浓度=\frac{\dfrac{溶质的质量}{溶质的相对分子质量}}{1000}$$

$$称取溶质的质量=需配制溶液的物质的量浓度\times溶质的相对分子质量\times\frac{需配制溶液的体积(mL)}{1000}$$

例如，配制 2mol/L 碳酸钠溶液 500mL（Na_2CO_3 的相对分子质量为 106）：

$$2\times106\times\frac{500}{1000}=106(g)$$

因此，称取 106g 无水碳酸钠用蒸馏水溶解后，定容至 500mL 即可。

此外，对尚无明确分子组成，如存在于提取物中的蛋白质或核酸，或一混合物中的生物活性化合物，如维生素 B_{12} 和血清免疫球蛋白的相对分子质量尚未被肯定的物质，其浓度以单位体积中溶质的质量（而非 mol/L）表示，如 g/L、mg/L 和 μg/L 等，称为质量浓度。

2. 溶液浓度的调整

（1）浓溶液稀释法　从浓溶液稀释成稀溶液可根据浓度与体积成反比的原理进行计算：

$$c_1\times V_1=c_2\times V_2$$

式中，c_1 为浓溶液浓度；V_1 为浓溶液体积；c_2 为稀溶液浓度；V_2 为稀溶液体积。

例如，将 6mol/L 硫酸 450mL 稀释成 2.5mol/L 可得多少毫升？

$$6\times450=2.5\times V_2$$

$$V_2=\frac{6\times450}{2.5}=1080(mL)$$

（2）稀溶液浓度的调整　将一种低浓度的溶液和另一种高浓度的溶液混合到一种中间浓度的溶液，也可以根据浓度和体积成反比的原理进行计算，公式如下：

$$c\times(V_1+V_2)=c_2\times V_2+c_1\times V_1$$

式中，c 为中间浓度溶液的浓度；c_1 为浓溶液的浓度；V_1 为浓溶液的体积；c_2 为稀溶液的浓度；V_2 为稀溶液的体积。

例如，现有 0.25mol/L 氢氧化钠溶液 800mL，需要加多少毫升的 1mol/L 氢氧化钠溶液，才能成为 0.4mol/L 氢氧化钠溶液？

设所需 1mol/L 氢氧化钠溶液的体积为 XmL，代入公式：

$$0.4(X+800)=0.25\times800+1\times X$$

$$X=200(\text{mL})$$

3. 溶液浓度互换公式

$$溶质质量分数(\%)=\frac{溶质的物质的量浓度\times 相对分子质量}{溶液体积\times 相对密度}$$

$$溶质的物质的量浓度(\text{mol/L})=\frac{溶质质量分数\times 溶液体积\times 相对密度}{相对分子质量}$$

三、溶液的配制

1. 称量

称量前，应准备好所有需要的东西，如各种试剂、称量纸、刮刀、牛角匙、记号笔、玻棒、pH 试纸、烧杯或三角烧瓶等；称量时，应正确使用天平，保证称量的准确性。下面主要介绍电子天平的使用操作、校准方法以及维护和保养。

(1) 电子天平的使用操作

① 预热：接通电源，预热 30min 以上，使天平处于稳定的备用状态。

② 称量：打开天平开关（按开关键），等待仪器自检，使天平处于零位，否则按去皮键。将称量器皿放在天平的称量台上，或取称量纸一张，对折，打开折纸，内面向上放在称量台上，按去皮键清零，用牛角匙取出试剂，轻轻叩打，使试剂徐徐进入器皿内或称量纸上，直至显示器显示所需质量时为止。取出含被称物质的器皿，或用手轻持称量纸的一侧，将试剂转移到烧杯内。

③ 清理：称量完毕，按开关键，关闭电源，清理称量台及天平周围桌面，进行使用登记。

(2) 电子天平的校准方法　电子天平一般有内校和外校两种校准方式。其区别是：天平调零过程中外校需要外部校正砝码来调零，内校只需利用天平的内部校准功能来调零。

电子天平内校的操作步骤如下。

① 天平应预热，时间 2～3h。

② 天平应呈水平状，否则需重新调整。

③ 天平秤盘没有称量物品时，应稳定地显示为零位。

④ 按“CAL”键，启动天平内部的校准功能，稍后天平显示“C”，表示正在进行内部校准。

⑤ 当天平显示器显示为零位时，说明天平已校准完毕。如果在校正中出现错误，天平显示器将显示“Err”，显示时间很短，应重新清零，重新进行校正。

电子天平外校的操作步骤如下。

① 天平应预热 30min 以上。

② 天平应处于水平状态。

③ 天平秤盘没有称量物品时，应稳定地显示为零位。

④ 按“CAL”键，启动天平的校准功能。

⑤ 天平显示器上显示重量值。

⑥ 将符合精度要求的标准砝码放在天平的秤盘上。

⑦ 当电子天平的显示值不变时，说明外部的校正工作已完成，可将标准砝码取出。

⑧ 天平显示零位处于待用状态。如果在校正中出现错误，天平显示器将显示“Err”，显示时间很短，应重新清零，重新进行校正。

(3) 电子天平的维护与保养

① 应将天平置于稳定的工作台上，避免振动、气流及阳光照射。

② 保持天平称量室的清洁，一旦物品撒落应及时清除干净。

③ 经常对天平进行自校或定期外校，保证其处于最佳状态。

④ 使用前，应调整水平仪气泡至中间位置。

⑤ 操作天平不可过载使用，以免损坏天平。

⑥ 称量易挥发和腐蚀性物品时，要盛放在密闭的容器中，以免腐蚀和损坏天平。

⑦ 天平称量室内应放置干燥剂，常用变色硅胶，应定期更换。

⑧ 如果天平出现故障应及时检修，不可带“病”工作。

2. 调 pH

对于多数溶液，一般先加入终体积约 80%的水到烧杯中，再加入已称量的固体试剂，然后用玻棒或磁力搅拌器搅拌溶解（有时需加热）。有些溶液不需确定 pH，溶解后可直接定容至所需体积，但多数溶液需确定 pH，如基因操作中用到的缓冲液都有合适的 pH 值，因此尚需调节溶液的 pH，再定容至所需体积。

酸度计是测定溶液 pH 的最精密仪器。酸度计简称 pH 计，由电极和电计两部分组成。使用中如能正确操作电计、合理维护电极、按要求配制标准缓冲液，可大大减小 pH 示值误差，从而提高实验数据的可靠性。

(1) pH 计的校准和测量　用 pH 计测量溶液的 pH 前，须对 pH 计进行校准，其校准方法一般采用两点标定法，即选择两种标准缓冲液进行校准，先以 pH6.86 标准缓冲液进行“定位”校准，然后根据测试溶液的酸碱情况，选用 pH4.00 或 pH9.18 标准缓冲液进行“斜率”校正。pH 计校准、测量的操作步骤如下。

① 将电极洗净并用滤纸吸干，浸入第一种标准缓冲液中（pH6.86），仪器温度补偿旋钮置于溶液温度处。待示值稳定后，调节定位旋钮，使仪器示值为标准缓冲液的 pH 值。

② 取出电极洗净并用滤纸吸干，浸入第二种标准缓冲液中（若待测溶液呈酸性，则选用 pH4.00 标准缓冲液；若待测溶液呈碱性，则选用 pH9.18 标准缓冲液）。待示值稳定后，调节仪器斜率旋钮，使仪器示值为第二种标准溶液的 pH 值。

③ 取出电极洗净并用滤纸吸干，再浸入 pH6.86 标准缓冲液中。如果误差超过 0.02 pH，则重复第①、②步骤，直至在两种标准缓冲液中不需调节旋钮都能显示正确的 pH 值。

④ 经 pH 标定的 pH 计，即可用来测定样品溶液的 pH 值。这时，温度补偿旋钮、定位旋钮、斜率旋钮都不要再动。取出电极洗净并用滤纸吸干电极球部后，把电极插在盛有待测样品溶液的烧杯内，轻轻摇动烧杯，待读数稳定后，就显示待测样品溶液的 pH 值。测量完毕，冲洗电极，套上保护帽，帽内放少量补充液（3mol/L 的氯化钾溶液），保持电极球泡湿润。

在校准和测量过程中，需注意保护电极。复合电极的主要传感部分是电极的球泡，球泡极薄，千万不能与硬物接触。此外，校准结束后，对使用频繁的 pH 计一般在 48h 内不需再次标定。如遇下列情况之一，则需重新标定：溶液温度与定标温度有较大差异时；电极在空气中暴露过久，如半小时以上时；定位或斜率旋钮被误动；测量过酸（pH<2.0）或过碱（pH>12.0）的溶液后；换过电极后；当待测溶液的 pH 值不在两点标定时所选溶液的中间，且距 pH7.0 又较远时。

（2）电极的正确使用与保养　目前实验室使用的电极都是复合电极（玻璃电极和参比电极组合在一起的电极称为复合电极），其优点是使用方便，不受氧化性或还原性物质的影响，且平衡速度较快。使用时，将电极加液口上所套的橡胶套和下端的橡皮套全取下，以保持电极内氯化钾溶液的液压差。

① 复合电极不用时，可充分浸泡在 3mol/L 氯化钾溶液中。切忌用洗涤液或其他吸水性试剂浸洗。

② 使用前，检查玻璃电极前端的球泡。正常情况下，电极应该透明而无裂纹，球泡内要充满溶液，不能有气泡存在。

③ 测量浓度较大的溶液时，应尽量缩短测量时间，用后仔细清洗，防止被测溶液黏附于电极而污染电极。

④ 清洗电极后，不要用滤纸擦拭玻璃膜，而应用滤纸吸干，避免损坏玻璃薄膜，防止交叉污染，影响测量精度。

⑤ 测量中注意电极的银-氯化银内参比电极应浸入到球泡内氯化物缓冲液中，避免电计显示部分出现数字乱跳现象。使用时，注意将电极轻轻甩几下。

⑥ 电极不能用于强酸、强碱或其他腐蚀性溶液。

⑦ 严禁在脱水性介质如无水乙醇、重铬酸钾等中使用。

（3）标准缓冲液的配制及其保存　标准缓冲液性质稳定，有一定的缓冲容量和抗稀释能力，常用于校正 pH 计。常用的标准缓冲液有：邻苯二甲酸氢钾溶液（pH 4.003），磷酸二氢钾和磷酸氢二钠混合盐溶液（pH 6.864），硼砂溶液（pH 9.182）。

① pH 标准物质应保存于干燥处，如混合磷酸盐 pH 标准物质在空气湿度较大时会发生潮解，一旦出现潮解，pH 标准物质即不可使用。

② 配制 pH 标准缓冲液应使用双蒸水或去离子水。

③ 配制 pH 标准缓冲液应使用较小的烧杯来稀释，以减少沾在烧杯壁上的 pH 标准液。存放 pH 标准物质的塑料袋或其他容器，除了应倒干净以外，还应用蒸馏水多次冲洗，然后将其倒入配制的 pH 标准缓冲液中，以保证配制的 pH 标准缓冲液准确无误。

④ 配制好的标准缓冲液一般可保存 2～3 个月，如发现有浑浊、发霉或沉淀等现象时，不能继续使用。

⑤ 碱性标准缓冲液应装在聚乙烯瓶中密闭保存，防止二氧化碳进入标准缓冲液后形成碳酸，降低其 pH 值。

3. 定容

容量瓶是用来定容的量器。容量瓶的外形是平底、颈细的梨形瓶，瓶口带有磨口玻璃塞。颈上有环形标线，瓶体标有体积，一般表示为 20℃时液体充满至刻度时的容积，常见的有 10mL、25mL、50mL、100mL、250mL、500mL 和 1000mL 等多种规格。容量瓶的使用，主要包括以下几个方面。

(1) 检查　使用容量瓶前应先检查瓶塞是否漏水，检查时加自来水近刻度，盖好瓶塞用左手食指按住，同时用右手五指托住平底边缘［图 2-1(a) 和(b)］，将瓶倒立2min，如不漏水，将瓶直立，把瓶塞转动 180°再倒立 2min，若仍不漏水即可使用。

(2) 洗涤　可先用自来水涮洗，若内壁有油污，则应倒尽残水，加入适量的铬酸洗液，倾斜转动，使洗液充分润洗内壁，再倒回原洗液瓶中，用自来水冲洗干净后再用去离子水润洗 2～3 次备用。

(3) 转移　将试剂称量、溶解、调 pH 后的溶液定量转移至容量瓶中。定量转移时，右手持玻璃棒悬空放入容量瓶内，玻璃棒下端靠在瓶颈内壁（但不能与瓶口接触），左手拿烧杯，烧杯嘴紧靠玻璃棒，使溶液沿玻璃棒流入瓶内［图 2-1(c)］。烧杯中溶液流完后，将烧杯嘴沿玻璃棒上提，同时使烧杯直立，将玻璃棒取出放入烧杯内，用少量溶剂冲洗玻璃棒和烧杯内壁，将冲洗液也同样转移到容量瓶中，如此重复操作 3 次以上。然后补充溶剂，当容量瓶内溶液体积至 3/4 左右时，可初步摇荡混匀，再继续加溶剂至近标线，最后改用滴管逐滴加入，直到溶液的弯月面恰好与标线相切。若为热溶液，则应将溶液冷至室温后，再加溶剂至标线。盖上瓶塞，将容量瓶倒置，待气泡上升至底部，再倒转过来，使气泡上升到顶部，如此反复 10 次以上，使溶液混匀。

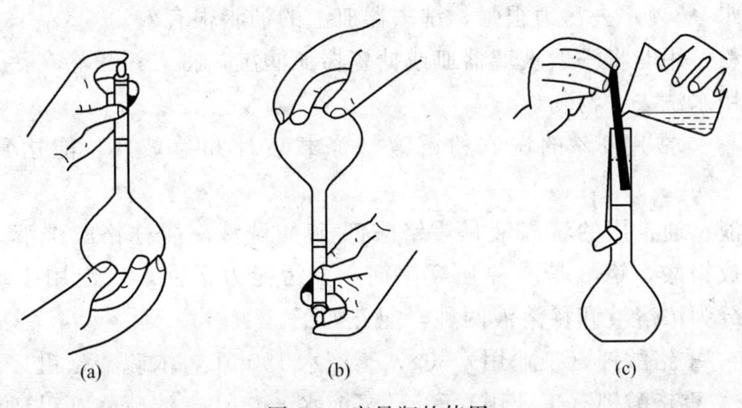

图 2-1　容量瓶的使用

容量瓶不宜长期储存试剂，配好的溶液如需长期保存应转入试剂瓶中。转移前须用该溶液将洗净的试剂瓶润洗 3 遍。用过的容量瓶，应立即用双蒸水洗净备用，如长期不用，应将磨口和瓶塞擦干，用纸片将其隔开。此外，容量瓶不能在电炉、烘箱中加热烘烤，如确需干燥，可将洗净的容量瓶用乙醇等有机溶剂润洗后晾干，也可用电吹风或烘干机的冷风吹干。

4. 溶液配制的一般注意事项

① 称量要精确，特别是在配制标准溶液、缓冲液时，更应注意严格称量。有特殊要求的，要按规定进行干燥、衡重、提纯。

② 一般溶液都应用蒸馏水、超纯水或去离子水配制，有特殊要求的除外。

③ 化学试剂根据其纯度分为各种规格，配制溶液时应根据实验要求选择不同规格的试剂。

④ 溶液应根据需要量配制，一般不宜过多，以免积压浪费，过期失效。

⑤ 试剂（特别是液体）一经取出，不得放回原瓶，以免因量器或药勺不清洁而污

染整瓶试剂。取固体试剂时，必须使用洁净干燥的药勺。

⑥ 配制溶液所用的玻璃器皿都要清洁干净。存放溶液的试剂瓶应清洁干燥。

⑦ 试剂瓶上应贴标签。写明试剂名称、浓度、配制日期及配制人。

⑧ 试剂用后要用原瓶塞塞紧，瓶塞不得沾染其他污染物或沾污桌面。有些化学试剂极易变质，变质后不能继续使用。

四、生物实验室玻璃器皿的洗涤

实验中所使用的玻璃器皿清洁与否，直接影响实验结果，往往由于玻璃器皿的不清洁或被污染而造成较大的实验误差，甚至会出现相反的实验结果。因此玻璃器皿的洗涤清洁是非常重要的。

玻璃器皿的清洗方法主要有两种：一是机械清洗方法，即用铲、刮、刷、超声等方法清洗；二是化学清洗方法，即用各种化学去污溶剂清洗。具体的清洗方法需依污垢附着表面的状况及污垢的性质决定。

1. 实验室常用洗涤剂的种类及其应用

(1) 肥皂　使用时多用湿刷子（试管刷、瓶刷）沾肥皂刷洗容器，再用水洗去肥皂。热的肥皂水（5%）去污力很强，洗去器皿上的油脂很有效。

(2) 去污粉　用时将一般玻璃器皿或搪瓷器皿润湿，将去污粉涂在污点上，用布或刷子擦拭，再用水洗去去污粉。

(3) 洗衣粉　常用1%的洗衣粉溶液洗涤载玻片和盖玻片，能达到良好的清洁效果。

(4) 洗涤液　通常用的洗涤液是重铬酸钾-硫酸洗液，简称铬酸洗液。重铬酸钾与硫酸作用后形成铬酸，铬酸是一种强氧化剂，去污能力很强，广泛用于玻璃器皿的洗涤。铬酸洗液分为浓溶液和稀溶液两种，配方如下。

① 浓配方　重铬酸钾（工业用）50g，蒸馏水150mL，浓硫酸（粗）800mL。

② 稀配方　重铬酸钾（工业用）50g，蒸馏水850mL，浓硫酸（粗）100mL。

③ 配制方法　将重铬酸钾溶解在温热蒸馏水中（可加热），待冷却后，再缓慢加入浓硫酸，边加边搅拌。配好的溶液呈棕红色或橘红色。应始终存储于有盖容器内，以防变质。此液可多次使用，直至溶液变成青褐色或墨绿色时失效。

2. 各种玻璃器皿的洗涤方法

(1) 新玻璃器皿的洗涤　新购置的玻璃器皿（包括平皿、载玻片、试管、三角瓶等）含有游离碱，应用2%的盐酸溶液浸泡数小时，以中和其碱质，再用水充分冲洗干净。

(2) 一般玻璃器皿的洗涤　三角瓶、培养皿、试管等可用毛刷蘸洗涤剂、去污粉或肥皂洗去灰尘、油污、无机盐等物质，然后用自来水冲洗干净。如果器皿要盛放高纯度的化学药品或者做较精确的实验，可先在洗液中浸泡过夜，再用自来水冲洗，最后用蒸馏水洗2～3次。洗刷干净的玻璃器皿烘干备用。

(3) 染菌的玻璃器皿的洗涤　应先经121℃高压蒸汽灭菌20～30min后取出，趁热倒出容器内的培养物，再用热的洗涤剂溶液洗刷干净，最后用水冲洗。染菌的移液管和毛细吸管，使用后应立即放入5%的石炭酸溶液中浸泡数小时，先灭菌，然后再冲洗。

(4) 用过的载玻片及盖玻片的洗涤　用过的载玻片放入1%洗衣粉溶液中煮沸20~30min（注意溶液一定要浸没玻片，否则会使玻片钙化变质），待冷却后，逐个用自来水洗净，浸泡于95%的乙醇中备用。盖玻片浸入1%的洗衣粉溶液中，煮沸1min，待稍冷后再煮沸1min，如此重复2~3次，待冷却后用自来水冲洗，洗净后于95%的乙醇中浸泡。带有活菌的载玻片或盖玻片可先浸在5%石炭酸溶液中消毒24~48h后，再按上述方法洗涤。使用前，可用干净纱布擦去酒精，并经火焰微热，使残余酒精挥发，再用水滴检查，如水滴在玻片上均匀散开，方可使用。

(5) 计数板的清洗　血细胞计数板或细菌计数板使用后应立即在水龙头下用水冲净，必要时可用95%酒精浸泡，或用酒精棉轻轻擦拭，切勿用硬物洗刷或抹擦，以免损坏网格刻度。洗涤完毕镜检计数区是否残留菌体或其他沉淀物，若不干净，则必须重复洗涤至洁净为止。洗净后自行晾干或用吹风机吹干，放入盒内保存。

(6) 含有琼脂培养基的玻璃器皿的洗涤　先用小刀、镊子或玻璃棒将器皿中的琼脂培养基刮下。如果琼脂培养基已经干燥，可将器皿放在少量水中煮沸，使琼脂熔化后趁热倒出，然后用水洗涤，并用刷子沾洗涤剂擦洗内壁，然后用清水冲洗干净。如果器皿上沾有蜡或油漆等物质，可用加热的方法使之熔化后揩去，或用有机溶剂（苯、二甲苯、丙酮等）擦拭；如器皿沾有焦油、树脂等物质，可用浓硫酸或40%氢氧化钠溶液浸泡，也可用洗涤液浸泡。

(7) 光学玻璃的清洗　光学玻璃用于仪器的镜头、镜片、棱镜等，在制造和使用中容易沾上油污、水溶性污物、指纹等，影响成像及透光率。清洗光学玻璃，应根据污垢的特点、不同结构选用不同的清洗剂、清洗工具及清洗方法。清洗镀有增透膜的镜头，如照相机、投影仪、显微镜的镜头，可用30%的酒精加70%的乙醚配制成清洗剂清洗。清洗时应用软毛刷或棉球沾少量清洗剂，从镜头中心向外做圆周运动。切忌将镜头浸泡在清洗剂中清洗。清洗镜头不得用力擦拭，否则会划伤增透膜，损坏镜头。清洗棱镜、平面镜的方法，可依照清洗镜头的方法进行。光学玻璃表面生霉后，光线在其表面发生散射，使成像模糊不清，严重者会使仪器报废。消除霉斑可用0.1%~0.5%的乙基含氢二氯硅烷与无水酒精配制的清洗剂清洗，潮湿天气还需掺入少量的乙醚，或用环氧丙烷、稀氨水等清洗。使用上述清洗剂也能清洗光学玻璃上的油脂性雾、水湿性雾和油水混合性雾，其清洗方法与清洗镜头方法相似。

3. 玻璃器皿洗涤的注意事项

① 任何洗涤方法，都不应对玻璃器皿造成损伤，所以不能使用对玻璃器皿有腐蚀作用的化学试剂，也不能使用比玻璃硬度大的制品擦拭玻璃器皿。

② 用过的器皿应立即洗刷，放置太久会增加洗刷的困难。

③ 含有对人有传染性或非传染性致病菌的玻璃器皿，应先浸在5%石炭酸溶液内或经蒸煮、高压灭菌后再进行洗涤。

④ 盛过有毒物质的器皿，不要与其他器皿放在一起。

⑤ 难洗涤的器皿不要与易洗涤的器皿放在一起，以免增加洗涤的麻烦。有油的器皿不要与无油的器皿混在一起，否则本来无油的器皿沾上了油污，浪费药剂和时间。

⑥ 强酸、强碱及其他氧化物和挥发性的有毒物品，都不能倒在洗涤槽内，必须倒

在废液缸中。

⑦ 用过的升汞溶液，切勿装在铝锅等金属容器中，以免引起金属的腐蚀。

⑧ 盛用液体培养物的器皿，应先将培养物倒在废液缸中，然后洗涤。切勿将培养物尤其是琼脂培养物倒入洗涤槽中，否则会逐渐阻塞下水道。

⑨ 使用洗涤液时，投入的玻璃器皿应尽量干燥，以避免稀释洗涤液。如要去污作用更强，可将之加热至40～50℃（稀铬酸洗液可以煮沸）。器皿上带有大量有机质时，不可直接加洗涤液，应尽可能先行清除，再用洗涤液，否则洗涤液会很快失效。用洗涤液洗过的器皿，应立即用水冲洗至无色为止。洗涤液有强腐蚀性，使用时应注意防护，如溅于桌椅上，应立即用水洗并用湿布擦去。皮肤及衣服上沾有洗涤液，应立即用水洗，然后用苏打（碳酸钠）水或氨液中和。

⑩ 注意安全，洗涤前应检查玻璃器皿是否有裂缝或者缺口。

※ 项目实施

任务 2-1 常用溶液和抗生素的配制

任务描述：

试剂配制并不是一件困难的事情，但却是最重要的事情，因为试剂配制的质量直接决定着实验的成败和数据的可靠性。本任务主要介绍基因操作中常用储存液、缓冲液以及一些抗生素的配制方法。

1. 常用溶液

（1）1mol/L Tris（pH 7.4，pH7.6，pH 8.0） 在800mL蒸馏水中溶解121.1g Tris碱，加入浓HCl调节pH至所需值：pH 7.4，约加浓HCl 70mL；pH7.6，约加浓HCl 60mL；pH 8.0，约加浓HCl 42mL。加水定容至1L，分装后121℃高压蒸汽灭菌20min。

温馨提示：

应使溶液冷却至室温后再调pH，因为Tris溶液的pH值随温度变化差异较大，温度每升高1℃，pH值大约降低0.03个单位。例如，0.05mol/L的溶液在5℃、25℃和37℃时的pH值分别为9.5、8.9、8.6。

（2）0.5mol/L EDTA（pH 8.0） 在800mL蒸馏水中加入186.1g二水乙二胺四乙酸二钠（EDTA－Na_2·$2H_2O$），充分搅拌，用NaOH调节溶液的pH值至8.0（约需20g NaOH颗粒），定容至1L，分装后121℃高压蒸汽灭菌20min，室温保存。

温馨提示：

EDTA二钠盐需加入NaOH将溶液的pH值调至接近8.0时，才能完全溶解。

（3）10×TE（pH7.4，pH7.6，pH8.0） 组分浓度为100mmol/L Tris-HCl，

10mmol/L EDTA。

量取1mol/L Tris-HCl溶液（pH7.4，pH7.6，pH8.0）100mL、0.5mol/L EDTA（pH8.0）20mL，置于容量为1L的烧杯中，加入约800mL蒸馏水，混合均匀，定容至1L，121℃高压蒸汽灭菌20min，室温保存。

（4）2mol/L NaOH　在80mL蒸馏水中逐渐加入8g NaOH，边加边搅拌，定容至100mL。将溶液转移至塑料容器后，室温保存。

（5）2.5mol/L HCl　在78.4mL的蒸馏水中加入21.6mL的浓盐酸（11.6mol/L），均匀混合，室温保存。

（6）8mol/L尿素（pH8.0，用于包涵体变性）　称取0.2422g Tris、2.922g NaCl、48.048g尿素，溶于100mL蒸馏水中，调pH至8.0。

（7）1mol/L 乙酸钾（pH 7.5）　将9.82g乙酸钾溶解于900mL蒸馏水中，用2mol/L乙酸调节pH值至7.5后加入蒸馏水定容至1L，保存于−20℃。

（8）乙酸钾溶液（用于碱裂解）　在60mL 50mol/L乙酸钾溶液中加入11.5mL冰乙酸和28.5ml蒸馏水，即成钾浓度为3mol/L而乙酸根浓度为5mol/L的溶液。

（9）3mol/L乙酸钠（pH 5.2和pH 7.0）　在800mL蒸馏水中溶解408.1g三水乙酸钠，用冰乙酸调节pH值至5.2或用稀乙酸调节pH值至7.0，加水定容至1L，分装后高压灭菌。

（10）5mol/L NaCl　在800mL蒸馏水中溶解292.2g NaCl，加水定容至1L，分装后高压灭菌。

（11）1mol/L $CaCl_2$　在200mL蒸馏水中溶解54g $CaCl_2 \cdot 6H_2O$，用0.22μm滤器过滤除菌，分装成10mL小份，储存于−20℃。

温馨提示：

制备感受态细胞时，取出1份解冻并用纯水稀释至100mL，用Nalgene（0.45μm孔径）过滤除菌，然后骤冷至0℃。

（12）2.5mol /L $CaCl_2$　在20mL蒸馏水中溶解13.5g $CaCl_2 \cdot 6H_2O$，用0.22μm滤器过滤除菌，分装成1mL小份，储存于−20℃。

（13）1mol /L乙酸镁　在800mL蒸馏水中溶解214.46g四水乙酸镁，用水定容至1L，过滤除菌。

（14）1mol /L $MgCl_2$　在800mL蒸馏水中溶解203.3g $MgCl_2 \cdot 6H_2O$，用水定容至1L，分装成小份并高压灭菌备用。

（15）10mol /L乙酸铵　把770g乙酸铵溶解于800mL蒸馏水中，加水定容至1L后过滤除菌。

（16）0.1mol /L腺苷三磷酸（ATP）　在0.8mL蒸馏水中溶解60mg ATP，用0.1mol/L NaOH调pH值至7.0，用蒸馏水定容至1mL，分装成小份，保存于−20℃。

（17）30%丙烯酰胺　将29g丙烯酰胺和1g亚甲双丙烯酰胺溶于60mL的蒸馏水中，加热至37℃溶解之，补加水至终体积为100mL。用0.45μm滤膜过滤除菌，该溶液 pH 值应不大于 7.0，置棕色瓶中 4℃保存。

温馨提示：

丙烯酰胺具有很强的神经毒性并可通过皮肤吸收，其作用具有累积性。称量操作时，应戴手套和面罩。

(18) X-gal X-gal 为 5-溴-4-氯-3-吲哚-β-D-半乳糖苷，用二甲基甲酰胺溶解 X-gal 配制成 20mg/mL 的储存液，保存于玻璃管或聚丙烯管中，装有 X-gal 溶液的试管须用铝箔封裹以防受光照而被破坏，并储存于－20℃。X-gal 溶液无须过滤除菌。

(19) 1mol/L 二硫苏糖醇（DTT） 用 20mL 0.01mol/L 乙酸钠溶液（pH5.2）溶解 3.09g DTT，用 0.22μm 滤器过滤除菌，分装成 1mL 小份，储存于－20℃。

温馨提示：

DTT 或含有 DTT 的溶液不能进行高压处理。

(20) 1mol/L IPTG IPTG 为异丙基硫代-β-D-半乳糖苷（相对分子质量为 238.3），在 8mL 蒸馏水中溶解 2.38g IPTG 后，用蒸馏水定容至 10mL，用 0.22μm 滤器过滤除菌，分装成 1mL 小份，储存于－20℃。

(21) β-巯基乙醇（BME） 一般得到的是 14.4mol/L 溶液，应装在棕色瓶中于 4℃保存。

温馨提示：

BME 或含有 BME 的溶液不能进行高压处理。

(22) 10mmol/L 苯甲基磺酰氟（PMSF） 用异丙醇溶解 PMSF 成 1.74mg/mL (10mmol/L)，分装成小份，储存于－20℃。如有必要可配成浓度高达 17.4mg/mL 的储存液（100mmol/L）。

温馨提示：

PMSF 严重损害呼吸道黏膜、眼睛及皮肤，吸入、吞进或通过皮肤吸收后有致命危险。一旦眼睛或皮肤接触了 PMSF，应立即用大量水冲洗之。被 PMSF 污染的衣物应予以丢弃。

PMSF 在水溶液中不稳定，应在使用前从储存液中现用现加于裂解缓冲液中。PMSF 在水溶液中的活性丧失速率随 pH 值的升高而加快，且 25℃的失活速率高于 4℃。pH 值为 8.0 时，20μmol/L PMSF 水溶液的半衰期大约为 35min。这表明将 PMSF 溶液调节为碱性（pH>8.6）并在室温放置数小时后，可安全地予以丢弃。

(23) 放线菌素 D 把 20mg 放线菌素 D 溶解于 4mL100％乙醇中，1∶10 稀释储存液，用 100％乙醇作空白对照读取 A_{440} 值。放线菌素 D（相对分子质量为 1255）纯品在水溶液中的摩尔吸收系数为 21900，故 1mg/mL 的放线菌素 D 溶液在 440nm 处的吸光值为 0.182。放线菌素 D 的储存液应放在包有箔片的试管中，保存于－20℃。

温馨提示：

放线菌素D是致畸剂和致癌剂，配制该溶液时必须戴手套并在化学通风柜内操作，而不能在开放的实验桌面上进行，谨防吸入药粉或让其接触到眼睛或皮肤。药厂提供的作为治疗用途的放线菌素D制品常含有糖或盐等添加剂。通过测量储存液在440nm波长处的光吸收确定放线菌素D的浓度。

（24）Tris缓冲液（TBS）（25mmol/L Tris） 在800mL蒸馏水中溶解8g NaCl、0.2g KCl和3g Tris碱，加入0.015g酚并用HCl调pH值至7.4，用蒸馏水定容至1L，分装后121℃高压蒸汽灭菌20min，室温保存。

（25）磷酸盐缓冲液（PBS） 在800mL蒸馏水中溶解8g NaCl、0.2g KCl、1.44 g Na_2HPO_4 和0.24g KH_2PO_4，充分搅拌溶解，用HCl调节溶液pH值至7.4，加水定容至1L，分装后121℃高压蒸汽灭菌20min，室温保存。

（26）20×SSC 在800mL蒸馏水中溶解175.3g NaCl和88.2g柠檬酸钠，加入数滴10mol/L NaOH溶液调节pH值至7.0，加水定容至1L，分装后高压灭菌。

（27）20×SSPE 在800mL蒸馏水中溶解175.3g NaCl、27.6g $NaH_2PO_4 \cdot H_2O$ 和7.4g EDTA，用NaOH溶液调节pH值至7.4（约需6.5mL 10mol/L NaOH），加水定容至1L，分装后高压灭菌。

（28）Tris饱和酚 市售酚常含有氧化物杂质，呈粉红色，需重蒸纯化，在160～183℃时以空气冷凝器进行蒸馏，分装于棕色瓶中密封，存放于－20℃。

因为在酸性pH条件下，DNA分配于有机相，因此使用前必须进行平衡使其pH值＞7.8。方法如下。

① 将重蒸酚在68℃水浴中溶解，在热酚中加入8-羟基喹啉至终浓度0.1％（或加0.2％ β-巯基乙醇），同时加入等体积的1 mol/L Tris-HCl（pH 8.0），将它们倒入分液漏斗中，充分混匀。

② 用试纸测pH值，若此时pH＜7.8，可加入少量固体Tris碱，充分振荡溶解，静置，分层后测上层水相pH值，如pH＜7.8，待分层完全后放出下层水相，重复操作①和②，直至pH值达到7.8～8.0。

③ 充分静置，放出下层酚相于棕色瓶中，加入适量容积的0.1 mol/L Tris-HCl（pH 8.0）覆盖在酚相上，置4℃冰箱备用。

④ 制备饱和酚中加入8-羟基喹啉、β-巯基乙醇的目的在于抗氧化，部分抑制核酸酶活性且8-羟基喹啉呈黄色，有助于方便地识别有机相。如酚相变为粉红色，说明酚相已氧化，应弃去。

2. 常用抗生素

（1）氨苄西林（ampicillin）（100mg/mL） 溶解1g氨苄西林钠于适量的水中，定容至10mL。分装成小份，于－20℃储存。常以100μg/mL的终浓度添加于培养基中。

（2）羧苄西林（carbenicillin）（50mg/mL） 溶解0.5g羧苄西林二钠于适量的水中，定容至10mL。分装成小份，于－20℃储存。常以50μg/mL的终浓度添加于培养基中。

（3）甲氧西林（methicillin）（100mg/mL） 溶解1g甲氧西林钠于适量的水中，定容至10mL。分装成小份，于-20℃储存。常以37.5μg/mL的终浓度添加于培养基中。

(4) 卡那霉素（kanamycin）(10mg/mL)　溶解0.1g卡那霉素于适量的水中，定容至10mL。分装成小份，于-20℃储存。常以50μg/mL的终浓度添加于培养基中。

(5) 链霉素（streptomycin）(50mg/mL)　溶解0.5g链霉素硫酸盐于适量的无水乙醇中，定容至10mL。分装成小份，于-20℃储存。常以10～50μg/mL的终浓度添加于培养基中。

(6) 氯霉素（chloramphenicol）(25mg/mL)　溶解0.25g氯霉素于适量的无水乙醇中，定容至10mL。分装成小份，于-20℃储存。常以25μg/mL的终浓度添加于培养基中。

(7) 四环素（tetracycline）(10mg/mL)　溶解0.1g四环素盐酸盐于适量的水中，或者将无碱的四环素溶于无水乙醇，定容至10mL。分装成小份，用铝箔包裹装液管以免溶液见光，于-20℃储存。常以10～50μg/mL的终浓度添加于培养基中。

3. 注意事项

① 基因操作所用试剂须是分析纯或分子生物学试剂级。

② 溶液配制用水尽可能使用灭菌水、蒸馏水、去离子水。多数溶液需用0.22μm孔径滤膜过滤除菌或者高压灭菌（121℃、20～30min）。

③ 用高压灭菌的水、灭菌的容器以及灭菌的储存液来配制溶液，可延长所配溶液的使用时间。用干燥的化学试剂和无菌水配制的溶液一般不需再灭菌；有些酸、碱和一些有机化合物溶液也不需灭菌，因为微生物在这些溶液中不能生长。

④ 配制的溶液应分装成小份，有些溶液应储存于4℃或-20℃。

任务2-2　细菌常用培养基及配制

任务描述：

微生物繁殖快，种类多，培养容易，易于大规模发酵生产，是基因操作的主要材料。微生物的生长离不开培养基，需无菌条件，在培养过程中容易染菌，因此掌握微生物培养基的配制也是基因操作的基本技术。本任务主要介绍细菌的常用培养基及配制方法。

1. 细菌常用培养基

培养基是用人工方法配制的各种营养物质比例适宜、适合微生物生长繁殖或产生代谢产物的营养基质。细菌的常用培养基如下，其中LB培养基是用于培养基因工程受体菌（大肠杆菌）的常用培养基。

(1) LB培养基　配制每升培养基，应在900mL双蒸水中加入：

胰化蛋白胨（tryptone）	10g
酵母提取物（yeast extract）	5g
氯化钠	10g
如配制LB固体培养基，则添加琼脂粉	15g

加热至溶质完全溶解，用5mol/L氢氧化钠（约0.2mL）调节pH值至7.0，加入双蒸水至总体积为1L，121℃高压蒸汽灭菌20min。

(2) SOB 培养基 配制每升培养基，应在 900mL 双蒸水中加入：

胰化蛋白胨	20g
酵母提取物	5g
氯化钠	0.5g
1mol/L 氯化钾	2.5mL

加热至溶质完全溶解，用 5mol/L 氢氧化钠（约 0.2mL）调节溶液的 pH 值至 7.0，加双蒸水至总体积为 1L，分成 100mL 的小份，121℃高压蒸汽灭菌 20min。培养基冷却到室温后，再在每 100mL 的小份中加 1mL 灭菌的 1mol/L 氯化镁溶液。

(3) SOC 培养基 成分和配制方法与 SOB 培养基相同，只是在培养基冷却到室温后，除了在每 100mL 小份中加 1mL 灭过菌的 1mol/L 氯化镁溶液外，再加 2mL 经除菌的 1mol/L 葡萄糖溶液（1mol/L 葡萄糖溶液的配制：在 90mL 的双蒸水中溶解 18g 葡萄糖，待葡萄糖完全溶解后，加入双蒸水至总体积为 100mL，然后用 0.22μm 滤膜过滤除菌）。

(4) TB 培养基 配制每升培养基，应在 900mL 双蒸水中加入：

胰化蛋白胨	12g
酵母提取物	24g
甘油	4mL

将各组分溶解后于 121℃高压蒸汽灭菌 20min，冷却到 60℃后，再加 100mL 灭菌的含 170mmol/L KH_2PO_4 和 0.72mol/L K_2HPO_4 的溶液（在 90mL 的双蒸水中溶解 2.31g KH_2PO_4 和 12.54g K_2HPO_4，加入双蒸水至总体积为 100mL，然后 121℃高压蒸汽灭菌 20min）。

(5) 2×YT 培养基 配制每升培养基，应在 900mL 双蒸水中加入：

胰化蛋白胨	16g
酵母提取物	10g
氯化钠	5g

加热至溶质完全溶解，用 5mol/L 氢氧化钠（约 0.2mL）调节 pH 值至 7.0，加入双蒸水至总体积为 1L，121℃高压蒸汽灭菌 20min。

(6) NZCYM 培养基 配制每升培养基，应在 900mL 双蒸水中加入：

NZ 胺	10g
氯化钠	5g
酵母提取物	5g
酪蛋白氨基酸	1g
$MgSO_4 \cdot 7H_2O$	2g

加热至溶质完全溶解，用 5mol/L 氢氧化钠调节 pH 值至 7.0，加入双蒸水至总体积为 1L，121℃高压蒸汽灭菌 20min。NZ 胺为酪蛋白酶促水解物。

(7) NZYM 培养基 NZYM 培养基除不含酪蛋白氨基酸外，其他成分与 NZCYM 培养基相同。

(8) NZM 培养基 NZM 培养基除不含酵母提取物外，其他成分与 NZYM 培养基相同。

另外，在基因操作中酵母也是经常被使用的微生物，其常用培养基为YPD培养基，配方是：配制每升YPD培养基，应在900mL双蒸水中加入蛋白胨20g、酵母提取物10g、葡萄糖20g，用水补足体积为1L后，高压灭菌。建议在高压灭菌之前，对色氨酸营养缺陷型细胞培养所用的培养基每升添加1.6g色氨酸，因为YPD培养基是色氨酸限制型培养基。如配制平板，需在高压灭菌前加入15g/L的琼脂粉。

2. 细菌培养基的配制、包扎及灭菌

下面以牛肉膏蛋白胨（肉汤）培养基为例，介绍培养基的配制方法。

肉汤培养基的配方：牛肉膏0.3g、蛋白胨1.0g、氯化钠0.5g，加蒸馏水至100mL并调节pH至7.0～7.2。如果加入1.5%的琼脂，则形成固体培养基。具体步骤如下。

（1）称量　按培养基配方比例依次准确地称取牛肉膏、蛋白胨、NaCl放入烧杯中。牛肉膏常用玻棒挑取，放在小烧杯或表面皿中称量，用热水溶化后倒入烧杯。也可放在称量纸上，称量后直接放入水中，这时如稍微加热，牛肉膏便会与称量纸分离，然后立即取出纸片。蛋白胨很易吸潮，称取时动作要迅速。

（2）溶解　在烧杯中可先加入少于所需量的蒸馏水，用玻棒搅匀，然后加热使其溶解。待试剂完全溶解后，补充水分到所需的总体积。如果配制固体培养基，将称好的琼脂放入已溶化的药品中，再加热溶化，在琼脂溶化的过程中，需不断搅拌，以防琼脂糊底使烧杯破裂。最后补足所需的水分。

（3）调pH　在未调pH前，先用精密pH试纸测量培养基的原始pH值，如果pH偏酸，用滴管向培养基中逐滴加入1mol/L NaOH，边加边搅拌，并随时用pH试纸测其pH值，直至pH达7.2。反之，则用1mol/L HCl进行调节。注意pH值不要调过头，以避免回调使培养基内各离子浓度发生变化。对于有些要求pH值较精确的微生物，其pH的调节可用酸度计进行。

（4）过滤　趁热用滤纸或多层纱布过滤，以利培养结果的观察。无特殊要求的情况下，一般这一步可以省去。

（5）分装　按实验要求，可将配制好的培养基分装入试管内或三角烧瓶内。分装过程中注意不要使培养基沾在管口或瓶口上，以免沾污棉塞而引起污染。①液体分装：分装高度以试管高度的1/4左右为宜。②固体分装：分装试管，其装量不超过管高的1/5，灭菌后制成斜面。分装三角烧瓶的量以不超过三角烧瓶容积的一半为宜。

（6）加塞　培养基分装完毕后，在试管口或三角烧瓶口塞上棉塞，以阻止外界微生物进入培养基内而造成污染，并保证有良好的通气性能。

（7）包扎　加塞后，将全部试管用细扎口绳捆扎好，再在棉塞外包一层牛皮纸，以防止灭菌时冷凝水润湿棉塞，其外再用一道棉绳扎好。用记号笔注明培养基名称、组别、日期。三角烧瓶加塞后，外包牛皮纸，用棉绳以活结形式扎好，使用时容易解开，同样用记号笔注明培养基名称、组别、日期。

（8）灭菌　将上述培养基以0.1MPa、121℃高压蒸汽灭菌20min。如因特殊情况不能及时灭菌，则应放入冰箱内暂存。

（9）搁置斜面　若是用于制备斜面的固体培养基，则将灭过菌的试管培养基冷至

50℃左右，将试管棉塞端搁在玻棒或木条上，搁置的斜面长度以不超过试管总长的一半为宜（图 2-2）。

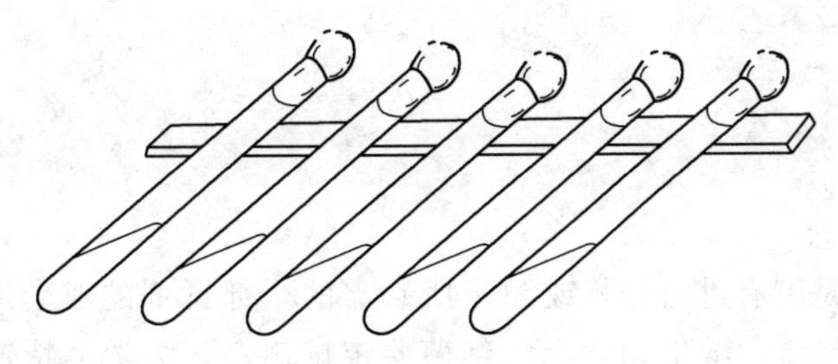

图 2-2 斜面的摆法

（10）无菌检查 将灭过菌的培养基放入 37℃培养箱中培养 24～48h，以检查灭菌是否彻底。

知·识·要·点

我国试剂的规格基本上按纯度划分，常用的四种规格是：①优级纯（GR，纯度≥99.8%，绿色标签）；②分析纯（AR，纯度≥99.7%，红色标签）；③化学纯（CP，纯度≥99.5%，蓝色标签）；④实验试剂（LR，纯度较差，杂质含量不做选择，黄色标签）。

生物试剂（BR）是由生物体提取、生物技术制备或化学合成的用于生物研究和成分分析的各种纯度等级的物质，以及临床诊断、医学研究用的试剂。该类试剂已成为化学试剂中的一个庞大门类，具有品种多、纯度高、规格多、包装单位小、储运条件高、操作要求严和试剂盒多等特点。

溶液浓度是指在一定质量或一定体积的溶液中所含溶质的量。常用的浓度有质量分数、体积分数、物质的量浓度三种，其中物质的量浓度是指 1L 溶液中含有的溶质的物质的量。

实验室玻璃器皿的清洗方法主要有两种：一是机械清洗方法，二是化学清洗方法。通常用的洗涤液是重铬酸钾-硫酸洗液，简称铬酸洗液，广泛用于玻璃器皿的洗涤。

技·能·要·点

基因操作中需要的试剂种类较多，而且对试剂的要求非常严格，有些实验不成功往往就是由于试剂处理不当造成的。例如，①所用试剂规格不够，应当用分析纯的却误用化学纯。②试剂配制不当，有的化学试剂是结晶体，含有水分子，在称量时没有扣除它的份额，配制成的溶液浓度偏低。③未作除菌处理，有的需用 0.22μm 过滤器过滤除菌，而另一些则须 121℃高压蒸汽灭菌 20min。④试剂污染，在称量、取用试剂、混合溶液时都有可能造成污染。⑤试剂储存时间过长，如测序用的丙烯酰胺胶用液，在 4℃条件下只能存放一个月。⑥试剂保存不当，有的应保存在 4℃或－20℃，有些只能在室温下保存。

培养基是用人工方法配制的各种营养物质比例适宜、适合微生物生长繁殖或产生代谢产物的营养基质。细菌常用培养基有 LB、SOB、SOC、TB、2×YT 和 NZCYM 培养基等，其中 LB 培养基是用于培养基因工程受体菌（大肠杆菌）的常用培养基。培养基配制的完整过程包括准备、称量、溶解、调 pH、过滤、分装、加塞、包扎、灭菌、搁置斜面、倒平板和无菌检查等步骤，其中有些步骤可根据情况而省略。

※ 能力拓展

一、试剂盒

1. 试剂盒的概念

试剂盒（kit）是配有进行分析或测定所必需的全部试剂的成套用品，如分子生物学上的核酸提取试剂盒、微生物学上的细菌鉴定试剂盒、医学上特定疾病的诊断试剂盒等。

2. 试剂盒的种类

试剂盒的种类很多，在基因操作中用于核酸提取纯化类的试剂盒主要有：磁珠法DNA提取试剂盒、离心柱法DNA提取试剂盒、磁珠法RNA提取试剂盒、离心柱法RNA提取试剂盒、磁珠法植物基因组DNA提取试剂盒、磁珠法全血基因组DNA提取试剂盒、土壤基因组DNA提取试剂盒、反转录试剂盒、胶回收试剂盒、PCR纯化试剂盒、磁珠法病毒核酸提取试剂盒等。用于蛋白质检测类的试剂盒主要有：ELISA试剂盒、免疫共沉淀试剂盒、化学发光试剂盒、免疫组化试剂盒、放射免疫试剂盒、免疫荧光试剂盒等。

3. 试剂盒的使用

试剂盒的产生是为了使实验人员能够摆脱繁重的试剂配制及优化过程，所以试剂盒中一般配备有相应的使用说明书，用户按照说明书不需或只需少量的优化即可得到满意的实验结果。试剂盒使用说明书一般包括公司名称及标志、试剂盒名称、试剂盒组成、试剂盒规格、储藏与有效期、操作步骤或使用方法以及注意事项等项目。

(1) 公司名称及标志　一般在页眉、页脚处。

(2) 试剂盒名称　例如，全血基因组DNA磁珠提取试剂盒。

(3) 试剂盒组成　为试剂盒中的所有内容，一般以简单明了的表格形式表现。

(4) 试剂盒规格　例如，100 tests/盒，100 tests就是可分析100次，或者可分析100个样本。

(5) 储藏与有效期　例如，Elution Buffer和磁珠保存在4～8℃，其他溶液室温保存，有效期为一年。

(6) 操作步骤或使用方法　是试剂盒说明书中最重要的部分，内容准确、简洁、易懂。

(7) 注意事项　一般有多条注意事项。例如，磁珠在使用前需在旋涡振荡器上充分混匀。如使用工作站提取，磁珠吸取需在振荡器上进行，或每次吸取前进行吹打，且一次吸取的磁珠必须一次放掉，不可对一次吸取的磁珠进行分液。

二、基因操作过程中的微量操作

在基因操作实验中，试剂的使用量往往很少，液体常可用到1μL，即1×10^{-3}mL，而普通的一滴水就有20～100μL；固体物质可用到微克甚至纳克级，这是平常肉眼看不见的。所以，刚刚接触基因操作的实验人员往往感到不习惯，担心提取、纯化的物质能否得到，是否准确，操作的样品会不会丢失，总是想加大反应体积，增大试剂用量，认为多总比少好，实际上这些想法、做法都是错误的。基因操作实验中有一整套仪器、设备及实验方法来保证实验成功，如微量移液器吸取的最小量可达 0.1μL，反应的容器是体积较小的 Eppendorf 管而不是平常所用的试管或烧杯，检测方法非常灵敏等。另外，许多样品量很少，肉眼看不见，超量使用试剂（如 PCR 反应中的 *Taq* 酶、引物等）反而会干扰结果的正确性和准确性。因此，实验人员必须在心理上、习惯上逐渐适应微量观念和微量操作。

三、基因操作实训报告的撰写

实验结束后，按照一定的格式和要求及时书写、整理和总结实验过程和实验结果的文字材料称为实验报告。书写实验报告的过程，是对实验现象加以分析、实验数据进行处理并从中找出客观规律和内在联系的过程，是提高学生分析问题和解决问题能力的过程，是培养学生书面表达能力、论文写作能力和图表处理能力的过程。因此，书写实验报告是理工科大学生必不可少的基础训练，是达到实验目的不可缺少的一个环节。

实验报告通常包括以下内容：①实验名称；②实验目的；③实验原理；④实验材料；⑤实验步骤；⑥实验结果；⑦小结或讨论。书写实验报告应使用统一规格的实验报告纸（本），要求数据记录客观、图表制作清晰、结果分析正确、内容简明扼要，同时字迹端正、文字通顺、格式规范。另外，实验原始数据、实验结果照片等原始材料需作为附件，附在实验报告后面，交实验报告时一并交给指导老师。

1. 实验名称

实验报告的名称，又称标题或题头，列在报告的最前面。实验名称应准确反映实验内容，同时要简洁，字数尽量少，使一目了然。此外，实验名称下面应包括实验者、同组者姓名、实验组号、实验时间等。

2. 实验目的

通常教材都给予了明确阐述，但在具体实验过程中有些内容并不进行，或实验内容、方法作了修改。因此，不能完全照书本上抄，应按课堂要求和实际安排，简明扼要地说明为什么要进行本实验，实验要解决什么问题，达到什么样的目的。

3. 实验原理

在理解的基础上，用自己的语言简明扼要地归纳、阐述实验的依据，文字清晰、通顺，结构严谨，力求图文并茂，切忌整篇照抄。

4. 实验材料

主要包括菌种、试剂和仪器设备。书写实验报告时，需根据实验内容和实际情况，如实记录菌种名称、试剂规格以及仪器设备的名称和型号等，不要照抄教材。

5. 实验步骤

根据实际操作程序，按时间先后顺序划分为几个步骤，并在前面标上 1、2、3…使条理清晰。也可采用流程图的方式或自行设计的表格来表达操作步骤。

6. 实验结果

将实验中的现象、数据、图片进行整理、分析，得出相应的结论。建议尽量使用图表法来表示实验结果，这样可以使实验结果清楚明了。

7. 小结或讨论

这部分内容不限，可以从理论上评价实验结果，讨论实验中出现的异常现象，分析测量误差的大小及其产生原因，提出提高产品得率的其他措施，指出实验中存在的问题，总结实验的收获或心得体会等。

实·践·练·习

1. 我国试剂的规格基本上按纯度划分，常用的四种规格是（　　）。

A. 优级纯　　B. 分析纯　　C. 高纯

D. 光谱纯　　E. 实验试剂　　F. 化学纯

2. 用于校正 pH 计的常用标准缓冲液有（　　）。

A. 邻苯二甲酸氢钾溶液　　B. Tris 溶液

C. 硼砂溶液　　D. 磷酸二氢钾和磷酸氢二钠混合盐溶液

3. 溶液配制后，下列不能做高压灭菌处理的是（　　）。

A. 二硫苏糖醇　　B. $CaCl_2$ 溶液　　C. Tris 缓冲液

D. β-巯基乙醇　　E. 10% SDS 溶液

4. 浓溶液稀释法的公式是（　　）。

A. $c_1 \times V_1 = c_2 \times V_2$　　B. $c \times (V_1 + V_2) = c_2 \times V_2 + c_1 \times V_1$

C. $c_1 \times V_2 = c_2 \times V_1$　　D. $c \times (V_1 + V_2) = c_1 \times V_2 + c_2 \times V_1$

5. 生物试剂有哪些特点？细菌的常用培养基有哪些种类？

（韦平和　沈建华）

项目三

细菌基因组 DNA 的制备

学·习·目·标

【学习目的】

通过制备细菌基因组 DNA，掌握细菌基因组 DNA 制备的原理、方法及操作技术。

【知识要求】

1. 理解核酸的理化性质；
2. 掌握核酸的分离提取原理；
3. 了解基因的概念、结构与表达。

【能力要求】

1. 能正确准备细菌基因组 DNA 基本操作如相关菌种培养、试剂配制和仪器操作；
2. 可熟练使用 SDS 法、CTAB 法以及煮沸法制备细菌基因组 DNA；
3. 会熟练提取动植物、酵母基因组 DNA 以及动物组织总 RNA。

※ 项目说明

核酸的分离提取是基因操作中的基本技术，核酸样品的质量直接关系到实验的成败。DNA 是基因操作的基本材料，其提取方案应根据具体的生物材料、实验目的和待提取的 DNA 分子特性来确定。本项目主要介绍用 SDS 法、CTAB 法和煮沸法制备细菌基因组 DNA，为项目四提供模板。在能力拓展部分，也介绍了动物、植物、酵母基因组 DNA 以及动物组织总 RNA 的提取，使学生对不同生物材料的核酸提取方法有一整体认识。

※ 必备知识

一、核酸的理化性质

核酸（nucleic acid）是由核苷酸或脱氧核苷酸通过 3′，5′-磷酸二酯键连接而形成的一类生物大分子。由于最初从细胞核分离出来，又具有酸性，故称为核酸。一切生物都含有核酸。核酸具有非常重要的生物功能，主要是储存和传递遗传信息。核酸可分为核糖核酸（RNA）和脱氧核糖核酸（DNA）两大类。DNA 相对分子质量为 $10^6 \sim 10^{10}$，RNA 虽小些，但也在 10^4 以上。

1. 核酸的酸碱性质

核酸分子中含有酸性的磷酸基和碱性的含氮碱基，因此核酸是两性电解质，具有等电点。因磷酸基酸性相对较强，所以核酸通常表现为酸性。在一定 pH 条件下，核酸能发生两性电离，从而使核酸带上电荷，具有电泳行为。

DNA 双螺旋两条链间氢键的形成与其解离状态有关，而解离状态又与 pH 有关。所以，溶液的 pH 范围直接影响核酸双螺旋结构的稳定性。DNA 的碱基对在 pH4.0～11.0 之间最为稳定，超越此范围，DNA 将变性。

2. 核酸的溶解度与黏度

DNA 和 RNA 都是极性化合物，都微溶于水，而不溶于乙醇、乙醚、氯仿等有机溶剂，但其钠盐比自由酸易溶于水，如 RNA 钠盐在水中的溶解度可达 4%。核酸溶于 10%左右的氯化钠溶液，但在 50%左右的酒精溶液中溶解度很小，可利用这些性质提取核酸。

高分子溶液比普通溶液黏度要大得多，不规则线团分子比球形分子的黏度大，而线形分子的黏度更大。天然 DNA 具有双螺旋结构，分子长度可达几厘米，而分子直径仅有 2nm，分子极为细长，其溶液黏度极大，即使是极稀的 DNA 溶液，黏度也很大。RNA 分子比 DNA 分子短得多，呈无定形，不像 DNA 分子那样呈纤维状，故 RNA 黏度较 DNA 小。当 DNA 溶液受热或其他因素作用下，发生双螺旋结构转变为无规则线团结构，此时黏度降低，因此可用黏度作为 DNA 变性的指标。

3. 核酸的紫外吸收

由于核酸的组成成分嘌呤碱、嘧啶碱（带有共轭双键）具有强烈的紫外吸收，所以核酸也具有强烈的紫外吸收性质，其最大吸收峰在 260nm 处，见图 3-1。

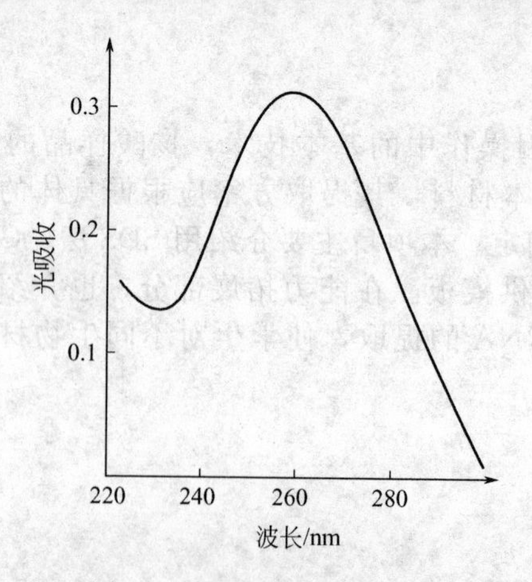

图 3-1　DNA 紫外吸收光谱

当核酸变性时，双螺旋结构被破坏，嘌呤碱、嘧啶碱暴露出来，其紫外吸收随之增强，此现象称为增色效应（hyperchromic effect）。

核酸的紫外吸收特性可用于定量测定核酸，也可用来鉴别核酸样品中的蛋白质杂质。蛋白质的紫外吸收峰在280nm处，样品中如含有杂蛋白及苯酚，A_{260}/A_{280}明显下降。

4. 核酸的变性、复性及杂交

（1）变性　核酸分子具有一定的空间结构，维持这种空间结构的作用力主要是氢键和碱基堆积力。一些理化因素会破坏氢键和碱基堆积力，使核酸分子的空间结构改变，从而导致核酸理化性质及生物学功能改变，这种现象称为核酸的变性。核酸变性时，其双螺旋结构解开，但并不涉及核苷酸间共价键的断裂，因此变性作用并不引起核酸相对分子质量降低。核苷酸间磷酸二酯键的断裂叫降解。伴随核酸的降解，核酸相对分子质量降低。

引起DNA变性的因素主要有高温、强酸强碱、有机溶剂、尿素等。DNA变性后，其性质发生一系列改变，如黏度降低，旋光性下降，某些颜色反应增强，特别是260nm处紫外吸收增加（完全变性后紫外吸收增加25%～40%）。DNA变性后失去生物活性。

加热造成DNA的变性称为热变性。DNA的热变性是爆发式的，是在一个很狭窄的临界温度范围突然引起并很快完成，如同固体的结晶物质在其熔点时突然熔化一样。加热时，DNA双螺旋发生解链。如果在连续加热DNA的过程中，以温度对A_{260}的关系作图，所得到的曲线称为解链曲线，如图3-2所示。通常将解链曲线的中点，即紫外吸收值达最大值50%时的温度称为“熔点”或熔解温度（melting temperature，T_m）。DNA的T_m值一般在70～85℃之间。T_m值的高低取决于DNA中所含的碱基组成。G-C碱基对越多，T_m就越高，这是因为G-C对之间有三个氢键，含G-C对多的DNA分子更为稳定。反之，A-T对越多，T_m就越低；T_m值还受介质中离子强度的影响。一般来说，在离子强度较低的介质中，DNA的T_m较低，而离子强度较高时，DNA的T_m也较高。因此，DNA制品不宜保存在极稀的电解质溶液中，一般在1mol/L氯化钠溶液中保存较为稳定。

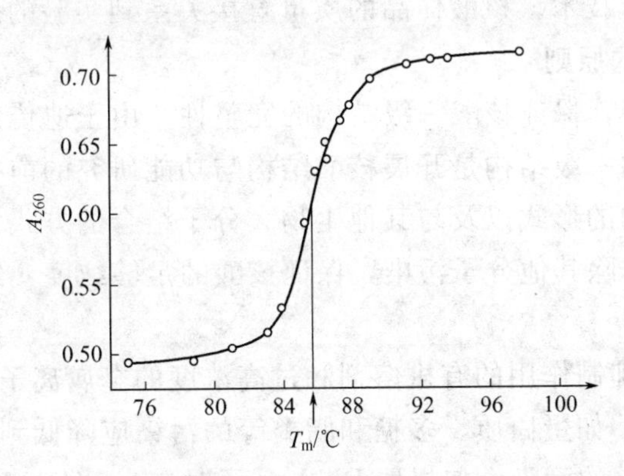

图3-2　DNA热变性解链曲线

（2）复性　DNA分子的变性是可逆的，当去掉外界的变性因素，被解开的两条链又可重新互补结合，恢复成原来完整的DNA双螺旋结构，这一过程称为DNA的复性。如将热变性后的DNA溶液缓慢冷却，在低于变性温度25～30℃条件下保温一段时间（退火），则变性的两条单链DNA可以重新互补而形成原来的双螺旋结构并恢复原有的性质。核酸的变性和复性如图 3-3 所示。

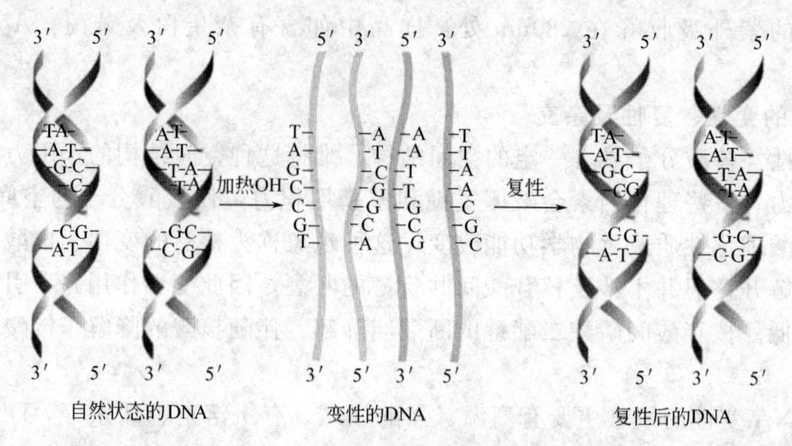

图 3-3 DNA 变性及复性示意图

（3）杂交 两条来源不同的单链核酸，只要它们在某些区域有大致相同的互补碱基序列，在适宜的条件（温度及离子强度）下，就可形成新的杂种双螺旋，这一现象称为核酸的分子杂交。

核酸的分子杂交在核酸研究中应用较多，如 Southern blot 和 Northern blot 等。核酸杂交可以是 DNA-DNA，也可以是 DNA-RNA 或 RNA-RNA 杂交。不同来源的、具有大致相同互补碱基顺序的核酸片段称为同源序列。在核酸杂交分析过程中，常将已知顺序的核酸片段用放射性同位素或生物素进行标记，这种带有一定标记的已知顺序的核酸片段称为探针（probe）。

二、核酸的分离提取原理

要进行基因操作，首要任务就是从组织或细胞中分离提取得到核酸。核酸的分离提取是基因操作中的基本技术。核酸样品的质量直接关系到实验的成败。

1. 核酸分离提取的原则

（1）防止核酸降解，保证核酸一级结构的完整性 由于遗传信息储存在核酸的一级结构之中，所以完整的一级结构是开展核酸结构与功能研究的前提。此外，核酸的一级结构还决定其高级结构的形式以及与其他生物大分子结合的方式。

（2）去除杂质，排除其他分子污染，保证核酸的足够纯度 纯化的核酸样品应达到以下三点要求。

① 不存在对酶有抑制作用的有机溶剂和过高浓度的金属离子。

② 其他生物分子，如蛋白质、多糖和脂类等的污染应降低到最低程度。

③ 无其他核酸分子的污染，如提取 DNA 分子时应去除 RNA，提取 RNA 分子时应去除 DNA。

2. 核酸分离提取应注意的问题

为保证核酸一级结构的完整性和足够纯度，在制备核酸时应尽量简化操作步骤，缩短提取过程，以减少各种不利因素对核酸的降解。在实验过程中，应注意以下三点。

（1）减少化学因素对核酸的降解 为避免过酸、过碱对核酸链中磷酸二酯键的破坏，操作多在pH4.0～11.0条件下进行。在过酸的条件下，由于DNA脱嘌呤而导致DNA不稳定，极易在碱基脱落的地方发生断裂。因此，在DNA的提取过程中应避免使用过酸的条件。

（2）减少物理因素对核酸的降解　DNA分子很长，呈双螺旋结构，既有一定的柔性又有一定的刚性，剧烈的机械作用会使DNA分子断裂。机械剪切力（包括剧烈振荡、搅拌、频繁的溶液转移、DNA样本的反复冻融等）对线性DNA大分子（如染色体DNA）破坏明显，而对相对分子质量较小的环状DNA分子（如质粒DNA）以及RNA分子破坏相对小些。高温如长时间煮沸，除沸腾带来的机械剪切作用外，高温本身对核酸分子中的某些化学键也有破坏作用。所以，在提取DNA特别是染色体DNA时，既要充分摇匀，又不能太剧烈，同时需在低温（0～4℃）下操作。

（3）防止核酸酶对核酸的生物降解　细胞内或外来的核酸酶能水解多核苷酸链中的磷酸二酯键，直接破坏核酸的一级结构。其中，DNA酶（DNase）需要金属二价离子（Mg^{2+}、Fe^{2+}、Ca^{2+}及Co^{2+}等）的激活，使用金属螯合剂如柠檬酸盐、乙二胺四乙酸（EDTA）等来螯合这些二价金属离子，基本可以抑制DNase的活性。而RNA酶（RNase），不但分布广泛，极易污染样品，而且耐高温、耐酸、耐碱，不易失活，所以是RNA提取过程中导致生物降解的主要因素。

3. 核酸的分离提取方案

真核生物DNA，大约95%存在于细胞核内，其他5%为线粒体、叶绿体等细胞器DNA。RNA主要存在于细胞质中，约占75%，另有10%在细胞核内，15%在细胞器中。RNA中，rRNA数量最多，占80%～85%；tRNA为核内小分子RNA，占10%～15%；mRNA相对分子质量大小不一，序列各异，占5%～10%。真核生物的染色体DNA为双链线性分子，原核生物的“染色体”、质粒及真核细胞器DNA为双链环状分子。RNA分子在大多数生物体内是单链线性分子，不同类型的RNA分子具有不同的结构特点，如真核mRNA分子多数在3′端具poly(A)结构。

（1）细胞裂解方法　核酸在细胞内，提取核酸首先须裂解细胞，使核酸从细胞或其他生物物质中释放出来。细胞裂解的方法主要有如下几种。

① 机械法　主要有研磨法、匀浆法、超声波法、微波法和冻融法等，这些方法主要通过机械力使细胞破碎，但机械力也可引起核酸链的断裂，因此提取染色体DNA时需要注意。

② 化学法　在一定pH环境和变性条件下，细胞破裂，蛋白质变性沉淀，核酸释放到水相。变性条件可通过加热、加入表面活性剂（SDS、CTAB、Triton X-100、Tween 20、NP-40、Sarcosyl）或强离子剂（异硫氰酸胍、盐酸胍）而获得，而pH环境则由加入的强碱（NaOH）或缓冲液（TE、STE等）提供。在一定的pH环境下，表面活性剂或强离子剂可使细胞裂解、蛋白质和多糖沉淀。缓冲液中的一些金属螯合剂（EDTA等）可螯合对DNA酶活性所必需的二价金属离子，从而抑制DNA酶的活性，保护核酸不被降解。

③ 酶解法　溶菌酶或蛋白酶（蛋白酶K、植物蛋白酶或链霉蛋白酶）能使细胞破裂，释放出核酸。蛋白酶还能降解与核酸结合的蛋白质，促进核酸的分离。其中，溶菌酶能催化细菌细胞壁的蛋白多糖*N*-乙酰葡糖胺和*N*-乙酰胞壁酸残基间的β-1,4键水

解；蛋白酶K能催化水解多种多肽键，其在65℃及有EDTA、尿素（1～4mol/L）和去污剂（0.5%SDS或1%Triton X-100）存在时仍保留酶活性，这有利于提高对高相对分子质量核酸的提取效率。

（2）DNA的提取　酚-氯仿抽提法是DNA提取的经典方法。细胞裂解后离心分离含核酸的水相，加入等体积的酚/氯仿/异戊醇（25∶24∶1）混合液。其中，酚能使蛋白质变性或变成不溶性物质，但不能使核酸变性，所以核酸溶解在水相溶液中；氯仿可使更多蛋白质变性，可去除脂类、色素和糖类，还能加速有机相与水相的分层；在氯仿中加入少量异戊醇，可减少蛋白质变性操作过程中产生的气泡。依据实验目的，两相经简单颠倒混匀（适用于分离相对分子质量较高的核酸，如染色体DNA）或旋涡振荡混匀（适用于分离相对分子质量较小的核酸，如质粒DNA）后离心分离。疏水性的蛋白质被分配至有机相，核酸则被留于上层水相。收集上层水相并用核酸或异丙醇沉淀其中的DNA，70%乙醇漂洗沉淀除去盐分，最后用TE缓冲液溶解DNA备用。

碱裂解法是从大肠杆菌中提取质粒DNA的常用方法，它是根据环状质粒DNA分子具有相对分子质量小、易于复性的特点进行的。在碱性条件下DNA分子双链解开，若此时将溶液置于复性条件，由于变性的质粒DNA分子能在短时间内复性而染色体DNA不行，经过离心，上清液含质粒DNA分子，而沉淀含变性的染色体DNA和蛋白质杂质，从而使质粒DNA与染色体DNA分离。

对于某些特定细胞器中富集的DNA分子，一般采取先提取细胞器，再溶解细胞器膜，待释放出细胞器DNA后，再进一步提取纯化，如线粒体、叶绿体DNA的提取。

（3）RNA的提取　从细胞中分离获得纯净、完整的RNA分子，是进行分子克隆、基因表达分析的基础。在所有RNA的提取过程中，需要注意以下五点：①样品组织或细胞的有效破碎；②核蛋白复合体的充分变性；③RNA从DNA、蛋白质混合物中的有效分离；④对内源、外源RNase的有效抑制；⑤对于多糖含量高的样品还牵涉多糖杂质的有效去除等。RNA提取成功与否的主要标志是能否得到全长的完整RNA，而RNase是导致RNA降解、影响RNA完整性的主要因素。RNase分布非常广泛，几乎无处不在，除细胞内RNase外，环境灰尘、实验器皿和试剂、人体汗液和唾液均含有RNase。而且，RNase活性非常稳定，耐热、耐酸、耐碱，煮沸也不能使之完全失去活性，蛋白质变性剂可使其暂时失活，但变性剂去除后RNase又可恢复活性。RNase的活性不需要辅因子，二价金属离子螯合剂对它的活性无任何影响。因此，RNA分离提取的关键是尽力消除外源性RNase的污染（主要来源于操作者的手、实验器皿和试剂），尽量抑制内源性RNase的活性（主要来源于样品的组织细胞），尽可能创造一个无RNase的环境。

① 消除外源性RNase污染的措施

a. 在整个操作过程中操作者应戴一次性口罩、帽子和手套。

b. 操作过程应在洁净的环境中进行。空气中灰尘携带的细菌、霉菌等微生物也是外源性RNase污染的一条途径。

c. 塑料器材如Eppendorf管、枪头等最好用新开封的一次性塑料用品，临用前要进行高压灭菌。

d. 玻璃器皿常规洗净后，应用0.1%焦碳酸二乙酯（DEPC）浸泡处理，再用灭菌双蒸水漂洗几次，然后高压灭菌去除DEPC，最后250℃烘烤4h以上或200℃干烤过夜。

e. 有机玻璃的电泳槽等，可先用去污剂洗涤，双蒸水冲洗，乙醇干燥，再浸泡在3% H_2O_2 室温下10min，然后用0.1% DEPC水冲洗，晾干。

f. 所有溶液应加DEPC至终浓度为0.05%～0.1%，37℃处理12h以上，然后高压处理以去除残留的DEPC。对于不能高压灭菌的试剂，要用DEPC处理过的灭菌双蒸水配制，然后经0.22μm滤膜过滤除菌，小量分装保存，用后丢弃。RNA提取所用的酚，要单独配制和使用；酚饱和后，加入8-羟基喹啉至0.1%，8-羟基喹啉不但抗氧化，对RNase也有一定的抑制作用。

g. 所有化学试剂应为新鲜包装，称量时使用干烤处理的称量勺。所有操作应在冰浴中进行，低温条件可降低RNase的活性。

② 抑制内源性RNase活性的措施　细胞裂解释放内含物的同时，内源性RNase也释放出来，这种内源性RNase是降解RNA的主要因素之一。因此，要尽可能早地加入RNase抑制剂，力争在提取的起始阶段对RNase活性进行有效抑制。常用的抑制剂有DEPC、异硫氰酸胍、氧钒核糖核苷复合物（vanadyl ribonucleoside complex，VRC）、RNA酶的蛋白抑制剂（RNasin）、复合硅酸盐、SDS、肝素等。

a. DEPC：是一种强烈但不彻底的RNase抑制剂。它通过与RNase活性基团组氨酸的咪唑环结合使蛋白质变性，从而抑制酶的活性。

b. 异硫氰酸胍：是最有效的RNase抑制剂，它可裂解细胞，促使核蛋白体解离，又能使细胞内RNase失活，使释放出的核酸不被降解。

c. VRC：是由氧化钒离子和核苷形成的复合物，能与RNase结合形成过渡态类物质，从而抑制RNase的活性。

d. RNasin：从大鼠肝或人胎盘中提取获得的酸性糖蛋白，是RNase的一种非竞争性抑制剂，可与多种RNase结合，使其失活。

e. 其他：SDS、肝素、硅藻土等对RNase也有一定抑制作用。

4. 核酸的沉淀

沉淀是浓缩核酸最常用的方法。核酸是多聚阴阳离子的水溶性化合物，它与钠、钾、镁形成的盐在许多有机溶剂中不溶解，也不被有机溶剂变性。因此，核酸盐可被一些有机溶剂沉淀。通过沉淀可浓缩核酸，改变核酸的溶解缓冲液的种类及重新调节核酸在溶液中的浓度，去除核酸溶液中某些盐离子与杂质，在一定程度上纯化核酸。沉淀核酸最常用又有效的方法是乙醇沉淀法，即在含核酸的水相中加入pH5.2、终浓度为0.3mol/L的醋酸钠后，钠离子会中和核酸磷酸骨架上的负电荷，在酸性环境中促进核酸的疏水复性，然后加入2～2.5倍体积的无水乙醇，经一定时间孵育，可使核酸有效地沉淀。其他一些有机溶剂（如异丙醇、聚乙二醇、精胺等）和盐类（如醋酸铵、氯化锂、氯化镁等）也用于核酸的沉淀。得到核酸沉淀后，再用70%的乙醇漂洗以除去盐分，即可获得纯化的核酸。

(1) 沉淀核酸常用的有机溶剂

① 乙醇　在适当的盐浓度下，2倍样本体积的无水乙醇可有效沉淀DNA，2.5倍样本体积的无水乙醇可有效沉淀RNA。样本中的迹量乙醇易蒸发去除，不影响后续

实验。

② 异丙醇　0.54～1.0倍样本体积的异丙醇可选择性沉淀DNA和大分子rRNA及mRNA，但对5S RNA和tRNA及多糖不产生沉淀。选用异丙醇的优点是用量少、速度快、适用于浓度低而体积大的DNA样本，缺点是易使盐类与DNA共沉淀，沉淀中的异丙醇难以挥发除去，需用70%的乙醇漂洗DNA沉淀数次。

③ 聚乙二醇（PEG）　可用不同浓度的PEG选择性沉淀不同相对分子质量的DNA片段。PEG沉淀一般需要加入0.5mol/L NaCl或10mmol/L $MgCl_2$。DNA沉淀中PEG去除的最有效方法是用70%的乙醇漂洗2次，得到的DNA可以满足酶切反应和转化实验。

④ 精胺　精胺与DNA结合后，使DNA在溶液中的结构凝缩而发生沉淀，并可使单核苷酸和蛋白质与DNA分开，达到纯化DNA的目的。精胺沉淀DNA要求溶液中无盐或低盐（小于0.1mol/L）。沉淀中的精胺可用70%的乙醇漂洗或透析去除。

（2）沉淀核酸常用的盐类及浓度　见表3-1。

表3-1　沉淀核酸常用的盐类及浓度

盐　类	储存液/(mol/L)	终浓度/(mol/L)
$MgCl_2$	1.0	0.01
NaAc	3.0(pH5.2)	0.3
KAc	3.0(pH5.2)	0.3
NH_4Ac	10.0	2.0～2.5
NaCl	5.0	0.2
LiCl	8.0	0.8

5. 核酸的定量

核酸的定量在基因操作中非常重要，在多数情况下可采用分光光度法对核酸进行精确定量，因为这种方法不破坏结构，并且能回收样品。核酸分子中含有嘌呤碱和嘧啶碱，因此具有吸收紫外光的特性，其最大吸收波长为260nm。蛋白质分子由于含有芳香族氨基酸，因此也能吸收紫外光。通常蛋白质的吸收峰在280nm处，在260nm处蛋白质的吸收值仅为核酸的1/10或更低，故核酸样品中蛋白质含量较低时对核酸的紫外测定影响不大。在波长260nm紫外线下，A_{260}值为1大约相当于双链DNA浓度为50μg/mL；相当于单链DNA或RNA浓度为40μg/mL；相当于单链寡核苷酸浓度为20μg/mL。因此，可用此来计算核酸样本的浓度。另外，也可根据A_{260}/A_{280}的值来判定核酸的纯度。

（1）DNA浓度计算公式　双链DNA浓度（μg/mL）$=A_{260}\times50\times$稀释倍数。

（2）DNA纯度的判定　纯DNA样品的A_{260}/A_{280}值约为1.8。高于1.9说明有RNA尚未除尽；低于1.6表明有蛋白质、酚等污染，需再进行酚抽提，并小心吸取上层水相。

（3）RNA浓度计算公式　RNA浓度（μg/mL）$=A_{260}\times40\times$稀释倍数。

（4）RNA纯度的判定　纯RNA样品的A_{260}/A_{280}值约为2.0。1.8～2.0时，RNA样品中的蛋白质或者其他有机物的污染是可以接受的；低于1.7表明有蛋白质污染；高于2.2时，说明RNA已经水解成单核苷酸。不过要注意，当用Tris作为缓冲液检测吸光度时，A_{260}/A_{280}值可能会大于2。

6. 核酸的保存

（1）DNA　DNA为两性解离分子，在碱性条件下较稳定，所以最好溶于pH8.0的TE缓冲液中于4℃或－20℃保存，如在－70℃能保存5年以上。TE的pH值为8.0，是为了减少DNA的脱氨反应。TE中的EDTA能螯合Mg^{2+}、Ca^{2+}等二价离子而抑制DNase的活性。对于哺乳动物细胞DNA的长期保存，可在DNA样本中加入1滴氯仿，以防止细菌和核酸酶的污染。

（2）RNA　RNA溶于0.3mol/L的NaAc溶液或DEPC处理过的水中，于－70℃保存。如在RNA溶液中加入1滴0.2mol/L VRC冻存于－70℃，可抑制RNase对RNA的降解。VRC对于RNA的大多数实验没有干扰作用。VRC中的RNA样本可在－70℃保存数年。

由于反复冻融产生的剪切力对核酸样品有断裂作用，所以在实际储存时，最好小剂量分装保存。

三、基因的概念、结构与表达

1. 基因的概念

基因是DNA分子中含有特定遗传信息的一段核苷酸序列，是遗传物质的最小功能单位。它储存并传递着生物体的遗传信息，如人的长相、植物的千姿百态、动物的奔跃特性等几乎所有的生物性状都是由基因控制的。

随着对基因研究的深入，基因概念的内涵和外延不断发展，如超基因、假基因、断裂基因、重叠基因、移动基因、隐蔽基因等。虽然这些名称使人“眼花缭乱”，但都离不开基因的化学本质——DNA。它具有三个基本特性：基因可自我复制、基因决定性状、基因可以突变。

根据是否具有转录和翻译功能可以把一个完整的基因分为两类：①结构基因，指编码蛋白质（或酶）分子的基因，对于结构基因而言，一个基因是决定一条多肽链的DNA片段；②调控基因，指可调节控制结构基因表达的基因。此外，有些基因只能转录，不能翻译出蛋白质，如核糖体RNA基因和转运RNA基因，分别专职转录rRNA和tRNA。

2. 基因的结构

在结构上，基因由多个不同的区域组成。无论是原核基因还是真核基因，都可划分为编码区和非编码区两个基本组成部分。编码区是可以被转录的区域，由连续的密码子组成，其中包括起始密码（通常是AUG）和终止密码（UAA、UAG和UGA）。编码区中包含5′端的非翻译区（5′ UTR）和3′端的非翻译区（3′ UTR），它们也是基因表达所必需的结构。非编码区则位于转录区以外，包含具有调控作用的序列。

在基因的结构成分中，启动子是位于基因5′端上游紧靠转录起点的一段非编码序列，其功能是引导RNA聚合酶与基因相应部位的正确结合，启动基因的转录。一般来说，原核基因的启动子比较简单，只由数十个碱基组成；而真核基因的启动子较大，可能涉及数千个碱基。在基因3′端下游外侧与终止密码子相邻的一段非编码的核苷酸短序列叫做终止子，具有终止转录的功能，即一旦RNA聚合酶完全通过了基因的转录单位后，聚合酶就不能继续向前移动，使转录活动终止。典型的原核与真核基因的基本结构如图 3-4 和图 3-5 所示。

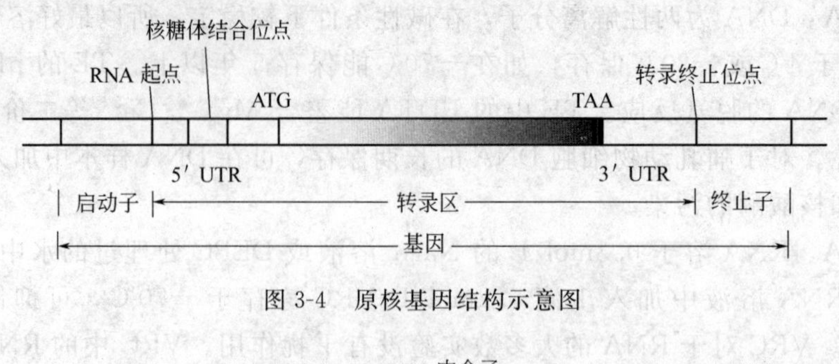

图 3-4　原核基因结构示意图

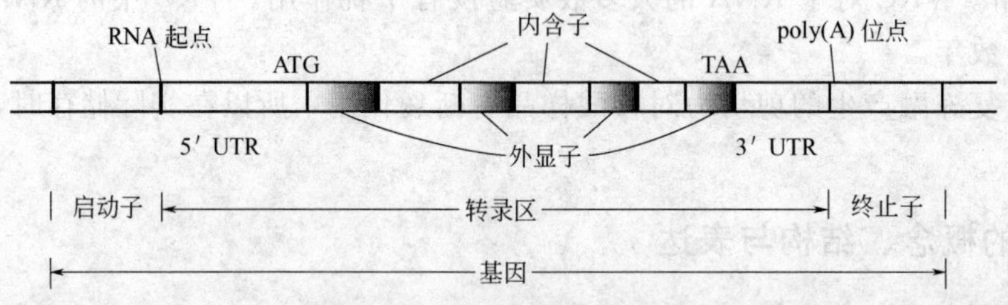

图 3-5　真核基因结构示意图

由图 3-4 与图 3-5 可见，原核基因与真核基因组成大体相似，它们都开始于启动子，终止于终止子。但是真核基因结构更复杂一些，其内部往往是不连续的，即含有非编码的插入序列——内含子。内含子能够转录成 RNA，但在翻译合成蛋白质之前被加工剪切，因此不包含在 mRNA 序列中。被内含子间隔开的编码序列称为外显子，剪接后连在一起形成成熟的 mRNA。外显子数目一般比内含子多一个，两者按照“外显子-内含子-……-外显子”的方式构成编码区。

外显子是指基因内编码蛋白质的 DNA 片段，内含子是指基因内不编码蛋白质的 DNA 片段。内含子与外显子相间排列，不同的基因中内含子数目不同。启动子位于第一个外显子外侧非编码区，而终止子则位于最后一个外显子的外侧非编码区。

3. 基因的表达

在化学上，基因是一段可表达的 DNA 序列。在不同的个体发育时期及不同的细胞，有些基因表达，而有些基因关闭。一般而言，在某一特定时期，高等生物仅有 15%的基因得以表达，表达的产物是蛋白质和 RNA。因此基因表达是指基因所包含的遗传信息通过转录生成 RNA，再经过翻译生成蛋白质的过程（图 3-6）。

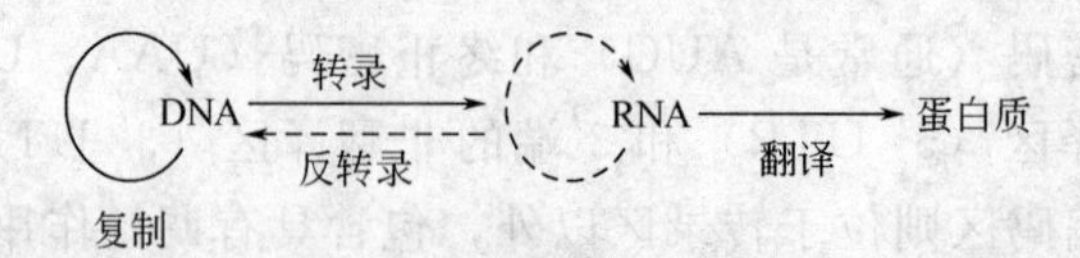

图 3-6　遗传学中心法则

基因表达有其特定的规律，并受到机体各种因素的调节和控制，即所谓基因表达调控。对基因的表达实施精确调控，使细胞适应不同阶段、不同环境条件下的生长与发育的需要，维持机体正常生命活动，有着重要意义。

在生物界，从低等的原核细胞到高等动植物，基因表达具有严格的规律性，表现为基因表达的时间特异性和空间特异性。时间特异性是指某一基因的表达遵循特定的时间顺序，按功能需要表达。如多细胞生物从受精卵开始，生长、分化及发育过程中，相应基因按一定时间顺序开启或关闭，与其发育阶段相适应。低等的病毒、噬菌体在其感染细胞的过程中，功能基因的表达与其生活周期相适应。空间特异性是指特定基因表达产物在同一个体的不同组织细胞中的分布特点，也称为细胞特异性或组织特异性。

基因表达的时空特异性本质上是与基因表达方式密切相关的。在机体生长、发育过程中，有些基因在几乎所有细胞中持续地表达，而有些基因则随细胞种类的不同及环境条件的变化而开启和关闭。前者被称为管家基因，其表达属于基础或组成性表达；而后者为可诱导（或阻遏）基因，其表达属于诱导（或阻遏）性表达。

※ 项目实施

任务 3-1 操作准备

任务描述：

细菌基因组 DNA 制备能否顺利进行和高质量完成，取决于准备工作是否充分到位。通过制备细菌基因组 DNA 相关菌种培养、试剂配制、仪器操作、耗材准备及人员分工，为后续任务完成提供支持和保障。

1. 菌种培养

（1）菌种　大肠杆菌（*E. coli*）或枯草芽孢杆菌（*Bacillus subtilis*）。

（2）培养基配制　LB 培养基是基因操作中用于培养细菌特别是大肠杆菌的常用培养基。

① LB 液体培养基　称取胰化蛋白胨 1.0g、酵母提取物 0.5g、NaCl 1.0g，加蒸馏水，充分搅拌溶解，滴加 5mol/LNaOH 调节 pH 至 7.0，补足水分至 100mL，121℃高压蒸汽灭菌 20min，冷却后分装，4℃保存备用。

② LB 固体培养基　称取胰化蛋白胨 1.0g、酵母提取物 0.5g、NaCl 1.0g，加蒸馏水，充分搅拌溶解，再加入琼脂粉 1.5g，加热溶化，补足水分至 100mL，调节 pH 至 7.0，121℃高压蒸汽灭菌 20min，待培养基温度降至约 50℃时，倒平板或斜面。

温馨提示：

a. 分装过程中注意不要使培养基沾在管口或瓶口上，以免沾污棉塞而引起污染。b. 溶解琼脂时，小心控制火力，以免培养基沸腾而溢出容器。同时需不断搅拌，以防琼脂糊底烧焦。c. 若 LB 固体培养基用于制备斜面，琼脂粉量可增至 18g/L。d. 液体培养基灭菌后需待高压灭菌锅自然降压后才能打开放气阀，否则易发生液体喷出。

（3）菌种培养

① 固体培养　从活化的大肠杆菌或枯草芽孢杆菌斜面上挑取少量菌种，接种到 1

只新鲜的 LB 固体平板上，倒置放在恒温培养箱中，37℃培养 16～18h。

② 液体培养　从活化的大肠杆菌或枯草芽孢杆菌斜面上挑取少量菌种，接种到 1 只装有 50mL LB 液体培养基的 250mL 三角瓶中，置于恒温摇床中，37℃振荡培养过夜。

2. 试剂及配制

温馨提示：

称量时严防试剂混杂，一把牛角匙用于一种试剂，或称取一种试剂后，洗净、擦干，再称取另一试剂。瓶盖不要盖错，及时贴上标签。

(1) 10mg/mL RNase A　将 RNA 酶 A 溶于 10mmol/L Tris-HCl（pH7.5）、15mmol/L NaCl 中，配成 10mg/mL 的浓度，于 100℃加热 15min，缓慢冷却至室温，分装成小份，保存于－20℃。

(2) 10mg/mL 溶菌酶溶液　用电子天平称取 100mg 溶菌酶，溶解到适量无菌双蒸水中，定容至 10mL，不需灭菌，分装成小份并保存于－20℃冰箱。整个过程须在无菌环境下进行。每一小份一经使用后便丢弃。

(3) 20mg/mL 蛋白酶 K 溶液　将 200mg 蛋白酶 K 加入到 8.0mL 无菌双蒸水中，轻轻摇动，直至蛋白酶 K 完全溶解。不要旋涡混合，加水定容到 10mL，不需灭菌，分装成小份，储存于－20℃。

(4) 10%SDS 溶液　称取 10.0g SDS 慢慢转移到约含 80mL 水的烧杯中，用磁力搅拌器或加热至 68℃助溶，搅拌至完全溶解，用水定容至 100mL。

温馨提示：

①SDS 的微细晶粒易扩散，因此称量时要戴面罩，称量完毕后要清除残留在称量工作区和天平上的 SDS；②10%SDS 溶液无须灭菌；③SDS 在低温易析出结晶，用前微热，使其完全溶解。

(5) TE 缓冲液（pH8.0）　实验所用的 TE 缓冲液是终浓度分别为 10mmol/L Tris-HCl（pH8.0）和 1mmol/L EDTA（pH8.0）的混合液。通常先分别配制这两种溶液的母液，再将其按比例混合即可。

① 100mmol/L Tris-HCl（pH8.0）的配制　取 12.11g Tris 碱加入 800mL 水中，用 HCl 调 pH 至 8.0，定容至 1L，高压灭菌。

② 10mmol/L EDTA（pH8.0）的配制　在 800mL 水中加入 3.72g 二水乙二胺四乙酸二钠，在磁力搅拌器上剧烈搅拌，用 NaOH 调 pH 至 8.0，定容至 1L，高压灭菌，室温储存。

③ 配制体积为 200mL 的 TE 缓冲液的计算过程　设需要 100mmol/L Tris-HCl（pH8.0）为 X(mL)，需要 10mmol/L EDTA（pH8.0）为 Y(mL)，则：

$200\text{mL}\times10\text{mmol/L}=100\text{mmol/L}\times X$，$X=20\text{mL}$

$200\text{mL}\times1\text{mmol/L}=10\text{mmol/L}\times Y$，$Y=20\text{mL}$

因此，吸取 100mmol/L Tris-HCl（pH8.0）20mL、10mmol/L EDTA（pH8.0）20mL，再加入 160mL 蒸馏水，混匀，即为 TE 缓冲液（pH8.0）。分装后，121℃高压

蒸汽灭菌20min，室温保存，备用。

（6）含10μg/mL RNase A的TE缓冲液　在10mL TE缓冲液中加入10mg/mL RNase A溶液10μL。

（7）CTAB/NaCl溶液（10% CTAB，0.7mol/L NaCl）　称取4.1g NaCl溶解于80mL蒸馏水中，缓慢加入10g CTAB，可加热至65℃溶解，定容至100mL。

（8）3mol/L NaAc（pH5.2）　在80mL蒸馏水中溶解40.81g三水乙酸钠，用冰醋酸调pH至5.2，加水定容至100mL，分装后高压灭菌。

（9）5mol/L NaCl　在80mL蒸馏水中溶解29.22g NaCl，加水定容至100mL，分装后高压灭菌。

（10）SDS法细菌裂解缓冲液　40mmol/L Tris-HCl（pH8.0），20mmol/L乙酸钠，1mmol/L EDTA，1%SDS。

（11）沸水浴法细菌裂解液　1% Triton X-100，20mmol/L Tris-HCl（pH 8.2），2mmol/L EDTA。

（12）氯仿/异戊醇（24∶1）　96mL氯仿中加入4mL异戊醇，摇匀即可。

（13）酚/氯仿/异戊醇（25∶24∶1）　按1∶1的比例混合用Tris饱和的酚与氯仿/异戊醇（24∶1）。

温馨提示：

酚腐蚀性很强，并可引起严重灼伤，操作时应戴手套及防护镜，穿防护服。所有操作均应在化学通风橱中进行。与酚接触过的部位皮肤应立即用大量的水清洗，并用肥皂和水洗涤，忌用乙醇。

（14）其他试剂　无水乙醇，70%乙醇，异丙醇，双蒸水，超纯水等。

3. 仪器设备与耗材

超净工作台，高压蒸汽灭菌锅，恒温培养箱，恒温摇床，台式高速离心机，恒温水浴锅，循环水真空泵，电子天平，冰箱，pH计，精密pH试纸，微量移液器，离心管，tip头，试剂瓶，吸水纸，标签纸，记号笔，牙签等。

任务3-2　SDS法制备细菌基因组DNA

任务描述：

染色体DNA分子量大，受热易变性，复性困难，受剪切力作用容易断裂。本任务采用较温和的SDS法制备细菌基因组DNA，所获得的DNA制品可用于PCR扩增、Southern bolt分析及其他基因操作。通过本任务的实施，使学生掌握用SDS法制备基因组DNA的原理、操作、方法和注意事项。

1. 实训原理

基因组是指细胞或生物体中，一套完整单倍体的遗传物质的总和，或原核生物染色体、质粒、真核生物的单倍染色体组、细胞器、病毒中所含有的一整套基因。

细菌基因组DNA（染色体DNA）的提取一般是先用溶菌酶处理，破坏细菌细胞壁，然后加入SDS和/或蛋白酶K，使细菌细胞裂解，同时解离与核酸结合的蛋白质，再利用有机溶剂使蛋白质彻底变性。通过离心，细胞碎片及变性蛋白质复合物被沉淀下来，而DNA则留在上清液中，利用乙醇或异丙醇沉淀溶液中的DNA，用无DNA酶的RNA酶水解溶液中的RNA，最终获得纯度较高的细菌DNA。

溶菌酶（lysozyme）是一种能水解黏多糖的碱性酶，它通过破坏细菌细胞壁中的*N*-乙酰胞壁酸和*N*-乙酰氨基葡萄糖之间的β-1,4糖苷键，使细胞壁不溶性黏多糖分解成可溶性糖肽，从而使细菌细胞壁破裂。SDS是一种强阴离子去污剂，其主要作用是：①结合膜蛋白而破坏细胞膜、核膜；②使核蛋白体（DNP）中的蛋白质与DNA分离；③与蛋白质结合，使蛋白质变性而沉淀。蛋白酶K能在SDS和EDTA存在的情况下仍保持较高的活性，可将与DNA结合的蛋白质降解成小肽或氨基酸，使DNA分子完整地分离出来。EDTA也具有降低细胞膜稳定性，并抑制DNase活性的作用。Tris-HCl(pH8.0）提供一个缓冲环境，防止核酸被破坏。高浓度的NaCl可使蛋白质、多糖等杂质沉淀。上清液用酚/氯仿/异戊醇反复抽提除去蛋白质，再用乙醇或异丙醇沉淀水相中的DNA。

2. 材料准备

在任务3-1操作准备基础上，准备材料清单，详见表3-2。

表3-2 SDS法制备细菌基因组DNA材料准备单

菌种与试剂	菌种	大肠杆菌或枯草芽孢杆菌饱和培养物
	试剂	100mg/mL溶菌酶，100μg/mL溶菌酶，10mg/mL蛋白酶K，含10μg/mL RNase A的无菌双蒸水或TE缓冲液，40mmol/L Tris-HCl(pH8.0)，20mmol/L乙酸钠，1mol/L EDTA，10%SDS，1% SDS，5mol/L NaCl，2mol/L NaCl，饱和酚，无水乙醇，70%乙醇，氯仿/异戊醇(24∶1)，异丙醇，TE(pH8.0)和无菌双蒸水等
仪器及耗材	超净工作台，台式高速离心机，恒温水浴锅，循环水真空泵，冰箱，微量移液器，1.5mL离心管，tip头，吸水纸，记号笔等	

3. 任务实施

(1) 方案一

① 菌体收集：取任务3-1操作准备所得大肠杆菌或枯草芽孢杆菌培养液1.5mL于1.5mL离心管中，12000r/min离心1min，弃上清液，收集菌体（注意吸干多余的水分）。

② 辅助裂解：如果是革兰阳性细菌如枯草芽孢杆菌，应先加溶菌酶100μg/mL 50μL 37℃处理1h；如果是革兰阴性细菌如大肠杆菌，可以不加溶菌酶处理。

③ 裂解：向每管加入200μL裂解缓冲液［40mmol/L Tris-HCl（pH8.0），20mmol/L乙酸钠，1mmol/L EDTA，1%SDS］，用枪头反复吹打以悬浮和裂解细菌细胞。

④ 接着向每管加入66μL 5mol/L NaCl，充分混匀后，12000r/min离心10min，除去蛋白质复合物及细胞壁等残渣。

⑤ 将上清液转移到新离心管中，加入等体积的用Tris饱和的苯酚，充分混匀后，12000r/min离心5min，进一步沉淀蛋白质。

⑥ 取离心后的水层，加等体积的氯仿，充分混匀后，12000r/min离心5min，去除苯酚。

⑦ 小心取出上清液，用预冷的2倍体积的无水乙醇沉淀DNA，室温放置10min以上，12000r/min离心10min，弃上清液。

⑧ 用1mL70%乙醇洗涤沉淀1～2次，12000r/min离心10min，弃上清液，沉淀在室温下倒置干燥或真空干燥10～15min。

⑨ 加入50μL含10μg/mL RNase A的TE缓冲液或无菌双蒸水，使DNA溶解，置37℃水浴20～30min，除去RNA。

⑩ 冷却至室温后，将样品储存在－20℃冰箱中备用。

（2）方案二

① 取任务3-1操作准备所得大肠杆菌或枯草芽孢杆菌培养液1.5mL于1.5mL离心管中，12000r/min离心1min，尽可能弃去培养基。

② 菌体沉淀中加入600μL TE缓冲液，反复吹打使之重新悬浮。

③ 加入6μL 100mg/mL溶菌酶至终浓度为1mg/mL，混匀，37℃温育30min（大肠杆菌培养液可不加溶菌酶处理）。

④ 加入30μL 2mol/L NaCl、66μL 10%SDS和6μL 10mg/mL蛋白酶K，混匀，65℃温育1h，使溶液变透明。

⑤ 加入等体积（约750μL）氯仿/异戊醇（24∶1）混匀，室温放置5～10min，12000r/min离心5min，将上清液转移到新的1.5mL离心管中。

⑥ 加入0.6～0.8倍体积（约450μL）异丙醇，颠倒混匀，室温放置10min以上，12000r/min离心10min，弃上清液。

⑦ 用1mL 70%乙醇洗涤沉淀1～2次，12000r/min离心10min，弃上清液，沉淀在室温下倒置干燥或真空干燥10～15min。

⑧ 加入50μL含10μg/mL RNase A的TE缓冲液或无菌双蒸水，使DNA溶解，置37℃水浴20～30min，除去RNA。

⑨ 若后续实验需要去除RNase A，可按以下操作（一般情况下该步骤可省略）：加入等体积氯仿，颠倒混匀2min，12000r/min离心5min；将上清液转移到一个新的1.5mL离心管中，加入1/10体积3mol/L NaAc（pH5.2）及2倍体积无水乙醇，混匀后室温静置10～20min，12000r/min离心10min，弃上清液；用1mL 70%乙醇洗涤沉淀物1次，12000r/min离心10min，弃上清液，除去管壁残余液滴，将离心管倒置于吸水纸上室温干燥或真空干燥10～15min；加入50μL TE缓冲液或无菌双蒸水，使DNA溶解。

⑩ 样品储存在－20℃冰箱中备用。

温馨提示：

①用于提取DNA的细菌细胞不可太多，一般1.5mL的过夜培养物就足够了，太多会导致细胞裂解不完全，裂解液较黏稠，提取出来的DNA杂质较多。②用提取缓冲液重悬细胞时，要用吸头或牙签充分搅拌，使细胞分散均匀，肉眼不可看到细胞团块存在，否则也会导致细胞裂解不完全，DNA提取得率低或质量差。③为避免染色体DNA发生机械断裂，在提取过程中应尽量在温和的条件下操作，如加入裂解液、氯仿/异戊醇后应避免剧烈振荡，减少酚/氯仿抽提次数，用大枪头或剪过的枪头移液和吹打，用枪头吸取上清液时避免产生气泡，4℃条件下操作等，以保证得到较长的DNA。

4. 结果分析

(1) 理想实验结果　提取分离获得的DNA，一般用琼脂糖凝胶电泳进行分析（详见项目六）。图3-7中1～4泳道和图3-8中1～4泳道，DNA分子均大于23kb，条带清晰，纯度较高，可直接用于后续的基因操作。图3-8中，第4泳道相对于1～3泳道而言，条带亮度较弱，表明DNA量较少，得率较低。解决办法：增加大肠杆菌细胞数量，重新提取；注意细胞重悬充分，不存在团块。

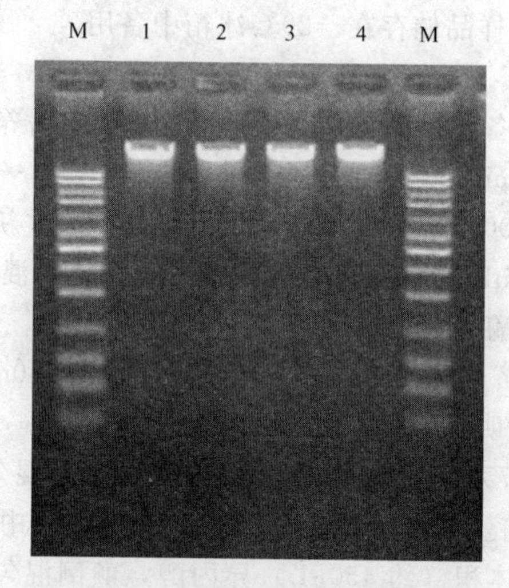

图3-7　细菌基因组DNA电泳图

1～4—*E. coli* 基因组DNA；M—Marker

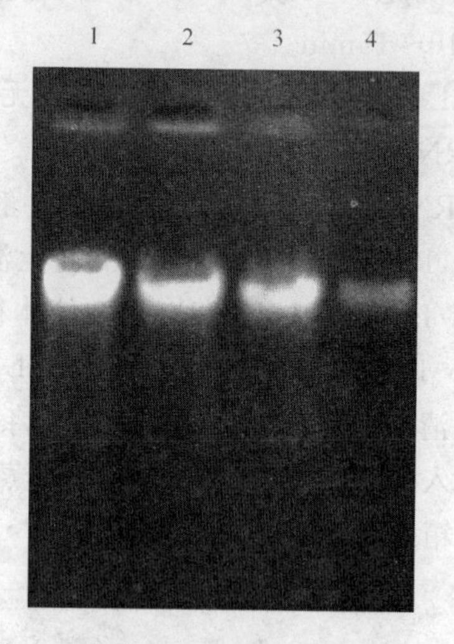

图3-8　细菌基因组DNA电泳图

1～4—*E. coli* 基因组DNA

(2) 电泳条带拖尾、弥散、模糊　图3-9中，1～2泳道条带拖尾；图3-10中，4～6泳道条带弥散、模糊，呈梯状或轨道状条带。电泳条带拖尾、弥散、模糊，表明获得的基因组DNA已被降解。常见的原因有：操作过程中动作过于剧烈，导致基因组DNA断裂；用于去除RNA的RNase中混有DNase。解决办法：重新提取DNA，相关试剂及器皿须高压灭菌，保证试剂无DNase污染，注意操作要温和，尤其是在加入裂

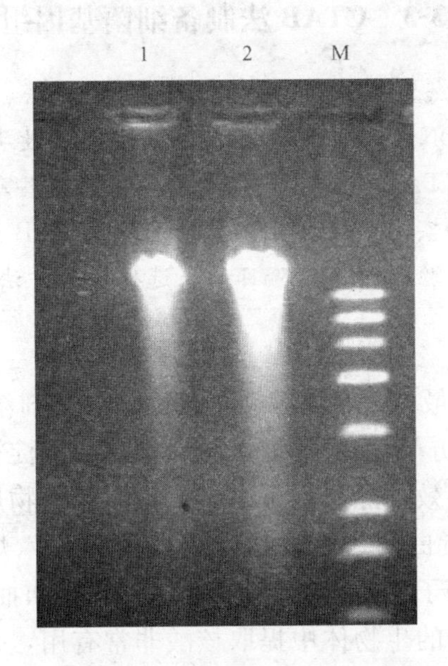

图 3-9　细菌基因组 DNA 电泳图

1,2—细菌基因组 DNA；M—Marker

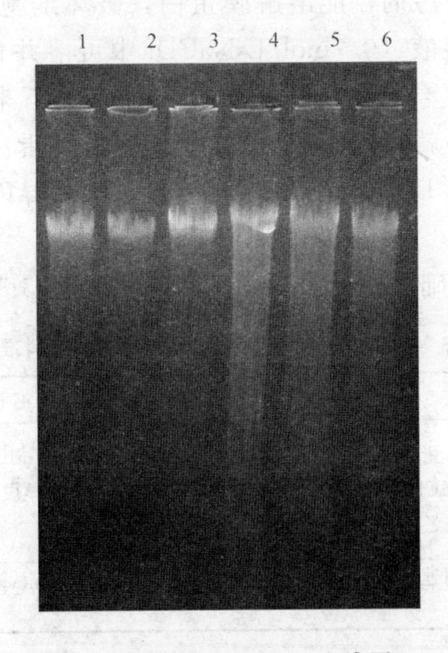

图 3-10　细菌基因组 DNA 电泳图

1～6—粪便细菌基因组 DNA

解液及氯仿/异戊醇后。

(3) 方案一用无水乙醇沉淀 DNA，为什么方案二不用乙醇而用异丙醇沉淀 DNA？　异丙醇可降低溶液的介电常数，减小溶剂的极性，从而削弱溶剂分子与核酸分子间的相互作用力，增加核酸分子间的相互作用力，导致蛋白质溶解度降低而沉淀。在沉淀核酸时，若多糖、蛋白质含量高，用异丙醇沉淀可部分克服这种污染，尤其是在室温条件下用异丙醇沉淀的方法对摆脱多糖、杂蛋白质污染更为有效。

任务 3-3 CTAB 法制备细菌基因组 DNA

任务描述：

SDS 法是制备基因组 DNA 的常用方法，该方法可有效去除污染的蛋白质，但不能有效去除外源性多糖，而 CTAB 法对从产生大量多糖的某些革兰阴性菌和植物中提取核酸非常有用。通过本任务的实施，使学生不仅掌握用 CTAB 法制备基因组 DNA 的原理和操作，而且明确需根据实验材料及实验目的来选择实验方法。

1. 实训原理

制备细菌基因组 DNA 最常用的方法是溶菌酶/去垢剂溶解，然后用非特异性的蛋白酶孵育，一系列的酚/氯仿/异戊醇抽提，随后是乙醇沉淀核酸。这样的方法可有效去除污染的蛋白质，但不能有效去除外源性多糖，而多糖类物质对随后的酶切、连接等具较强的抑制作用。如果在蛋白酶孵育之后，采用溴化十六烷基三甲基铵（CTAB）抽提，可使多糖、蛋白质等分子在后续的氯仿/异戊醇乳化和抽提中得以有效去除。因此，CTAB 法对从产生大量多糖的生物体中提取核酸非常有用，是某些革兰阴性菌（如假单胞菌属、大肠杆菌属和根瘤菌属等）基因组 DNA 提取的常用方法、植物基因组 DNA 提取的经典方法。

CTAB 是一种阳离子去污剂，能溶解膜蛋白，破坏细胞膜，并与核酸形成复合物。CTAB-核酸复合物在高盐溶液（0.7mol/L NaCl）中可溶并且稳定存在，但在低盐浓度（0.3mol/L NaCl）下，该复合物会因溶解度降低而沉淀下来，而大部分的蛋白质与多糖仍溶于溶液中，通过离心就可将 CTAB-核酸复合物与蛋白质、多糖类物质分开。最后，通过乙醇或异丙醇沉淀 DNA，而 CTAB 溶于乙醇或异丙醇而除去。

2. 材料准备

在任务 3-1 操作准备基础上，准备材料清单，详见表 3-3。

表 3-3 CTAB 法制备细菌基因组 DNA 材料准备单

菌种与试剂	菌种	大肠杆菌或枯草芽孢杆菌饱和培养物
	试剂	20mg/mL 蛋白酶 K，10%SDS，TE 缓冲液，含 10μg/mL RNase A 的无菌双蒸水或 TE 缓冲液，CTAB/HCl 溶液，氯仿/异戊醇（24∶1），酚/氯仿/异戊醇（25∶24∶1），5mol/L NaCl 溶液，异丙醇，70%乙醇，无菌双蒸水等
仪器及耗材	超净工作台，台式高速离心机，恒温水浴锅，循环水真空泵，冰箱，微量移液器，1.5mL 离心管，tip 头，吸水纸，牙签，记号笔等	

3. 任务实施

① 取任务 3-1 操作准备所得大肠杆菌或枯草芽孢杆菌培养液 1.5mL 于 1.5mL 离心管中，12000r/min 离心 1min，弃上清液，收集菌体（注意吸干多余的水分）。

② 在菌体沉淀中加入 567μL 的 TE 缓冲液，用移液枪反复吹打使菌体沉淀充分悬浮（注意不要残留细小菌块）。

③ 加入 30μL 10%SDS 和 3μL 20mg/mL 蛋白酶 K，使其终浓度分别为 0.5%和 100μg/mL，充分混匀，于 37℃孵育 1h。

由于去垢剂溶解细菌细胞壁，溶液变得黏稠，可不必用溶菌酶预先消化细菌细胞壁。

④ 加入 100μL 5mol/L 的 NaCl，充分混匀。

⑤ 加入 80μL CTAB/NaCl 溶液，上下颠倒混匀，在 65℃孵育 10min。

⑥ 加入等体积（约 750μL）氯仿/异戊醇，上下颠倒混匀，12000r/min 离心 5min。

⑦ 将上清液转移到一个新的 1.5mL 离心管中，加入等体积的酚/氯仿/异戊醇（25∶24∶1），上下颠倒充分混匀，室温 12000r/min 离心 5min。

⑧ 将上清液转移至另一新的 1.5mL 离心管中，加入 0.6 倍体积异丙醇（约 450μL），轻轻混匀直到 DNA 沉淀下来（室温 10min，可见白色丝状物的 DNA 沉淀），12000r/min 离心 10min，弃去上清液。

⑨ 用 1mL 70％乙醇洗涤沉淀物 1 次，4℃、12000r/min 离心 10min，弃去上清液。沉淀在室温下倒置干燥或真空干燥 10～15min。

⑩ 加入 50μL 含 10μg/mL RNase A 的 TE 缓冲液或无菌双蒸水，使 DNA 溶解，置 37℃水浴 20～30min，除去 RNA。

⑪ 若需去除 RNase A，可按任务 3-2 方案二中第⑨步操作。

⑫ 加入 50μL TE 缓冲液或无菌双蒸水，使 DNA 溶解。

⑬ 置－20℃保存备用。

温馨提示：

a. 因配制好的酚/氯仿/异戊醇溶液上面覆盖了一层 Tris-HCl 溶液，以隔绝空气，在使用时应注意取下面的有机层。b. 加入氯仿/异戊醇或酚/氯仿/异戊醇后应采用上下颠倒方法，充分混匀。c. 在 CTAB 加入之前，细菌裂解液中氯化钠的浓度（第④步）非常重要。如果氯化钠的浓度小于 0.3mol/L，那么核酸也会沉淀下来。同样重要的是，所有的溶液要维持在 15℃以上，因为低于这一温度，CTAB 将会沉淀。

4. 结果分析

（1）70％乙醇洗涤后 DNA 能否溶于水中？如何正确溶解 DNA 沉淀？ 在 DNA 提取过程中，经有机溶剂沉淀后，DNA 可复溶于水中，因为此时离子浓度较高，不影响 DNA 的稳定性；而高度纯化后，离子浓度较低，DNA 最好复溶于 TE 缓冲液中，因为溶于 TE 的 DNA，其储藏稳定性要高于水溶液中的 DNA。因此，用 TE 溶解 DNA，便于长期保存。不过，用无菌双蒸水（ddH_2O）溶解 DNA，可避免 TE 缓冲液中所含的 EDTA 对一些内切酶活力的影响。另外，DNA 样品保存时要求以高浓度保存，低浓度的 DNA 样品要比高浓度的更易降解。

（2）凝胶前端出现亮斑或亮区，加样孔有亮带 图 3-11 中，1～4 泳道条带弥散，呈梯状或轨道状，未见明显的紧密主带，说明 DNA 降解严重。图 3-11 中，1～4 泳道的前端（图下方）还出现亮斑；图 3-12 中，1～4 泳道的前端（图下方）有棒状或帽状亮区。这些亮斑和亮区都是 RNA，表明 RNA 未去除干净。解决办法：加 RNase A 重新水浴酶解处理。不过，RNA 的存在并不影响后续 PCR 扩增等基因操作，因此在细菌基因组 DNA 抽提过程中，该步骤可以省略。图 3-12 中，1～4 泳道的加样孔有明显亮带，表明有蛋白质污染。解决办法：依次用酚/氯仿/异戊醇、氯仿/异戊醇抽提，去除蛋白质。

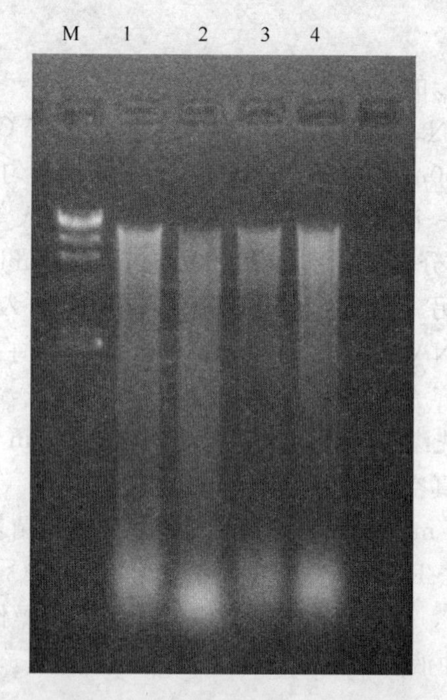

图 3-11 细菌基因组 DNA 电泳图

1～4—细菌基因组 DNA；M—Marker

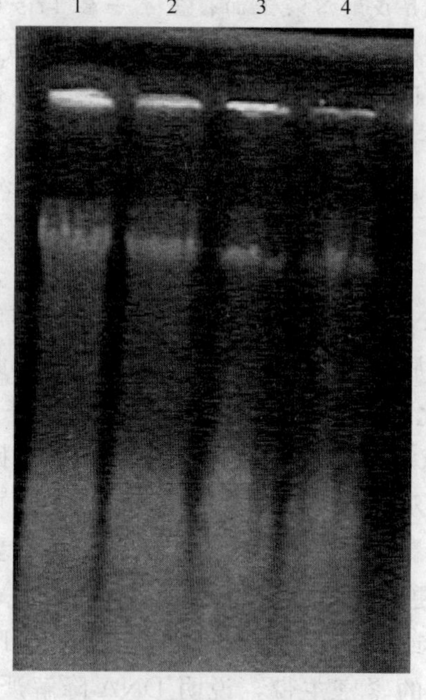

图 3-12 细菌基因组 DNA 电泳图

1～4—细菌基因组 DNA

(3) 提取的细菌基因组 DNA 电泳后，为什么跑出来四条带？ 提取的较高质量的基因组 DNA 经琼脂糖凝胶电泳后，一般只在凝胶上方（靠近加样孔）呈现一条弧行条带，多数情况下略有拖尾。但在图 3-13 中，1～22 泳道均出现四条带，其原因可能是这些革兰阳性（G^+）菌株中含有简单的复制子，如质粒。因此，从上到下，第 1 条为基

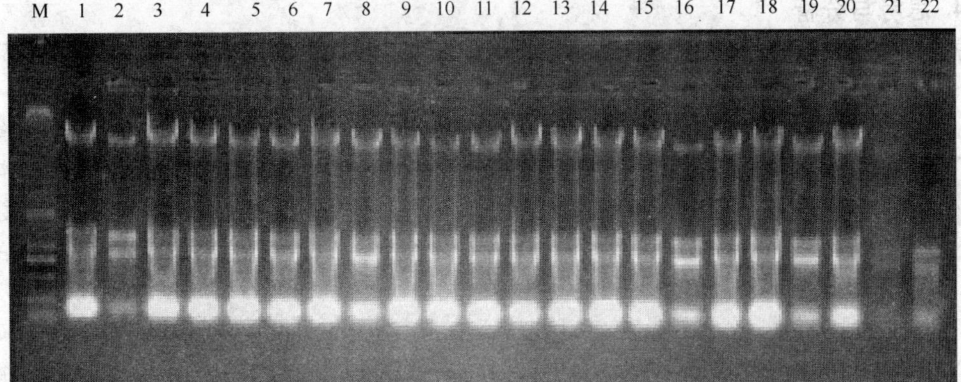

图 3-13　细菌基因组 DNA 电泳图

1～22—临床分离的 G^+ 菌株基因组 DNA；M—Marker

因组 DNA，第2～3 条为质粒 DNA，第 4 条为未去除的 RNA。

任务 3-4　煮沸法制备细菌基因组 DNA

任务描述：

SDS 法、CTAB 法制备的高质量基因组 DNA 是理想的 PCR 模板，但使用煮沸法、微波法制备的核酸粗制品作为 PCR 模板，常常也能得到良好的扩增效果。本任务主要介绍使用表面活性剂（Triton X-100）的煮沸法。

1. 实训原理

常规实验中从细菌基因组上 PCR 扩增目的基因时，一般所用的 DNA 量较少，可采用较简单的煮沸裂解法制备少量的 DNA。在短时间的热脉冲下，细胞膜表面会出现一些孔洞，此时就会有少量的染色体 DNA 从中渗透出来，然后离心去除菌体碎片，上清液中所含的基因组 DNA 即可用于 PCR 模板。若加入 Triton X-100，可进一步增加细胞膜的通透性，提高煮沸法制备基因组 DNA 的效率。

2. 材料准备

在任务 3-1 操作准备基础上，准备材料清单，详见表 3-4。

表 3-4　煮沸法制备细菌基因组 DNA 材料准备单

菌种与试剂	菌种	大肠杆菌过夜培养平板
	试剂	1% Triton X-100，20mmol/L Tris-HCl(pH 8.2)，2mmol/L EDTA
仪器及耗材	超净工作台，台式高速离心机，恒温水浴锅，冰箱，微量移液器，tip 头，1.5mL 离心管，牙签，记号笔等	

3. 任务实施

① 用牙签从大肠杆菌过夜培养平板上挑取新鲜单菌落少许，悬浮到微量离心管内的 50μL 裂解液（含 1% Triton X-100，pH 8.2、20mmol/L Tris-HCl，2mmol/L EDTA）中。

② 95℃温浴 5min。

③ 将离心管转至 55℃温浴 5min。

④ 10000r/min 离心 5min。

⑤ 吸取 10μL 上清液用于总体积 100μL 的 PCR 反应。

4. 思考与分析

煮沸法不需特殊试剂和复杂设备，操作简单，方便快速，实用性强。但其缺点有哪些？

知识要点

一些理化因素能使核酸分子的空间结构改变，导致核酸理化性质及生物学功能改变，称为核酸的变性。当去掉变性因素，被解开的两条链又可重新互补结合，恢复成原来完整的DNA双螺旋结构，称为DNA的复性。两条来源不同的单链核酸，只要它们在某些区域有大致相同的互补碱基序列，在适宜的条件下，就可形成新的杂种双螺旋，称为核酸的分子杂交。

提取核酸时，一般先破碎细胞，方法主要有机械法、化学法和酶解法。细胞破碎后，一般加入SDS或CTAB，这些表面活性剂能溶解膜蛋白，破坏细胞膜，使核蛋白解聚。再加入苯酚和氯仿等有机溶剂，使蛋白质变性。通过离心，细胞碎片及变性蛋白质被沉淀下来，而DNA留在上清液中。最后，在上清液中加入异丙醇或无水乙醇使DNA沉淀，用无DNA酶的RNA酶水解溶液中的RNA，即得基因组DNA。

基因是DNA分子中含有特定遗传信息的一段核苷酸序列。基因可分为结构基因和调控基因。在结构上，无论是原核基因还是真核基因，都可分为编码区和非编码区。在机体生长发育过程中，有些基因在几乎所有细胞中持续地表达，其表达属于组成性表达；有些基因随细胞种类不同及环境条件变化而开启和关闭，其表达属于诱导性表达。

技能要点

1. 核酸提取方案应根据具体的生物材料、实验目的和待提取的核酸分子特性来确定。SDS法是制备基因组DNA的常用方法，该方法可有效去除污染的蛋白质，但不能有效去除外源性多糖，而CTAB法对从产生大量多糖的某些革兰阴性菌和植物中提取核酸非常有用。核酸分离提取的原则：一是防止核酸降解，保证核酸一级结构的完整性；二是去除杂质，排除其他分子污染，保证核酸的足够纯度。

2. 在核酸提取过程中应尽量简化操作步骤，缩短提取过程，减少以下不利因素对核酸的降解。①减少核酸酶对核酸的降解：在溶液中加入EDTA等螯合Mg^{2+}、Ca^{2+}等二价离子，抑制DNase活性。RNase分布广泛，耐高温、耐酸、耐碱，不易失活，提取RNA时应尽力消除外源性RNase的污染，抑制内源性RNase的活性，创造一个无RNase的环境。②减少物理因素对核酸的降解：避免机械剪切力对染色体DNA的破坏，如剧烈振荡、搅拌、频繁的溶液转移及DNA样本的反复冻融等，同时也应避免过高的温度，操作所用的枪头口径不能太小，应去除尖端部分。③减少化学因素对核酸的降解：避免过酸、过碱对核酸链中磷酸二酯键的破坏，操作在pH4.0～11.0条件下进行。

※ 能力拓展

一、动物基因组DNA的提取

1. 试剂

① DNA提取缓冲液：10mmol/L Tris-HCl（pH8.0），0.1mol/L EDTA（pH8.0），

0.5%SDS，121℃高压灭菌20min，冷却后添加20μg/mL胰RNA酶。

② 蛋白酶K：用无菌双蒸水配成20mg/mL的储存液，分装成小管，－20℃保存。

③ TE缓冲液：10mmol/L Tris-HCl（pH8.0），1mmol/L EDTA（pH8.0），121℃高压灭菌20min。

④ 其他试剂：Tris饱和酚，酚/氯仿/异戊醇（25∶24∶1），异丙醇，70%乙醇。

2. 操作步骤

① 切取新鲜或－70℃冷冻的0.5g小鼠肝或肾等组织，去除结缔组织，吸水纸吸干血液，剪碎（越细越好），放入研钵，倒入液氮研磨粉碎，加入1.0mL DNA提取缓冲液，转移至1.5mL离心管中，将细胞悬液置于65℃水浴中保温30min。

② 取出离心管，加入蛋白酶K至终浓度为100μg/mL，混匀，将离心管再次置于65℃水浴中保温1h，其间间隙振荡离心管数次。

③ 将溶液冷却至室温，加入200μL的Tris饱和酚，缓慢来回颠倒离心管10min，充分混合两相至呈乳白色（饱和酚pH须接近8.0），12000r/min离心5min，小心地将上清液移至新的离心管中。

④ 加入等体积的酚/氯仿/异戊醇，充分混匀至乳白色，12000r/min离心5min，将上清液移至新的离心管中。

⑤ 加入等体积的异丙醇，颠倒混匀，室温放置20min，12000r/min离心10min，弃上清液。

⑥ 用1mL 70%乙醇洗涤沉淀1～2次，12000r/min离心10min，弃上清液，沉淀在室温下倒置干燥或真空干燥10～15min。

⑦ 加入50μL TE缓冲液溶解沉淀，－20℃保存备用。

小鼠基因组DNA电泳图见图3-14。

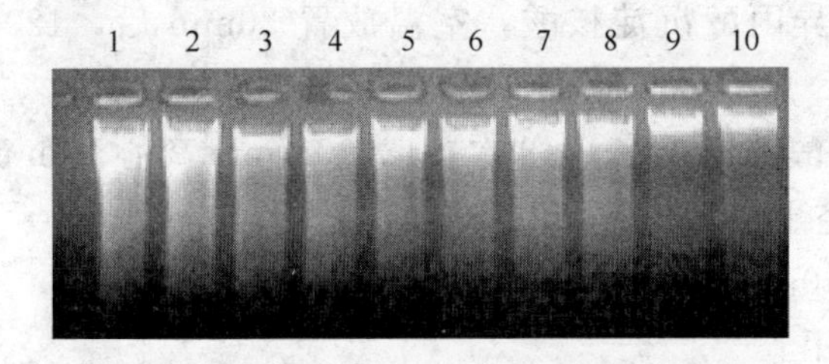

图3-14 小鼠基因组DNA电泳图

1，2—脑；3，4—心脏；5，6—肝；7，8—肾；9，10—肌肉

二、血液基因组DNA的提取

1. 试剂

① 酸性柠檬酸葡萄糖溶液B（ACD）：0.48%柠檬酸，1.32%柠檬酸钠，1.47%葡萄糖，无菌水配制。

② 磷酸盐缓冲液（PBS）：800mL蒸馏水加入8.79g NaCl、0.27g KH_2PO_4、1.14g无水 NaH_2PO_4，用HCl调pH至7.4，定容至1L，121℃高压灭菌20min。

③ 裂解缓冲液：10mmol/L Tris-HCl（pH8.0），0.1mol/L EDTA（pH8.0），0.5% SDS，121℃高压灭菌20min。

④ 蛋白酶K：用无菌双蒸水配成20mg/mL的储存液，分装成小管，−20℃保存。

⑤ 含10μg/mL RNase A的TE缓冲液：10mL TE中加入10mg/mL RNase A溶液10μL。

⑥ 其他试剂：Tris饱和酚，异丙醇，70%乙醇。

2. 操作步骤

① 血液标本的收集与裂解。

a. 新鲜血液

(a) 收集方式：20mL血液中加入3.5mL ACD抗凝。

(b) 裂解方式：将抗凝血转入离心管，4℃、2500r/min离心15min，吸去上层血浆，小心吸取淡黄色白细胞层悬浮液，将其转入新的离心管，重复离心1次，吸出淡黄色悬浮层，重新悬浮于15mL裂解缓冲液中，37℃水浴保温1h，得到细胞裂解液。

b. 冷藏血液

(a) 收集方式：20mL血液中加入3.5mL ACD抗凝后冷藏或冷冻保存。

(b) 裂解方式：将解冻后的抗凝血转入离心管，加入等体积的PBS溶液，室温、7000r/min离心15min，吸去含有裂解红细胞的上清液，重新将细胞沉淀悬浮于15mL裂解缓冲液中，37℃水浴保温1h，得到细胞裂解液。

② 在细胞裂解液中加入蛋白酶K至终浓度为100μg/mL，混匀，将离心管置于65℃水浴中，水浴1h，其间不时地旋动该黏滞溶液。

③ 将溶液冷却至室温，加入等体积的Tris饱和酚，缓慢来回颠倒离心管10min，充分混合两相（饱和酚pH须接近8.0），12000r/min离心5min，小心吸取上清液，将其移至洁净的离心管中。

④ 用酚重复抽提2次，取水相于新的离心管中。

⑤ 加入等体积的异丙醇沉淀核酸，室温放置20min后，12000r/min离心10min，弃上清液。

⑥ 用1mL 70%乙醇洗涤沉淀1～2次，12000r/min离心10min，弃上清液，沉淀在室温下倒置干燥或真空干燥10～15min。

⑦ 加入50μL含10μg/mL RNase A的TE缓冲液溶解沉淀，37℃水浴保温30min。

⑧ −20℃保存备用。

三、植物基因组DNA的提取

1. 试剂

① 2%CTAB提取缓冲液（200mL）：4.0g CTAB，16.364g NaCl，20mL 1mol/L Tris-HCl（pH8.0），8mL 0.5mol/L EDTA（pH8.0），先用70mL双蒸水溶解，再定容至200mL，高压灭菌，冷却后加入400μL β-巯基乙醇，使其终浓度为0.2%～1.0%。

② 氯仿/异戊醇（24∶1）：96mL氯仿，加入4mL异戊醇，摇匀即可。

③ TE缓冲液（pH8.0）：10mmol/L Tris-HCl（pH8.0），1mmol/L EDTA，高压灭菌，室温保存。

④ 10mg/mL RNase A：用10mmol/L Tris-HCl（pH7.5）、15mmol/L NaCl溶液配制，并在100℃保温15min，然后室温条件下缓慢冷却，分装后−20℃保存。

⑤ 其他试剂：异丙醇，无水乙醇，70%乙醇，灭菌双蒸水。

2. 操作步骤

① 取叶片 1.0g 置于研钵中，加入液氮研磨至粉状，转移到 1.5mL 离心管中，加入 700μL 65℃预热的 2%CTAB 提取缓冲液，颠倒混匀 5～6 次，65℃水浴保温，每隔 10min 轻轻摇动，40min 后取出。

② 冷至室温后，加入等体积的氯仿/异戊醇（24∶1），颠倒混匀 2～3min，至溶液成乳浊状，12000r/min 离心 5min，吸取上清液，转移到新的 1.5mL 离心管中。

③ 加入等体积的氯仿，颠倒混匀 2～3min，12000r/min 离心 5min，吸取上清液，转移到另一 1.5mL 离心管中。

④ 加入 700μL 异丙醇，将离心管缓慢上下颠倒 30s，充分混匀至能见到 DNA 絮状物，静置 20min，4℃、12000r/min 离心 10min，弃去上清液。

⑤ 用 1mL 70%乙醇洗涤沉淀 1～2 次，4℃、12000r/min 离心 10min，弃上清液，沉淀在室温下倒置干燥或真空干燥 10～15min。

⑥ 加入 50μL 含 10μg/mL RNase A 的 TE 缓冲液溶解沉淀，37℃水浴保温 30min。

⑦ －20℃保存备用。

植物基因组 DNA 电泳图见图 3-15。

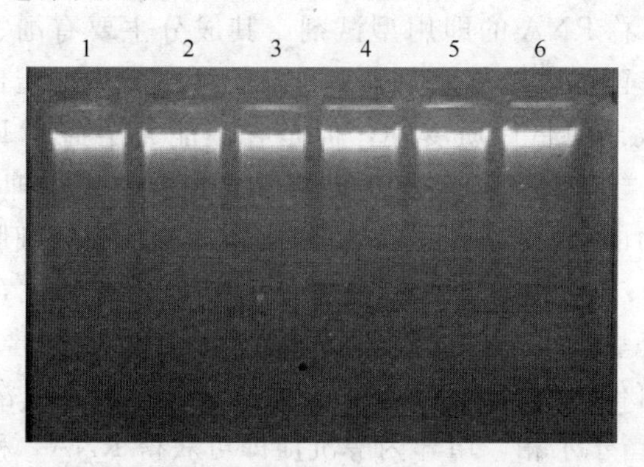

图 3-15 植物基因组 DNA 电泳图

1,2—花生叶；3,4—洋芋叶；5,6—西瓜叶

四、酵母基因组 DNA 的提取

1. 试剂

① YPD 培养基：1%酵母提取物，2%蛋白胨，2%葡萄糖，低温灭菌 20min。

② 溶液 A：1mol/L 甘露醇，100mmol/L EDTA-Na_2（pH7.5）。

③ 5mg/mL 溶壁酶溶液：称取 5mg 溶壁酶溶于 1mL 溶液 A 中。

④ 其他试剂：0.1mol/L Tris-HCl（pH7.5），10%SDS，TE 缓冲液（pH8.0），异丙醇，70%乙醇。

2. 操作步骤

① 从 YPD 平板上刮取新鲜的酿酒酵母单菌落，接种在含 5mL YPD 液体培养基的大试管中，30℃振荡培养 36h 以上，取 1.5mL 菌液，12000r/min 离心 1min，收集菌体，弃上清液。

② 加入1.0mL TE（pH8.0）悬浮细胞沉淀，12000r/min离心1min，弃上清液。

③ 加入0.5mL溶液A，充分悬浮细胞沉淀。

④ 加入20μL 5mg/mL溶壁酶溶液，37℃水浴1h。

⑤ 加入200μL 0.1mol/L Tris-HCl和0.1mol/L EDTA-Na_2，70μL 10%SDS，充分混匀，65℃保温30min。

⑥ 加入等体积（约750μL）的氯仿和异戊醇，混匀，室温放置5min，12000r/min离心5min，将上清液转移到新的离心管中。

⑦ 加入0.6～0.8倍体积（约450μL）的异丙醇，颠倒混匀，室温放置10min，12000r/min离心10min，弃去上清液。

⑧ 用1mL 70%乙醇洗涤沉淀1～2次，4℃、12000r/min离心10min，弃上清液，沉淀在室温下倒置干燥或真空干燥10～15min。

⑨ 加入50μL含10μg/mL RNase A的TE缓冲液溶解沉淀，37℃水浴保温30min。

⑩ −20℃保存备用。

五、总RNA和mRNA的提取

1. Trizol法提取总RNA

Trizol试剂是分离总RNA的即用型试剂，其成分主要有酚、异硫氰酸胍、8-羟基喹啉和β-巯基乙醇等。酚的主要作用是裂解细胞，使细胞中的蛋白质、核酸等内含物解聚并释放。酚虽可有效地使蛋白质变性，但是它不能完全抑制RNase活性。Trizol中含有的异硫氰酸胍、8-羟基喹啉和β-巯基乙醇等的主要作用是抑制内源和外源RNase。异硫氰酸胍是一类强力的蛋白质变性剂，可溶解蛋白质，破坏细胞结构，使核蛋白与核酸分离，失活RNA酶；0.1%的8-羟基喹啉可抑制RNase活性，与氯仿联合使用可增强这种抑制作用；β-巯基乙醇主要破坏RNase蛋白质中的二硫键。因此，Trizol试剂不仅可裂解细胞，而且可保持RNA的完整性。加入氯仿后离心，溶液则分为水相和有机相，RNA绝大部分保留于水相，用异丙醇沉淀即可获得RNA。移去水相后，样品中的DNA和蛋白质可用连续沉淀法获得，用乙醇沉淀可在中间相获得DNA，用异丙醇沉淀可在有机相获得蛋白质。

（1）试剂

① Trizol试剂。

② 0.1%DEPC水（DEPC-H_2O）：121℃高压灭菌30min。

③ 70%乙醇：0.1% DEPC-H_2O配制。

④ 其他试剂：氯仿、异丙醇。

（2）操作步骤

① 用液氮将0.5g新鲜或冷冻组织研磨成粉末，在液氮挥发完之前将50～100mg粉末转移至无RNase的1.5mL离心管中，加入1mL Trizol试剂。

② 充分振荡混匀，室温放置5min。

③ 加入200μL氯仿，剧烈振荡混匀30s，室温放置3min，4℃、12000r/min离心5min。将上清液转移至无RNase的1.5mL离心管中。

④ 加入等体积的异丙醇，室温放置20min，4℃、12000r/min离心10min，弃去上清液。

⑤ 加入1mL 70%乙醇洗涤沉淀，4℃、12000r/min离心3min，弃去上清液，室温干燥或真空干燥5～10min。

⑥ 用50μL无RNase的ddH_2O或0.1% DEPC-H_2O溶解RNA。

⑦ －70℃保存备用。

2. mRNA的分离纯化

几乎所有的mRNA 3′端都具有poly(A)尾巴，而tRNA和rRNA上没有这样的结构。这一结构为mRNA的提取提供了极为方便的选择性标志，用寡聚（dT）纤维素柱色谱分离纯化mRNA的理论基础就在于此。此法利用mRNA 3′端含有poly(A)的特点，在RNA流经寡聚（dT）纤维素柱时，在高盐缓冲液的作用下，mRNA被特异地结合在柱上，当逐渐降低盐的浓度时或在低盐溶液和蒸馏水的情况下，mRNA被洗脱，经过两次寡聚（dT）纤维柱后，即可得到较高纯度的mRNA。

（1）试剂

① 1×上样缓冲液：20mmol/L Tris-HCl（pH7.6），0.5mol/L NaCl，1mol/L EDTA（pH8.0），0.1% SDS。配制时可先配制上述物质的母液，经高压消毒后按各成分含量混合，再高压消毒，冷却至65℃时，加入经65℃温育30min的10%SDS至终浓度为0.1%。

② 洗脱缓冲液：10mmol/L Tris-HCl（pH7.6），1mol/L EDTA（pH8.0），0.05% SDS。

③ 3mol/L NaAc（pH5.2）：80mL DEPC-H_2O溶解40.81g NaAc·$3H_2O$，用冰醋酸调pH至5.2，加DEPC-H_2O定容至100mL。

④ 70%乙醇：用DEPC-H_2O于高温灭菌器皿中配制70%乙醇，然后装入高温烘烤的玻璃瓶中，存放于低温冰箱。

⑤ 其他试剂：0.1mol/L NaOH（DEPC-H_2O配制）、无水乙醇等。

所有试剂的配制均需用DEPC-H_2O代替普通的双蒸水。

（2）操作步骤

① 将0.5～1.0g寡聚（dT）纤维素悬浮于0.1mol/L NaOH溶液中。

② 将悬浮液装入用DEPC处理的1mL注射器或灭菌的一次性色谱柱，用3倍柱床体积的DEPC-H_2O洗柱。

③ 使用1×上样缓冲液洗柱，直至洗出液pH小于8.0。

④ 将RNA溶解于DEPC-H_2O中，在65℃中温育10min，冷却至室温后加入等体积2×上样缓冲液，混匀后上柱，立即用灭菌试管收集流出液。当RNA上样液全部进入柱床后，再用1×上样缓冲液洗柱，继续收集流出液。

⑤ 将所有流出液于65℃加热5min，冷却至室温后再次上柱，收集流出液。

⑥ 用5～10倍柱床体积的1×上样缓冲液洗柱，每管1mL分部收集，测定每一收集管的A_{260}值，计算RNA含量（前部分收集管中流出液的A_{260}值很高，后部分收集管中流出液的A_{260}值很低或无吸收）。

⑦ 用2～3倍柱容积的洗脱缓冲液洗脱poly（A）RNA，分部收集，每部分为1/3～1/2柱体积。

⑧ 测定A_{260}确定poly（A）RNA分布，合并含poly（A）RNA的收集管，加入

1/10体积 3mol/L NaAc（pH5.2）和 2.5 倍体积的预冷无水乙醇，混匀，－20℃放置 30min。

⑨ 4℃、12000r/min 离心 15min，弃去上清液。用 70％乙醇洗涤沉淀，4℃、12000r/min 离心 10min，弃去上清液，室温干燥。

⑩ 用适量的 DEPC-H_2O 溶解 RNA，分光光度法检测后，－70℃保存备用。

动物总 RNA 电泳图见图 3-16。

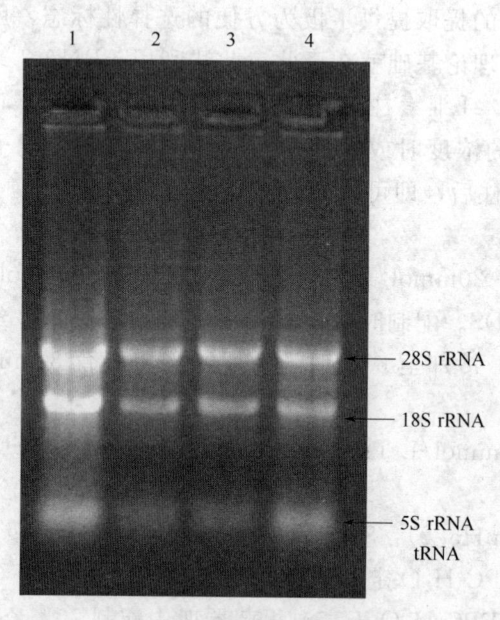

图 3-16 动物总 RNA 电泳图

1～4—动物组织总 RNA

六、核酸固相抽提方法

现在市场上有许多商品化的核酸固相提取纯化试剂盒。相比于传统的液相抽提方法，固相抽提更快速和高效，能解决液液抽提存在的一些问题，如分离不完全等。固相抽提包括细胞裂解、核酸吸附、漂洗和洗脱四个关键步骤。此类方法常用的固相支持物有二氧化硅基质、磁珠和阴离子交换介质。二氧化硅基质包括玻璃微粒、二氧化硅粒子、玻璃微纤维和硅藻土，其提纯的基本原理是基于带负电的 DNA 骨架和带正电的二氧化硅粒子之间的高亲和力。阴离子交换法的提纯原理是基于树脂表面带正电荷的二乙基氨基乙基纤维素（DEAE）基团和 DNA 骨架上带负电荷的磷酸之间的相互作用。下面简要介绍磁珠法提取核酸的原理、优点和过程。

1. 原理

依据与硅胶膜离心柱相同的原理，运用纳米技术对超顺磁性纳米颗粒的表面进行改良和表面修饰后，制备成超顺磁性氧化硅纳米磁珠。该磁珠能在微观界面上与核酸分子特异性地识别和高效结合。利用氧化硅纳米微球的超顺磁性，在 chaotropic 盐（离液盐，如盐酸胍、异硫氰酸胍等）和外加磁场的作用下，能将动物组织、血液、微生物等样本中的 DNA 和 RNA 分离出来，可应用于分子生物学研究、环境微生物检测、食品安全检测、临床疾病诊断、输血安全、法医学鉴定等多种领域。

2. 优点

与传统核酸提取方法相比，磁珠法提取核酸具有明显的优势，主要体现在：①能实现自动化、大批量操作，目前已有96孔的核酸自动提取仪，用一个样品的提取时间即可实现对96个样品的处理，符合生物学高通量的操作要求，使得传染性疾病暴发时能够进行快速及时的应对；②操作简单、耗时短，整个提取流程只有四步，大多可在36～40min内完成；③安全无毒，不使用传统方法中的氯仿等有毒试剂，对实验操作人员的伤害减少到最低，符合现代环保理念；④磁珠与核酸的特异性结合使得提取的核酸纯度高、浓度大。

3. 过程

磁珠法提取核酸一般可分为四步：裂解→结合→洗涤→洗脱，如图3-17所示。

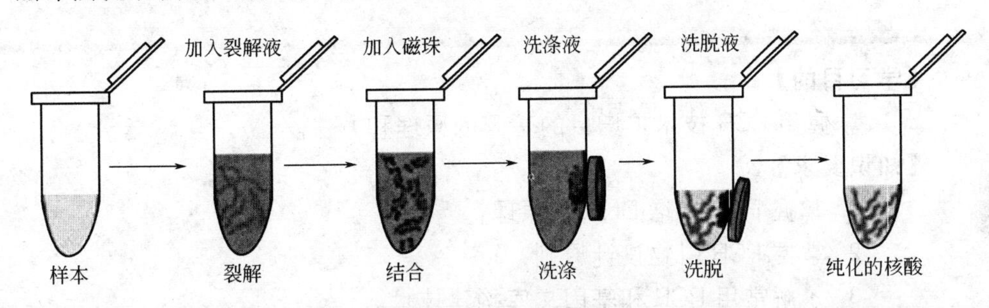

图3-17　磁珠法提取核酸过程示意图

实·践·练·习

1. DNA变性后，其性质发生一系列改变，如（　　）。
A. 相对分子质量降低　B. 旋光性下降
C. 紫外吸收增加　D. 失去生物活性
E. 黏度降低

2. 基因的编码区由连续的密码子组成，其起始密码是（　　）。
A. AUG　B. UAA　C. UAG
D. UGA　E. ATG

3. 用于裂解细菌细胞的酶主要有（　　）。
A. 纤维素酶　B. 蛋白酶K　C. 链霉蛋白酶　D. 溶菌酶

4. 纯DNA样品的 A_{260}/A_{280} 值约为1.8。如低于1.6，表明（　　）。
A. RNA未除尽　B. 蛋白质污染　C. 酚污染　D. 都是

5. 保存DNA的TE缓冲液，其适宜pH值是（　　）。
A. pH9.0　B. pH8.0　C. pH7.0
D. pH7.6　E. pH6.0

6. 提取基因组DNA时，保证其一级结构完整的措施有哪些？

7. 提取总RNA时，如何创造一个无RNase的环境？

（彭加平）

项目四

PCR扩增目的基因——大肠杆菌丝氨酸羟甲基转移酶基因（*glyA*）

学习目标

【学习目的】

掌握用PCR技术扩增目的基因的原理和方法。

【知识要求】

1. 掌握PCR扩增DNA的原理；
2. 掌握PCR引物设计原则；
3. 了解常用PCR和基因文库构建技术。

【能力要求】

1. 会正确熟练使用PCR扩增仪；
2. 能应用生物信息数据库设计PCR引物；
3. 能建立PCR反应体系并扩增目的基因。

※ 项目说明

获得目的基因的方法有多种，如鸟枪法、化学合成法、PCR法等，其中PCR法是目前获得目的基因的常用方法，已广泛应用于分子克隆、序列分析、基因突变、遗传病、传染病以及法医鉴定和考古研究等多个领域。本项目主要介绍应用PCR技术扩增目的基因——大肠杆菌丝氨酸羟甲基转移酶基因（*glyA*）。生物体一般都含有*glyA*基因，并能编码产生丝氨酸羟甲基转移酶，如细菌中的大肠杆菌、假单胞菌以及植物中的含羞草、动物中的兔肝脏等。大肠杆菌*glyA*的核苷酸序列已被阐明和报道，长约1.3kb。因此，以项目三获得的大肠杆菌基因组DNA为模板，根据已知的*glyA*基因序列设计并合成引物，通过PCR就可扩增获得大肠杆菌的丝氨酸羟甲基转移酶基因，从而为后续项目的开展提供基因材料。

※ 必备知识

聚合酶链反应（polymerase chain reaction，PCR）是体外快速酶促合成特异 DNA 片段的技术，由高温变性、低温退火（复性）及适温延伸等几步反应组成一个周期，循环进行，使目的 DNA 得以迅速扩增。PCR 具有特异性强、灵敏度高、操作简便、省时等特点。该方法最早是由美国 Cetus 公司的科学家 Mullis 于 1983 年发明的，现已成为实验室常规的操作，并已实现自动化。

一、PCR 扩增原理

PCR 的扩增原理类似于 DNA 的天然复制过程，其特异性依赖于与靶序列两端互补的寡核苷酸引物（图 4-1）。PCR 由变性-退火（复性）-延伸三个基本反应步骤构成。

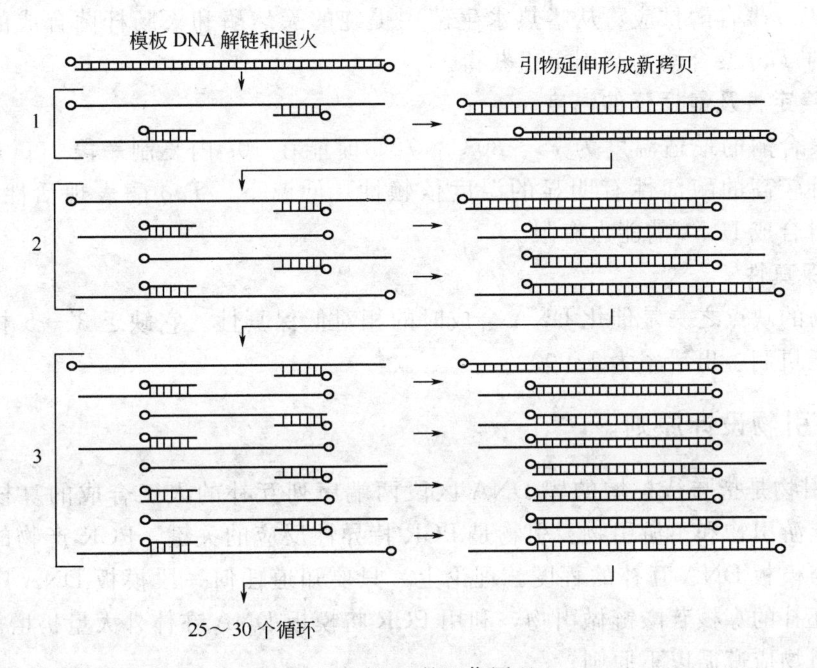

图 4-1　PCR 的工作原理

1. 模板 DNA 的变性

模板 DNA 经加热至 94℃左右一定时间后，使模板 DNA 双链解离成单链，以便它与引物结合，为下轮反应作准备。

2. 模板 DNA 与引物的退火（复性）

模板 DNA 经加热变性成单链后，温度降至 40～60℃，引物与模板 DNA 单链的互补序列配对结合。

3. 引物的延伸

DNA 模板-引物结合物在 DNA 聚合酶的作用下，于 72℃，以脱氧核苷三磷酸（dNTP）为反应原料，靶序列为模板，按碱基配对合成一条新的与模板 DNA 互补的半保留复制链。

然后，重复循环上述变性-退火-延伸三个步骤，就可获得更多的新链，而且这种新链又可成为下次循环的模板。每完成一个循环需 2～4min，2～3h 就能将待扩目的基因扩增放大几百万倍。

二、*Taq* 聚合酶

1. 命名

Taq 聚合酶（*Taq* polymerase）是一种耐热的 DNA 聚合酶，最早发现于水生栖热菌（*Thermus aquaticus*）内，故命名为 *Taq* 聚合酶，也称为 *Taq* DNA 聚合酶，简称 *Taq* 酶。*Taq* 聚合酶常用于 PCR 技术中大量扩增 DNA 片段。

2. 应用

Taq 聚合酶可耐受 90℃ 以上高温而不失活，一般适用于 DNA 片段的 PCR 扩增、DNA 标记、引物延伸、序列测定、平末端加 A 等，产物可直接用于 T-A 载体克隆。目前有两种 *Taq* 聚合酶供应：从嗜热水生菌中提纯的天然酶和大肠杆菌合成的基因工程酶。常用的 *Taq* 聚合酶为基因重组获得。

3. 热稳定性及最适延伸温度

Taq 聚合酶的最适温度为 75～80℃，72℃ 时能在 10s 内复制一段 1000bp 的 DNA 片段。这种较高的酶活性有明显的温度依赖性。低温下，*Taq* 酶表现活性明显降低，90℃ 以上时合成 DNA 的能力有限。

4. 低保真性

Taq 酶的缺点之一是催化 DNA 合成时的相对低保真性。它缺乏 3′→5′ 核酸外切酶的即时校正机制，出错率为 1/9000。

三、PCR 引物设计原则

PCR 引物是指与待扩增的靶 DNA 区段两端序列互补的人工合成的寡核苷酸短片段，包括上游引物和下游引物。引物是 PCR 特异性反应的关键，PCR 产物的特异性取决于引物与模板 DNA 互补的程度。理论上，只要知道任何一段模板 DNA 序列，就能按其设计互补的寡核苷酸链做引物，利用 PCR 将模板 DNA 在体外大量扩增。

设计引物应遵循以下原则。

1. 引物长度

寡核苷酸引物长度为 15～30bp，一般为 20～27bp。引物过长会使 PCR 的最适延伸温度超过 *Taq* 酶的最佳作用温度，从而降低产物的特异性。

2. 引物碱基

G+C 含量一般为 40%～60% 为宜。G+C 太少扩增效果不佳，G+C 过多易出现非特异条带。四种碱基（A、T、G 和 C）最好随机分布，避免 5 个以上嘌呤或嘧啶核苷酸成串排列。

3. 引物自身和引物之间

引物自身不应存在互补序列，否则引物自身会折叠成发夹状结构。两引物之间也不应具有互补性，尤其应避免 3′端的互补重叠，以防引物二聚体的形成。

4. 引物5′端修饰

包括加酶切位点、引入蛋白质结合DNA序列、引入突变位点、插入与缺失突变序列、引入一启动子序列等。

5. 引物的3′端

引物的延伸是从3′端开始的，故3′端不能进行任何修饰，3′端也不能有形成任何二级结构的可能。

四、PCR反应体系的组成及条件优化

1. PCR反应体系的组成

标准PCR反应体系的组成见表4-1。

表4-1　标准PCR反应体系的组成

标准PCR反应体系	总体系100μL
10×扩增缓冲液	10μL
4种dNTP混合物	各200μmol/L
引物	各10～100pmol
模板DNA	0.1～2μg
Taq DNA聚合酶	2.5U
Mg^{2+}	1.5mmol/L
加双蒸水或三蒸水至	100μL

特异性、有效性和忠实性是检验PCR扩增效率的三个指标，但影响因素颇多，高特异性的反应条件可能与高产量的反应条件并不一致。

参加PCR反应的物质主要有五种，即引物、*Taq*酶、dNTP、模板和Mg^{2+}。

（1）引物　引物是PCR特异性反应的关键。PCR产物的特异性就取决于引物与模板DNA互补的程度。引物浓度过高可能导致异位引导，从而出现意外的非靶序列的扩增。

（2）*Taq*酶　催化一典型的PCR反应约需酶量2.5U（指总反应体积为100μL时）。浓度过高可引起非特异性扩增，浓度过低则合成产物量减少。

（3）dNTP的质量与浓度　dNTP的质量及浓度与PCR扩增效率有密切关系。dNTP粉呈颗粒状，如保存不当易变性失去活性。dNTP溶液呈酸性，使用时应配成高浓度后，以1mol/L NaOH或1mol/L Tris-HCl缓冲液将其pH调节到7.0～7.5，小量分装，－20℃保存。多次冻融会使dNTP降解。

（4）模板核酸　模板核酸的量与纯化程度是PCR成败的关键之一。传统的DNA纯化方法通常采用SDS和蛋白酶K来消化处理标本。

（5）Mg^{2+}浓度　Mg^{2+}对PCR扩增的特异性和产量有显著影响。在一般的PCR反应中，各种dNTP浓度为200μmol/L时，Mg^{2+}浓度以1.5～2.0mmol/L为宜。Mg^{2+}浓度过高，反应特异性降低，出现非特异扩增；浓度过低会降低*Taq*聚合酶的活性，使反应产物减少。

2. PCR反应条件的选择

PCR的反应条件主要为温度、时间和循环次数。

(1) 温度与时间设置　基于 PCR 原理三步骤而设置变性-退火-延伸三个温度点。双链 DNA 在 90～95℃变性，再迅速降温至 40～60℃，引物退火并结合到靶序列上，然后再快速升温至 70～75℃，在 *Taq* DNA 聚合酶的作用下，使引物链沿 5′→3′延伸。

① 变性温度与时间：变性温度低，解链不完全是导致 PCR 失败的主要原因。一般情况下，93～94℃ 1min 足以使模板 DNA 变性，若低于 93℃则需延长时间，但温度不能过高，因为高温对酶活性有影响。

② 退火（复性）温度与时间：退火温度是影响 PCR 特异性的重要因素。变性后再降温至 40～60℃，可使引物和模板发生结合。由于模板 DNA 比引物复杂得多，引物和模板之间的碰撞机会远远高于模板互补链之间的碰撞。退火温度与时间，取决于引物的长度、碱基组成及其浓度，还有靶基序列的长度。可用以下公式帮助选择合适的退火温度。

$$T_m\text{值(解链温度)}=4(G+C)+2(A+T)$$

$$\text{复性温度}=T_m\text{值}-(5\sim10℃)$$

在 T_m 值允许范围内，选择较高复性温度可大大减少引物和模板间的非特异性结合，提高 PCR 反应的特异性。复性时间一般为 30～60s，足以使引物与模板之间完全结合。

③ 延伸温度与时间：延伸温度一般选择 70～75℃，常用温度为 72℃。过高的延伸温度不利于引物和模板的结合。PCR 延伸反应的时间，可根据待扩增片段的长度而定，一般扩增 1kb 以内的 DNA 片段，延伸时间 1min 是足够的，3～4kb 的需 3～4min，扩增 10kb 需 15min。延伸时间过长会导致非特异性扩增带的出现。对低浓度模板的扩增，延伸时间要稍长些。

(2) 循环次数　循环次数决定 PCR 扩增程度。PCR 循环次数主要取决于模板 DNA 的浓度，一般循环次数选在 30～40 次之间。循环次数越多，非特异性产物的量亦随之增多。

五、常用 PCR 技术

1. 反转录 PCR

反转录 PCR（RT-PCR）是用来扩增、分离和鉴定细胞或组织的信使 RNA（mRNA）的技术。反应由两个阶段组成，一是使用逆转录酶反转录成 cDNA 第一链；二是以该 cDNA 第一链为模板 PCR 扩增特异性的 cDNA。

2. 实时 PCR

由于通常的 PCR 在几十个循环后都会进入平台期，产物的量与初始模板量不再成正比，因此只能用来定性。而实时 PCR（real-time PCR）通过使用荧光染料（如 SYBR Green）或荧光标记探针（如 *Taq* Man），可用来检测随着扩增产物量的变化而进行定量。

3. 反向 PCR

反向 PCR 允许扩增已知序列侧翼的 DNA 区。首先将靶 DNA 用限制性内切酶进行多轮消化，然后连接被消化的片段构建环状的分子，引物设计成可从序列已知的区域向外侧延伸，结果扩增出环状分子上剩余的序列。

4. 不对称 PCR

不对称 PCR 可选择性地扩增出靶 DNA 的一条链，可用于测序反应或制备单链杂交探针。反应中限制一个引物的加入量，随着这一引物的用尽，后续的扩增中另一引物延伸的产物量大大过量。这一技术的关键是使用限制引物的量要合适，引物量过多，则产物主要是双链 DNA；引物量过少，在前几轮循环就被耗尽，导致单链的产量减少。

5. 多重 PCR

又称多重引物 PCR 或复合 PCR，它是在同一 PCR 反应体系里加上两对以上引物，同时扩增出多个核酸片段的 PCR 反应，其反应原理、反应试剂和操作过程与一般 PCR 相同。多重 PCR 主要用于多种病原微生物的同时检测或鉴定，某些病原微生物、遗传病及癌基因的分型鉴定等。

6. 巢式 PCR

巢式 PCR 是通过使用两套引物来进行两次连续的反应，用来增加 DNA 扩增的特异性。在第一次反应中产生的产物可能包含非特异性扩增产物，然后使用两个新的、结合位点位于原引物内部的引物进行第二次反应。第二套引物的使用可提高反应的特异性，增大单一产物产生的可能性。巢式 PCR 在提高特异性的同时，也增加了检测的灵敏度。

7. 长距离 PCR

普通的 *Taq* 聚合酶一般只能扩增不超过 3～5kb 的片段。长距离 PCR 通过使用特定的聚合酶和缓冲液成分，来扩增较长的 DNA 链（10～40kb 以上），经常会在 10～15 个循环后，使每个循环的延伸时间都比上一循环的时间增加 10s 左右，以补偿聚合酶活性的损失。

8. 菌落 PCR

菌落 PCR 是通过 PCR 手段来迅速筛选阳性克隆子。使用灭菌的牙签将菌落直接挑到反应混合液中，通过 PCR 预变性步骤的高温使细菌的基因组释放作为 PCR 反应的模板。菌落 PCR 中使用的引物定位在插入位点外侧的载体区，因此尽管插入的序列各不相同，也不影响扩增反应的进行。

六、PCR 技术应用

目前，PCR 技术已广泛应用于分子克隆、序列分析、基因突变、遗传病、传染病以及法医鉴定和考古研究等多个领域，下面简要介绍其在医学检验和诊断上的应用。

1. 病原体检测

由于 PCR 技术的问世，使得病原体检测能够快速而方便地进行，特别是在病原微生物及寄生虫的检测方面显示出巨大的优越性。但由于其高灵敏性，实验操作很容易受到污染而出现假阳性。只要有微量病原体存在，PCR 扩增即可为阳性结果，因此并不能作为诊断依据，只有当一定数量的病原体存在时才有临床意义，因此模板定量显得特别重要。常规 PCR 由于不能定量而限制了其应用，而实时荧光定量 PCR 技术给解决这一问题提供了可能。

结核病的诊断，传统的方法是在确定病原菌时，需采集标本于实验室进行人工细菌培养，因结核杆菌繁殖缓慢（每 18～20h 一代），故需长时间（2～3 周）才能培养出典型菌落，并且培养过程需规范的标本采集技术、适宜的环境条件和一定的实验条件等。利用PCR技术，只需少量或微量标本即可在短时间内确定病原菌。目前该技术已经应用于丙肝病毒、人类乳头瘤病毒、结核杆菌和食品中大肠杆菌等许多病原体的检测研究。

在动物养殖行业，如发病后危害严重的猪繁殖与呼吸综合征病毒、猪瘟、猪圆环病毒病混合感染、鸡传染性喉气管炎病毒病等病毒感染性疾病，寄生虫病以及伤寒沙门菌感染、痢疾志贺菌感染等疾病均可用PCR技术诊断。

2. 多态性研究

例如，用实时荧光定量PCR技术对正常痘病毒多态性的研究。采用一对可与正常痘病毒血凝素基因的某一DNA片段结合的引物，并设计两个有单核苷酸差异的寡核苷酸探针，用荧光标记后进行实验，可顺利地把有此单核苷酸差异的两个痘病毒株进行鉴定。该技术也可用于猴痘和病毒DNA疫苗的单核苷酸变异多态的研究。

3. 遗传病诊断

自从1985年PCR技术首次应用于遗传病基因诊断以来，已有近百种遗传病可用PCR技术进行诊断和产前诊断。利用PCR技术诊断遗传病的途径有：①基因突变位点的直接检出；②筛查与遗传病；③有关的点突变；④遗传多态性标记连锁分析间接诊断；⑤利用mRNA反转录为cDNA进行分析或直接分析mRNA。

4. 性别鉴定

近年来发现Y染色体上存在一种锌指结构基因ZFY与性别分化有关，在X染色体上存在其同源序列ZFX。通过合成特异性引物，对早期胚胎进行活组织取样，然后进行PCR扩增，能扩增出目标条带的胚胎即为雄性胚胎，否则即为雌性胚胎。PCR法鉴定胚胎性别研究的成功，使胚胎的性别鉴定进入了一个崭新的发展阶段。

※ 项目实施

任务 4-1 操作准备

任务描述：

PCR扩增*glyA*基因的准备工作，主要包括四个方面：一是获得模板DNA（即大肠杆菌基因组DNA），已通过项目三完成；二是引物设计和合成，该部分内容较复杂，专门安排任务4-2来完成；三是订购dNTP、*Taq*酶、$MgCl_2$等PCR相关商品化试剂，以及微量离心管、吸头、双蒸水等的准备及灭菌工作，该部分内容较简单，不作单独介绍；四是熟悉PCR仪，能正确操作PCR仪。本任务主要是熟悉PCR仪，进行PCR仪的操作演练。

1. PCR仪简介

PCR仪（基因扩增仪、基因扩增热循环仪）是利用DNA聚合酶对特定基因做体外专一性大量连锁复制的仪器。PCR仪一般有四种类型，分别是普通PCR仪、梯度PCR

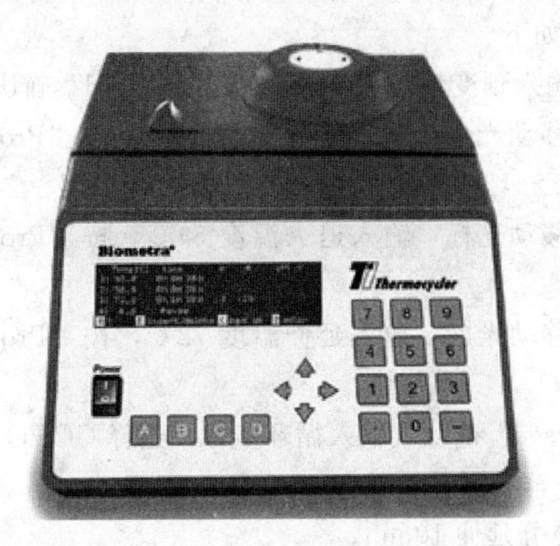

图 4-2 PCR 仪

仪、实时荧光定量 PCR 仪和原位 PCR 仪。

一般把一次 PCR 扩增只能运行一个特定退火温度的 PCR 仪，称之为普通 PCR 仪。普通 PCR 仪由主机、加热模块、PCR 管样品基座、热盖和控制软件组成（图 4-2）。其工作关键是温度控制，它是决定 PCR 反应能否成功的关键，主要包括温度的准确性、均一性以及升降温速度。一般采用半导体自动控温，金属导热，控温方便，体积小，相对稳定性好。普通 PCR 仪的操作通常比较简便，打开电源，仪器自检，设置温度程序或调出储存的程序，运行即可。

2. 任务实施

不同类型、品牌 PCR 仪的使用有一定差异，但均包含以下基本操作步骤。

（1）开机　打开开关，视窗上显示“SELF TEST”，10s 后，显示 RUN-ENTER 菜单，准备执行程序。

温馨提示：

①仪器需放置在通风良好的实验台上，左右两侧至少须保证 30cm 的通风空间；②确保 PCR 仪底部（网格部分）的清洁，没有被尘埃或者其他物质堵塞；③禁止对仪器进行紫外线消毒，否则可能会破坏 LCD 液晶显示屏。

（2）放置样品管　打开热盖，放入样品管，关紧盖子。

温馨提示：

①打开或关闭热盖时，应轻抬轻放，以防过强震动而导致热盖机械故障；②将样品管放置在样品槽中间位置，并且在样品槽的四个角上各放置一个相同规格的 PCR 管，以保证热盖压力均衡；③样品管放好后一定要正确拧紧热盖。

（3）设置运行程序　如果要运行已经编好的程序，则直接按“Proceed”（继续）。用箭头键选择已储存的程序，按“Proceed”选择 ENABLE（启动），开始执行程序。

如果要输入新的程序，则在 RUN-ENTER 菜单上用箭头键选择 ENTER PROGRAM，按“Proceed”，选择 NEW，命名新的程序，最多 8 个字母，输入后按“Proceed”确认。

输入新的程序步骤如下。

① 按“Proceed”输入预变性温度 94℃，按“Proceed”确认，输入孵育时间 5min。

② 用“Select”键移动光标，输入变性温度 94℃，按“Proceed”确认后，输入孵育时间 1min。

③ 用“Select”键移动光标，输入退火温度 54℃，按“Proceed”确认后，输入孵育时间 1min。

④ 用“Select”键移动光标，输入延伸温度 72℃，按“Proceed”确认后，输入孵育时间 1min。

⑤ 完成后按“Proceed”确认，输入循环步骤，选择 GOTO 链接到第②步（即进入下一次循环），确认后，输入循环次数 30。

⑥ 最后设置 72℃充分延伸 10min。

（4）运行　输入运行程序参数后，选择 End，到 RUN-ENTER 菜单，选择新程序，开始运行。

温馨提示：

①PCR 仪在运行过程中严禁打开盖子，否则会造成仪器的永久损坏；②样品槽及盖子内表面温度高，当心灼伤。

（5）关机　运行程序结束后，待热盖温度降至室温再关闭电源（风扇自动关闭）。

3. 思考与分析

PCR 仪操作注意事项有哪些？

任务 4-2　基于 *glyA* 基因的引物设计

任务描述：

引物是 PCR 特异性反应的关键，引物设计是否合理直接决定 PCR 能否成功以及扩增产物序列的正确性。本任务主要通过基于 glyA 基因的 PCR 引物设计，使学生掌握应用生物信息数据库设计 PCR 引物的方法。

1. 实训原理

利用生物信息数据库（软件）提供的大肠杆菌 *glyA* 核苷酸序列信息，按照 PCR 引物长度合适、G+C 含量 40%～60%、防止引物之间形成二聚体等引物设计原则，再结合表达载体 pET30a 的多克隆位点情况，来设计基于大肠杆菌 *glyA* 基因的 PCR 引物。

2. 任务实施

（1）获得 *glyA* 核苷酸序列信息　搜索 Genbank，获得 *E. coli* K-12 的 *glyA* [GI 146216] 序列原始信息，如图 4-3 所示，在 358 和 1611 之间有完整编码框，两处下划线分别是起始密码 ATG 和终止密码 TAA。

（2）根据 *glyA* 核苷酸序列，设计引物　运用 Primer Premier 5.0 软件，设计如下一对寡核苷酸引物。

```
   1 tactgtagcg atggtttgag cgtcaagcat atggtcttcc tttttttgca tcttaattga
  61 tgtatctcaa atgcatctta taaaaaatag ccctgcaatg taaatggttc tttggtgttt
 121 ttcagaaaga atgtgatgaa gtgaaaaatt tgcatcacaa acctgaaaag aaatccgttt
 181 ccggttgcaa gctctttatt ctccaaagcc ttgcgtagcc tgaaggtaat cgtttgcgta
 241 aattcctttg tcaagacctg ttatcgcaca atgattcggt tatactgttc gccgttgtcc
 301 aacaggaccg cctataaagg ccaaaaattt tattgttagc tgagtcagga gatgcgg atg
 361 ttaaagcgtg aaatgaacat tgccgattat gatgccgaac tgtggcaggc tatggagcag
 421 gaaaaagtac gtcaggaaga gcacatcgaa ctgatcgcct ccgaaaacta caccagcccg
 481 cgcgtaatgc aggcgcaggg ttctcagctg accaacaaat atgctgaagg ttatccgggc
 541 aaacgctact acggcggttg cgagtatgtt gatatcgttg aacaactggc gatcgatcgt
 601 gcgaaagaac tgttcggcgc tgactacgct aacgtccagc cgcactccgg ctcccaggct
 661 aactttgcgg tctacaccgc gctgctggaa ccaggtgata ccgttctggg tatgaacctg
 721 gcgcatggcg gtcacctgac tcacggttct ccggttaact tctccggtaa actgtacaac
 781 atcgttcctt acggtatcga tgctaccggt catatcgact acgccgatct ggaaaaacaa
 841 gccaaagaac acaagccgaa aatgattatc ggtggtttct ctgcatattc cggcgtggtg
 901 gactgggcga aaatgcgtga aatcgctgac agcatcggtg cttacctgtt cgttgatatg
 961 gcgcacgttg cgggcctggt tgctgctggc gtctacccga acccggttcc tcatgctcac
1021 gttgttacta ccaccactca caaaaccctg gcgggtccgc gcggcggcct gatcctggcg
1081 aaaggtggta gcgaagagct gtacaaaaaa ctgaactctg ccgttttccc tggtggtcag
1141 ggcggtccgt tgatgcacgt aatcgccggt aaagcggttg ctctgaaaga agcgatggag
1201 cctgagttca aaacttacca gcagcaggtc gctaaaaacg ctaaagcgat ggtagaagtg
1261 ttcctcgagc gcggctacaa agtggtttcc ggcggcactg ataaccacct gttcctggtt
1321 gatctggttg ataaaaacct gaccggtaaa gaagcagacg ccgctctggg ccgtgctaac
1381 atcaccgtca acaaaaacag cgtaccgaac gatccgaaga gcccgtttgt gacctccggt
1441 attcgtgtag gtactccggc gattacccgt cgcggcttta aagaagccga agcgaaagaa
1501 ctggctggct ggatgtgtga cgtgctggac agcatcaatg atgaagccgt tatcgagcgc
1561 atcaaaggta aagttctcga catctgcgca cgttacccgg tttacgcata agcgaaacgg
1621 tgatttgctg tcaatgtgct cgttgttcat gccggatgcg gcgtgaacgc cttatccggc
1681 ctacaaaact ttgcaaattc aatatattgc aatctccgtg taggcctgat aagcgtagcg
1741 catcaggcaa tttttcgttt atgatcatca aggcttcctt cgggaagcct ttctacgtta
1801 tcgcgccatc aaatctgtcg taactgcgcc tcaacataca aatagccaat tcccagcacc
1861 tgttgtgcgc ggcttaattg cccaaagcca atttgcgtcg ct
```

图 4-3　*E. coli* K-12 *glyA* 核苷酸序列

① 上游引物　5′-GGAATTC（保护碱基）<u>CATATG</u> TTATACTGTTCGCCGTTGTC-3′。下划线部分为 *Nde* Ⅰ 酶切位点。

② 下游引物　5′-CGC（保护碱基）<u>CGATCC</u> AA TCACCGTTTCGCTTATGC-3′。下划线部分为 *Bam*HⅠ酶切位点。

3. 思考与分析

① 为什么在上述引物设计中插入相关酶切位点？

② 为什么设计引物时一般需在 5′端安排几个保护碱基？

任务 4-3　PCR 扩增 *glyA* 基因

任务描述：

项目三获得了大肠杆菌基因组 DNA 并作为 PCR 扩增模板，本项目任务 4-1 和任务 4-2 又分别进行了 PCR 仪的操作练习和引物设计，因此本任务就在此基础上建立 PCR 反应体系，选择温度和时间参数，进行 PCR 扩增，以获得扩增产物——大肠杆菌 *glyA* 基因。

1. 实训原理

见本项目必备知识部分中PCR扩增原理。

2. 材料准备

在项目三、本项目任务4-2基础上，准备材料清单，详见表4-2。

表4-2 PCR扩增*glyA*基因材料准备单

样品与试剂	样品	项目三获得的大肠杆菌基因组DNA作为PCR扩增模板
	试剂	引物，4种dNTP，*Taq*酶及其缓冲液，$MgCl_2$溶液，DNA相对分子质量标准（DL2000 DNA Marker），灭菌双蒸水等
仪器及耗材	超净工作台，PCR仪，低温高速离心机，微量移液器，无菌0.2mL PCR管，tip头等	

3. 任务实施

（1）在无菌的0.2mL PCR管内配制50μL反应体系　反应体系组成详见表4-3。在添加试剂过程中，须注意混匀。

表4-3 PCR扩增*glyA*反应体系组成

反应物	体积/μL
10×扩增缓冲液	5
4种dNTP混合物	2
引物1	1
引物2	1
模板DNA	5
Taq DNA聚合酶	1
Mg^{2+}	1
无菌双蒸水	34
总体积	50

（2）按下述程序在PCR仪上进行扩增

① 94℃预变性5min；

② 94℃变性1min；

③ 54℃退火1min；

④ 72℃延伸1min；

⑤ 重复步骤②～④30次；

⑥ 72℃延伸10min。

（3）琼脂糖凝胶电泳检测PCR扩增结果　检测方法参照项目六。

4. 结果分析

分析产生下列结果的原因，讨论解决方案。

① 不出现扩增条带。

② 出现非特异性扩增带。

③ 出现片状拖带或涂抹带。

知·识·要·点

1. PCR是体外快速酶促合成特异DNA片段的技术，由高温变性、低温退火（复性）及适温延伸三个基本反应步骤构成，具有特异性强、灵敏度高、操作简便、省时等特点。

2. 设计引物应遵循的原则是：①引物长度为15～30bp，一般为20～27bp；②G+C含量一般为40%～60%；③引物自身不存在互补序列，两引物之间也不具有互补性；④引物5′端进行修饰（如添加酶切位点、引入突变位点等），而3′端不能进行任何修饰。

3. PCR仪一般有四种类型，分别是普通PCR仪、梯度PCR仪、实时荧光定量PCR仪和原位PCR仪。一次PCR扩增只能运行一个特定退火温度的PCR仪，称为普通PCR仪。

4. 常用PCR技术有反转录PCR、实时PCR、反向PCR、不对称PCR、多重PCR、巢式PCR、长距离PCR和菌落PCR等。

技·能·要·点

1. 操作PCR仪的基本步骤包括开机、放置样品管、设置运行程序、运行和关机。操作时，须注意：①将样品管放置在样品槽中间位置，并且在样品槽的四个角上各放置一个相同规格的PCR管，以保证热盖压力均衡；②PCR仪在运行过程中严禁打开盖子，否则会造成仪器的永久损坏；③样品槽及盖子内表面温度高，当心灼伤。

2. 参加PCR反应的物质主要有五种，即引物、Taq酶、dNTP、模板和Mg^{2+}，其中引物是PCR特异性反应的关键。PCR的反应条件主要为温度、时间和循环次数。PCR的运行程序一般为：①94℃预变性5min；②94℃变性1min；③54℃退火1min；④72℃延伸1min；⑤重复步骤②～④30次；⑥72℃延伸10min。

3. NCBI、EMBL和DDBJ数据库是世界上最权威、最广泛的核酸序列数据库。常用的PCR引物设计软件是Premier软件。

※ 能力拓展

一、常见生物信息数据库（软件）介绍及使用

1. 国际著名核酸数据库

（1）NCBI基因序列数据库　GenBank数据库是由美国国立生物技术信息中心（NCBI）建立并维护的DNA和RNA序列数据库，是国际核酸序列数据库合作项目的一部分，它与EMBL和DDBJ一起构成了当今世界上最权威、最广泛的核酸序列数据库。该数据库每天更新，每年六版。其中所收录的序列包括基因组DNA序列、cDNA序列、EST序列、STS序列、载体序列、人工合成序列及HTG序列等。通过它不仅可以查询所需要的序列，还可以找到与之同源的基因组DNA序列、cDNA序列、EST序列、STS序列以及专利序列等。与之链接的重要数据库有PubMed、PDB以及种属分类库等。具体的查询方式可根据所需的目的，通过Entrez搜索引擎、BLAST序列同源性

搜索、dbEST 搜索以及 dbSTS 搜索。每种搜索方式又可以通过关键词、作者、GenBank 接受号、种属分类等进行查询。

GenBank 网址：http：//www. ncbi. nlm. nih. gov/genbank/

（2）EMBL 核酸序列数据库　欧洲分子生物学实验室（EMBL）核酸序列数据库，为欧洲最主要的核酸序列数据库，世界三大核酸数据库之一，通过科学文献、专利申请和直接投送获得数据，每日更新，每年发行四版。该数据库的查询检索可以通过因特网上的序列提取系统（SRS）服务完成。向 EMBL 核酸序列数据库提交序列可以通过基于 Web 的 WEBIN 工具，也可以用 Sequin 软件来完成。

EMBL 网址：http：//www. ebi. ac. uk/embl/

（3）DDBJ 数据库　DDBJ 数据库是位于日本的核酸序列数据库，为亚洲主要的核酸序列数据库。DDBJ 数据库是由日本国立遗传学研究所（NIG）建立和维护的国家级核酸序列数据库，首先反映日本所产生的 DNA 数据，同时与 GenBank 和 EMBL 核酸数据库合作交换数据，同步更新，每年四版。该数据库采用与 GenBank 一致的格式。用户可以使用其主页上提供的 SRS 工具进行数据检索和序列分析，也可用 Sequin 软件向该数据库提交序列。

DDBJ 网址：http：//www. ddbj. nig. ac. jp/searches-e. html

2. 国际著名蛋白质数据库

（1）PIR 和 PSDPIR 国际蛋白质序列数据库（PSD）　PIR 和 PSDPIR 国际蛋白质序列数据库是由蛋白质信息资源（PIR）、慕尼黑蛋白质序列信息中心（MIPS）和日本国际蛋白质序列数据库（JIPID）共同维护的国际上最大的公共蛋白质序列数据库。所有序列数据都经过整理，超过 99%的序列已按蛋白质家族分类，一半以上还按蛋白质超家族进行了分类。PSD 的注释中还包括对许多序列、结构、基因组和文献数据库的交叉索引，以及数据库内部条目之间的索引，这些内部索引帮助用户在包括复合物、酶-底物相互作用、活化和调控级联及具有共同特征的条目之间方便地检索。每季度都发行一次完整的数据库，每周可以得到更新部分。

PIR 和 PSD 的网址是：http：//pir. georgetown. edu/

（2）SWISS-PROT　SWISS-PROT 是经过注释的蛋白质序列数据库，由欧洲生物信息学研究所（EBI）维护。数据库由蛋白质序列条目构成，每个条目包含蛋白质序列、引用文献信息、分类学信息、注释等，注释中包括蛋白质的功能、转录后修饰、特殊位点和区域、二级结构、四级结构、与其他序列的相似性、序列残缺与疾病的关系、序列变异体和冲突等信息。SWISS-PROT 中尽可能减少了冗余序列，并与其他 30 多个数据库建立了交叉引用，其中包括核酸序列库、蛋白质序列库和蛋白质结构库等。利用序列提取系统（SRS）可以方便地检索 SWISS-PROT 和其他 EBI 的数据库。SWISS-PROT 只接受直接测序获得的蛋白质序列，序列提交可以在其 Web 页面上完成。

SWISS-PROT 的网址是：http：//www. ebi. ac. uk/swissprot/

3. 常用 PCR 引物设计软件 Primer Premier 5. 0 的使用简介

（1）功能　Premier 软件的主要功能分四大块，其中有三种功能比较常用，即引物设计、限制性内切酶位点分析和 DNA 基元（motif）查找。

（2）使用说明　Premier 软件启动界面如图 4-4，其主要功能在主界面上一目了然。限制性内切酶位点分析及 DNA 基元查找功能比较简单，点击该功能按钮后，选择相应的限制性内切酶或基元（如-10 序列，-35 序列等），按确定即可。常见的限制性内切酶和基元一般都可以找到，还可以编辑或者添加新限制性内切酶或基元。

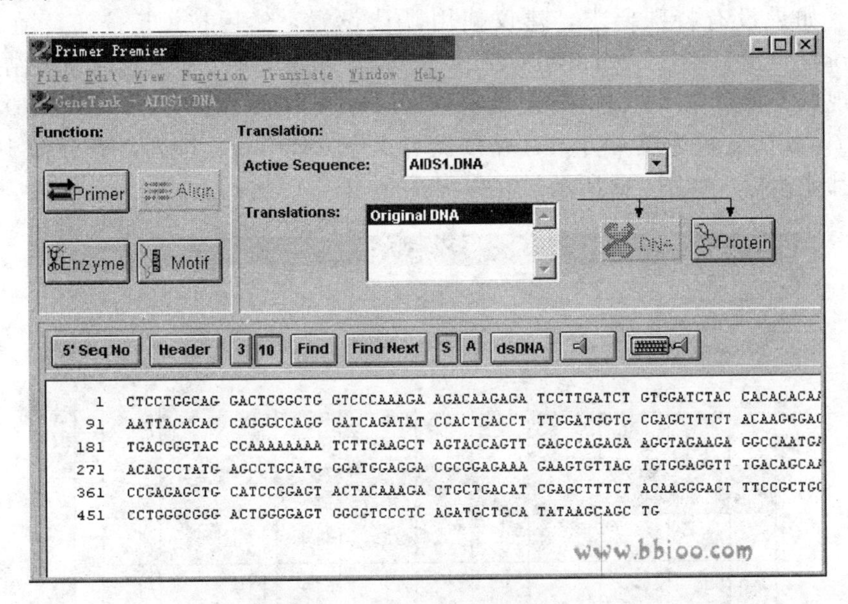

图 4-4 Premier 软件启动界面

进行引物设计时，点击 Primer 按钮，界面如图 4-5 所示。

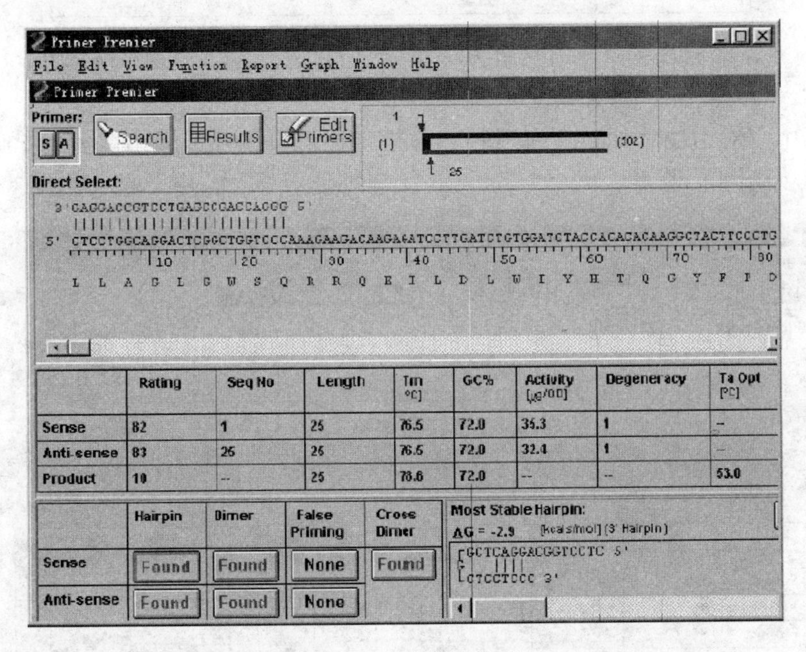

图 4-5 引物搜索界面

进一步点击 Search 按钮，出现 search criteria 窗口，有多种参数可以调整。搜索目的（Search For）有三种选项，即 PCR 引物（PCR Primers）、测序引物（Sequencing Primers）和杂交探针（Hybridization Probes）。搜索类型（Search Type）可选择分别或同时查找上、下游引物（Sense/Anti-sense Primer，或 Both），或者成对查找（Pairs），或者分别以适合上、下游引物为主（Compatible with Sense/Anti-sense Primer)。另外还可改变选择区域（Search Ranges）、引物长度（Primer Length）、选择方式（Search Mode）以及参数选择（Search Parameters）等。使用者可根据自己的需要设定各项参数。如果没有特殊要求，建议使用默认设置，然后按 Ok 按钮，随之出现的 Search Progress 窗口中显示 Search Completed 时，再按 Ok 按钮，这时搜索结果以表格的形式出现，有三种显示方式，即上游引物（Sense）、下游引物（Anti-sense）、成对显示（Pairs）。默认显示为成对方式，并按优劣次序（Rating）排列，满分为 100，即各指标基本都能达标（如图 4-6 所示）。

Search Results

Sense　Anti-sense　Pairs

100 pairs found.

#	Rating	Seq No	Length	Tm [°C]	GC%	Product Size	Ta Opt [°C]	Degeneracy	Mark
1	94	302 493	19 18	49.8 50.6	47.4 50.0	192	52.8	1.0 1.0	
2	88	17 294	18 18	51.9 53.7	55.6 50.0	278	52.4	1.0 1.0	
3	88	17 287	18 19	51.9 53.3	55.6 52.6	271	52.4	1.0 1.0	
4	85	231 407	18 18	49.3 50.1	50.0 50.0	177	51.0	1.0 1.0	
5	84	13 145	18 18	58.8 59.3	61.1 61.1	133	53.8	1.0 1.0	

图 4-6　引物搜索结果

点击其中一对引物，如第 1 对引物，并把上述窗口挪开或退出，显示 Primer Premier 主窗口，如图 4-7 所示。

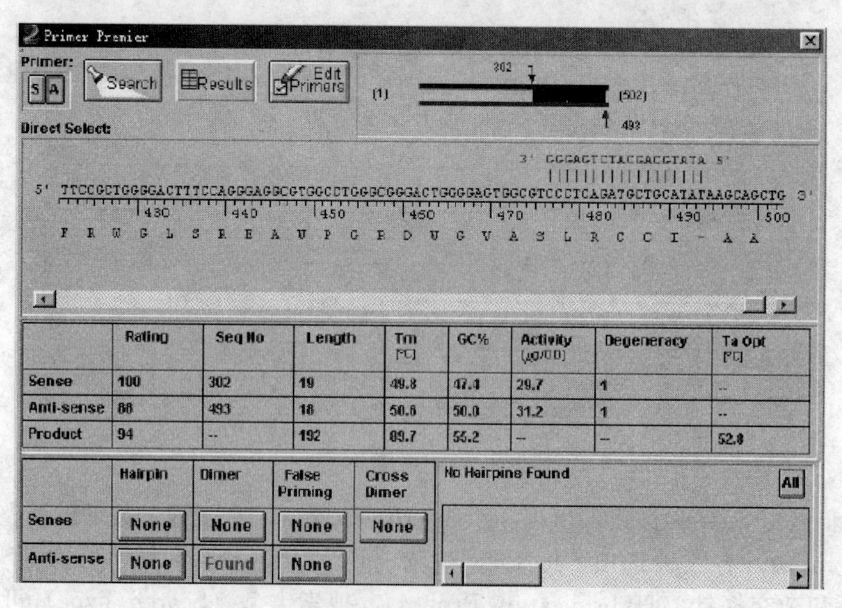

	Rating	Seq No	Length	Tm [°C]	GC%	Activity (μg/OD)	Degeneracy	Ta Opt [°C]
Sense	100	302	19	49.8	47.4	29.7	1	--
Anti-sense	88	493	18	50.6	50.0	31.2	1	--
Product	94	--	192	89.7	55.2	--	--	52.8

	Hairpin	Dimer	False Priming	Cross Dimer
Sense	None	None	None	None
Anti-sense	None	Found	None	

图 4-7　引物编辑界面

图 4-7 分三部分，最上面是图示 PCR 模板及产物位置，中间是所选的上下游引物

的一些性质，最下面是四种重要指标的分析，包括发夹结构（Hairpin）、二聚体（Dimer）、错误引发情况（False Priming）以及上下游引物之间二聚体形成情况（Cross Dimer）。当所分析的引物有这四种结构的形成可能时，按钮由 None 按钮变成 Found 按钮，点击该按钮，在左下角的窗口中就会出现该结构的形成情况。一对理想的引物应当不存在任何一种上述结构，因此最好的情况是最下面的分析栏没有 Found 按钮，只有 None 按钮。值得注意的是中间一栏的末尾给出该引物的最佳退火温度，可参考应用。

在需要对引物进行修饰编辑时，如在 5′端加入酶切位点，可点击 Edit Primers，然后修改引物序列。若要回到搜索结果中，则点击 Results 按钮。

如果要设计简并引物，只需根据原氨基酸序列的物种来源选择前述的八种遗传密码规则，反推至 DNA 序列即可。对简并引物的分析不需像一般引物那样严格。

总之，“Premier”有优秀的引物自动搜索功能，同时可进行部分指标的分析，而且容易使用，是一个相当不错的软件。

二、构建基因文库获得目的基因

1. 基因组文库构建

（1）基因组文库概念　将一个生物体的基因组 DNA 用限制性内切酶部分酶切后，将酶切片段插入到载体 DNA 分子中，所有这些插入了基因组 DNA 片段的载体分子的集合体，将包含这个生物体的整个基因组，也就构成了这个生物体的基因组文库。

基因组文库，插入的是基因组 DNA，是一种生物体全部染色体 DNA 被随机切割成适当大小片段后插入到克隆载体内构成的基因文库。理论上，一个基因组文库的全部重组克隆应该包括该生物遗传信息的总和。很多真核生物全部染色体实在太大，因此，基因组文库的克隆载体要有相当大的容量，如早期用 λ 噬菌体，后来有了黏粒，又发展了 YAC、BAC 等载体。

（2）构建基因组文库的基本步骤　构建某种生物的基因组文库时，先将该生物（一般是真核生物）的细胞染色体 DNA 提纯，部分酶切成合适的随机片段，与适当的克隆载体重组，经过体外包装，转染宿主细胞，得到一组含有不同 DNA 片段的重组子群体，构成基因组文库。

① 载体 DNA 准备　基因组文库常用的载体有 λ 噬菌体、黏粒、YAC 以及 BAC 等。其中 λ 的置换型载体常用于构建基因组文库，容量为 20～24bp。λDNA 用适当的限制性内切酶酶切，去除中央的填充片段，分离纯化 λDNA 的左右两臂。在制备载体时，黏粒可以像质粒那样进行 DNA 分离纯化。YAC 是一类穿梭质粒，能在 *E. coli* 中增殖和制备 DNA。

a. 载体 DNA 的酶切：在构建基因组文库时，一般用 *Sau*3AⅠ或 *Mbo*Ⅰ限制性核酸内切酶对真核 DNA 进行部分消化，因此需用与 *Sau*3AⅠ或 *Mbo*Ⅰ作用产生的黏性末端互补的同尾酶 *Bam*HⅠ对克隆载体进行酶切处理，以便产生相匹配的黏性末端。载体 DNA 的酶切既可以是单酶切，也可双酶切，用量一般为 20～50μg，酶的用量一般为 3～5U/μg，反应体积为 250μL。在适当温度下消化一段时间后，先取部分消化产物进行琼脂糖凝胶电泳分析。若酶切不完全，可增加酶的用量或延长消化时间，直到酶切完全为止。

b. 载体 DNA 的纯化：对于黏粒载体来说，酶切完全后可直接用酚-氯仿抽提和酒精沉淀法进行纯化。但对于噬菌体载体来说，酶切反应结束后通常需用蔗糖密度梯度离心等方法进行纯化，以便去除噬菌体基因组中的非必需片段。

② 基因组 DNA 克隆片段的制备

a. 基因组 DNA 的提取：构建基因组 DNA 文库的关键一步是制备高分子质量基因组 DNA。染色体 DNA 分子越长，酶切产生有效末端的克隆片段越多，连接反应的效率越高。因此，在提取染色体 DNA 时，必须尽可能地避免机械切割，以便获得相对分子质量大的基因组 DNA。同时要注意防止线粒体或叶绿体等细胞器 DNA 的污染。

b. DNA 克隆片段的制备：制备 DNA 克隆片段的关键是将基因组 DNA 降解成大小适中的随机片段。常用的方法有机械剪切法和限制性内切酶消化法。机械剪切法主要有移液器抽吸法和超声波裂解法，该方法随机性高，但产生的 DNA 片段以平头末端为主，连接效率不高。限制性内切酶消化法能产生与载体相匹配的黏粒末端的 DNA 片段，不仅可直接与处理过的载体连接，而且连接的效率较高。

③ 重组 DNA 分子的构建　重组 DNA 分子的构建主要是插入片段与经过特定限制性核酸内切酶处理的载体的连接，从而产生重组 DNA 分子的过程。重组噬菌体与黏粒的构建过程大致相同。

DNA 插入片段与 λ 噬菌体载体之间的连接效率主要受两种因素影响，一是插入片段与 λ 噬菌体 DNA 两臂的摩尔比，二是反应体系中 DNA 的总浓度。由于每个 λ 噬菌体臂只有一个能与插入片段互补的末端，而每个插入片段有 2 个可与载体臂互补的末端，所以连接反应体系中 DNA 片段与载体臂之间的摩尔比应为 2∶1。连接反应的体积应尽可能小，一般不超过 10μL。

④ 重组 DNA 分子导入受体细胞　重组噬菌体和黏粒 DNA 都能在体外包装成噬菌体颗粒，以细菌感染的方式将重组 DNA 分子导入到大肠杆菌中。因为噬菌体感染细菌的效率远较其 DNA 转化细菌的效率高。所以以噬菌体颗粒的形式将重组 DNA 分子导入大肠杆菌细胞中，可大大提高建立基因文库的效率。

噬菌体颗粒的体外包装过程非常简单，仅需将适当量的包装抽提物与欲包装的重组 DNA 混合，室温下孵育一定时间即可。包装反应完成后，应先取少量包装反应物，适当稀释后感染大肠杆菌和涂布培养平板。另外，还应从平板上随机挑取一定数量的克隆，小规模培养后制备 DNA，经限制性内切酶消化和凝胶电泳分析插入片段的大小。同样的抽提物也可以用于黏粒的包装。

(3) 基因组文库的大小及代表性　在建立基因组文库时，需要认真考虑所建基因组文库的代表性，即所建立基因组文库中含有该生物序列的数量，所含序列越多，该基因组文库的代表性就越好。正常情况下，质量优良的基因组文库的代表性与基因组文库的大小呈正相关。

2. cDNA 文库构建

(1) cDNA 文库概念　以 mRNA 为模板，经逆转录酶催化，在体外反转录成 cDNA，与适当的载体（常用噬菌体或质粒载体）连接后转化受体菌，则每个细菌含有一段 cDNA，并能繁殖扩增，这样包含着细胞全部 mRNA 信息的 cDNA 克隆集合称为该组织细胞的 cDNA 文库。

cDNA 文库不同于基因组文库，被克隆 DNA 是从 mRNA 反转录来的 DNA。cDNA 组成特点是其中不含有内含子和其他调控序列，能特异地反映某种组织或细胞在特定发育阶段表达的蛋白质的编码基因，因此 cDNA 文库具有组织或细胞特异性。

cDNA 文库显然比基因组 DNA 文库小得多，能够比较容易从中筛选克隆得到细胞特异表达的基因。但对真核细胞来说，从基因组 DNA 文库获得的基因与从 cDNA 文库获得的不同，基因组 DNA 文库所含的是带有内含子和外显子的基因组基因，而从 cDNA 文库中获得的是已经过剪接、去除了内含子的 cDNA。

（2）cDNA 文库构建的基本原理　经典 cDNA 文库构建的基本原理是用 oligo（dT）作反转录引物，或者用随机引物，给所合成的 cDNA 加上适当的连接接头，连接到适当的载体中获得 cDNA 文库。其基本步骤包括：①mRNA 的提纯，获取高质量的 mRNA 是构建高质量 cDNA 文库的关键步骤之一；②逆转录酶催化合成 cDNA 第一链；③cDNA 第二条链的合成；④双链 cDNA 的修饰，如甲基化、接头或衔接子的连接等；⑤Sepharose CL-4B 凝胶过滤法分离 cDNA；⑥cDNA 与 λ 噬菌体臂的连接及 cDNA 文库的扩增；⑦cDNA 文库鉴定评价。

三、用反转录 PCR 扩增目的 DNA

反转录 PCR 是先将提取的 mRNA 反转录成 cDNA，然后再以 cDNA 为模板，用 PCR 方法加以扩增目的 DNA 序列的技术。

① 合成 oligo（dT）15 引物。

反转录反应可以利用 oligo（dT）15 引物或随机引物引导。如果需要由 3′poly（A）区域引导，选用 oligo（dT）15 引物；如果需要引导全长 RNA，选用随机引物。当使用 cDNA 进行克隆及 PCR 反应时，通常选择 oligo（dT）15 引物。如果 cDNA 用于 RT-PCR，有时随机引物比较合适，特别是当 PCR 引物定位于 RNA 5′末端时更是如此。

② 提取总 RNA。

用总 RNA 提取试剂盒提取总 RNA，方法参照所购 RNA 提取试剂盒说明书。

③ 在无菌的 1.5 mL Eppendorf 管内配制 20μL 反转录反应体系。

25mmol/L $MgCl_2$	4μL
10×反转录缓冲液	2μL
10mmol/L dNTP 混合物	2μL
重组的 RNase 核糖核酸酶抑制剂	0.5μL
AMV 逆转录酶（高浓度）	15U
oligo（dT）15 引物或随机引物	0.5μg
总 RNA（10pg～1μg）或 poly（A）+ mRNA	1pg～0.1μg
加无核酸酶的水至终体积为	20μL

室温放置 10min，移入 42℃恒温水浴锅保温 60～90min 进行反转录，然后 95℃水浴 5min 灭活逆转录酶并阻止其与 DNA 结合，冰浴冷却 2min，这一步将使 AMV 逆转录酶失活并阻止其与 DNA 结合。第一链 cDNA 可用于第二链 cDNA 的合成或琼脂糖凝胶分析，也可以将第一链 cDNA 存放于－20℃备用。

④ 用 TE 缓冲液或无核酸酶的水将第一链 cDNA 合成反应的体积稀释到 100μL。

⑤ 将下列试剂混合在一起配制 100μL 扩增反应体系。

cDNA 第一链	10～20μL
10mmol/L dNTP 混合物	1.8μL
25mmol/L $MgCl_2$	7.5μL
10×缓冲液	9.8μL
上游引物	50pmol
下游引物	50pmol
Taq DNA 聚合酶	2.5U
加无核酸酶的水至终体积为	100μL

混匀，微离心。

⑥ 按下述程序在 PCR 仪上进行扩增。

a. 94℃预变性	5min
b. 94℃变性	1min
c. 54℃退火	1min
d. 72℃延伸	1min
e. 重复步骤 b.～d. 30 次	
f. 72℃延伸	10min

⑦ 琼脂糖凝胶电泳检测扩增结果。

实·践·练·习

1. *Taq* DNA 聚合酶的最适温度为（　）。
A. 37℃　B. 54℃　C. 75～80℃　D. 90℃
2. 设计 PCR 引物时，适宜的 G+C 含量是（　）。
A. 40%～60%　B. 20%～40%　C. 60%～80%　D. 都可以
3. 简述 PCR 技术的基本原理。
4. 设计 PCR 引物的原则有哪些？
5. 比较基因组文库和 cDNA 文库的异同。

（连瑞丽）

项目五

质粒 pET30a 的小量制备

学·习·目·标

【学习目的】

掌握质粒的基本知识、制备原理和方法，以及质粒的浓度和纯度检测方法。

【知识要求】

1. 掌握质粒的特性、分类；
2. 理解理想质粒载体的必备条件；
3. 掌握用碱裂解法制备质粒的原理。

【能力要求】

1. 能够用碱裂解法小量制备质粒；
2. 能够用紫外分光光度法测定质粒浓度和纯度；
3. 能够用聚乙二醇沉淀法纯化粗提质粒。

※ 项目说明

项目四通过 PCR 扩增获得的目的基因——大肠杆菌丝氨酸羟甲基转移酶基因（*glyA*），只是一段 DNA 片段，本身并不是一个完整的复制子，也不能高效率地直接进入受体细胞，必须借助载体才能导入受体细胞进行扩增和表达。这种载体包括质粒、噬菌体、黏粒和病毒载体等，其中质粒是使用最为普遍的载体。Novagen 公司出品的 pET 系列载体是目前应用最为广泛的原核表达系统，已成功地在大肠杆菌中表达了成千上万种的异源蛋白。本项目主要介绍质粒的基本知识，质粒 pET30a 的制备技术，为 *glyA* 基因的克隆和表达提供载体材料。

※ 必备知识

一、质粒的一般特性

在细菌细胞内，DNA 还以质粒（plasmid）DNA 的形式存在，这是一类独立于细菌染色体外的遗传因子，一般呈双链环状。双链环状的质粒 DNA 分子具有三种构型：超螺旋的共价闭合环状 DNA（covalently closed circular DNA，cccDNA）、开环 DNA（open circular DNA，ocDNA）和线性 DNA（linear DNA）。不同构型的同一种质粒 DNA 尽管相对分子质量相同，但在琼脂糖凝胶电泳中的迁移速率不同，走得最快的是超螺旋构型（SC 构型），其次是线性构型（L 构型），最慢的是开环构型（OC 构型）。

质粒大小从 1～200kb 不等，并具有自主复制的能力。对于宿主细胞来说，它有时并非必要，细菌失去了质粒也不影响其生存，但在某些条件下，质粒能赋予宿主细胞以特殊的能力，从而使宿主得到生长的优势，如耐药性质粒和降解质粒就能使宿主细胞在有相应药物或化学毒物的环境中生存。质粒也像染色体一样携带编码多种遗传性状的基因，并授予宿主细胞一定的遗传特性，许多与医学、农业、工业和环境密切相关的重要细菌的特殊特征便是由质粒编码的，如植物结瘤、固氮、对有机物的代谢等。

质粒拷贝数是确定某种质粒特性的一个重要参数，从中也可获得其复制本质的基本信息。一般而言，质粒的拷贝数与其相对分子质量成反比关系，相对分子质量大的拷贝数低，相对分子质量小的拷贝数高，一个细菌细胞可携带 1～200 个质粒，每个质粒可携带多个基因，如最小的 F 质粒有 600 个基因。

二、质粒的分类和命名

1. 质粒的分类

质粒可以依据其表型效应、大小、复制特性、转移性或亲和性差异划分为不同的类型。最初发现的质粒均由研究者根据表型、大小等特征自行命名。

（1）按质粒的功能

① 致育质粒（fertility factor，F 因子） 也称 F 质粒，仅携带转移基因，并且除了能够促进质粒间有性接合的转移外，不再具备其他的特征。如大肠杆菌的 F 质粒（图 5-1），这是第一个被发现的细菌质粒，它的发现对细菌遗传学的发展产生了深远的影响。

② 耐药性质粒（resistance factor，R 因子） 也称 R 质粒（图 5-1），携带有能够赋予宿主细胞对某一种或多种抗菌药的耐药性基因。如抗氨苄西林、抗水银等。

③ Col 质粒（colicin，大肠杆菌毒素质粒） 编码大肠杆菌素，一种能够杀死其他细菌的蛋白。如大肠杆菌的 ColE1、ColE2 质粒。

④ 降解质粒 这一类质粒编码的降解酶能降解一些特殊的有机物，从而使宿主菌能利用许多不容易为一般细菌分解的物质作为碳源和氮源。如假单胞菌中的 TOL 质粒。

⑤ 毒性质粒 赋予宿主菌致病性。如根瘤农杆菌中的 Ti 质粒，能够在双子叶植物中诱导冠瘿瘤。

⑥ 共生固氮质粒 存在于不同根瘤菌中，并能与相应的豆科植物进行共生固氮的一类质粒。

（2）按质粒在细菌细胞中的拷贝数

① 严紧型（stringent control）质粒 严紧型质粒的复制与宿主染色体的复制同步，因而拷贝少，一般每个细胞仅 1～5 个，如 F 因子。

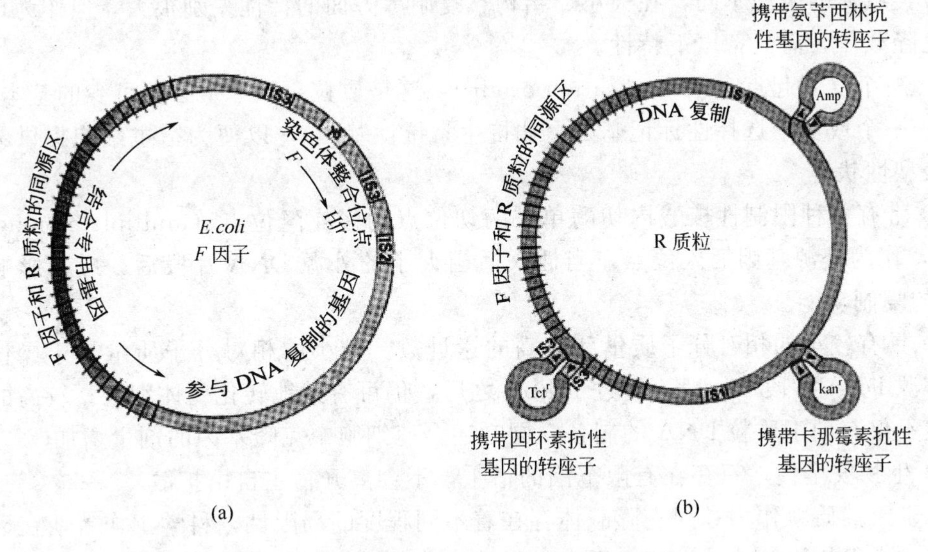

图 5-1　F 因子和 R 质粒的遗传物理图谱

（a）大肠杆菌的 F 因子；（b）大肠杆菌的 R 质粒

② 松弛型（relaxed control）质粒　松弛型质粒独立于宿主染色体进行复制，每个细胞一般有 10～200 个拷贝。相对分子质量小的 ColE1 质粒就属于松弛型质粒，是基因工程研究中常用的一类载体。含有松弛型质粒的菌株在含有氯霉素的培养液中细胞分裂受到抑制，染色体 DNA 也停止了复制，但所含的 ColE1 质粒可持续复制 10～15h，直到每个细胞中含有 1000～3000 个质粒。

2. 质粒的命名

随着研究工作的深入和发展，愈来愈多的含有质粒的微生物新类群和新质粒被发现，由于缺乏统一的命名规则而导致文献中质粒名称混乱。直到 1976 年 Novick 等才提出一个可以为质粒研究者普遍接受和遵循的命名原则。具体规则如下。

① 质粒的名称一般由三个英文字母及编号组成，第一个字母一律用小写字母 p（质粒 plasmid 的第一个字母）表示，后两个字母应大写，采用发现者人名、实验室名称、表型性状或其他特征的英文缩写。

② 编号为阿拉伯数字，用于区分属于同一类型的不同质粒，如 pUC18 和 pUC19 等。

三、理想质粒载体的必备条件

基因克隆的重要环节，是把一个外源基因导入生物细胞，并使它得到扩增。而大多数外源 DNA 片段很难进入受体细胞，不具备自我复制的能力。所以，为了能够在宿主细胞中进行扩增，必须将 DNA 片段连接到一种特定的、具有自我复制能力的 DNA 分子上。这种 DNA 分子就是基因克隆载体。

基因克隆载体是指能够将外源 DNA 片段带入受体细胞并进行稳定遗传的 DNA 分子。用于基因克隆的载体主要有质粒、λ 噬菌体的衍生物、柯斯质粒（cosmid）、单链 DNA 噬菌体 M13 和动物病毒。

各类载体的来源不同，在大小、结构、复制等方面的特性差别很大，但作为理想的基因克隆载体，需具备以下特性。

① 一个复制起点 ori（replication origin），这是质粒自我增殖必不可少的基本条件。

② 一个或多个选择性标记基因（如抗生素抗性基因），以便为宿主细胞提供易于检测的表型性状。

③ 带有多种限制性核酸内切酶单一酶切位点的多克隆位点（multiple cloning site，MCS)，作为外源基因插入位点，当插入适当大小的外源 DNA 片段后，应不影响质粒 DNA 的复制功能。

④ 具有较小的相对分子质量和较高的拷贝数。较小的相对分子质量易于操作，克隆了外源 DNA 片段（一般不超过 15kb）之后，仍可有效地转化受体细胞；较高的拷贝数，这不仅有利于质粒 DNA 的制备，同时还会使细胞中克隆基因的剂量增加。

⑤ 生物安全性，只存在有限范围的宿主，不会离开宿主自由扩散。

由于天然质粒作为基因克隆载体存在着不同程度的局限性，科学工作者便在天然质粒基础上进行修饰改造，发展出了一批低相对分子质量、高拷贝数、多选择标记的质粒载体。如克隆载体 pBR、22、pUC18/19 和 pGEM-3Z，表达载体 pET 系列等。

四、常用的质粒载体

1. pBR322

pBR322 是人工构建的较为理想的大肠杆菌质粒载体，有万能质粒之称，它是由 pSF2124、pMB8 及 pSC101 三个亲本质粒经复杂的重组过程构建而成的（图 5-2)。pBR322 中，p 代表质粒，BR 代表两位构建者 Bolivar 和 Rogigerus 姓氏的字首，322 是实验编号。其优点如下。

① 具复制起点 ori，保证该质粒在 *E. coli* 中的复制。

② 具有两种抗生素抗性基因，氨苄西林抗性（Amp^r）基因和四环素抗性（Tet^r）基因，可提供转化子的选择性标记。

③ 相对分子质量较小，4361bp。

④ 具有较高的拷贝数，经氯霉素扩增之后，每个细胞可达 1000～3000 拷贝。

⑤ 共有 24 个克隆位点。

2. pUC

pUC 是以 pBR322 质粒载体为基础，在其 5′端加入带有多克隆位点的 *lacZ′* 基因，发展成为具有双功能检测特性的新型质粒载体系列。

一种典型的 pUC 质粒载体包括以下四个组成部分：①来自 pBR322 质粒的复制起点（ori)；②氨苄西林抗性基因，但它的 DNA 序列已经发生了变化，不再含有原来限制性核酸内切酶的单识别位点；③大肠杆菌 β-半乳糖苷酶基因（*lacZ*）的启动子及其编码 α-肽链的 DNA 序列，此结构特称为 *lacZ′* 基因；④位于 *lacZ′* 基因 5′端的一段多克隆位点区段，但它并不破坏该基因的功能（图 5-3)。

pUC 系列载体中的 pUC18 和 pUC19，除了多克隆位点部分反向互补外，其他部分完全一样。该系列载体适合于克隆外源基因、利用 lac 启动子进行基因表达以及使用 M13 引物进行 DNA 测序等。

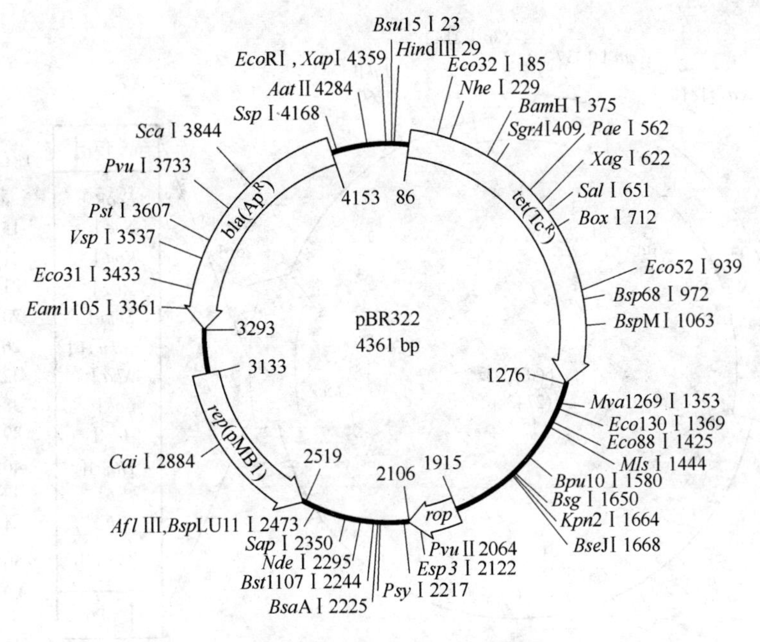

图 5-2　pBR322 质粒载体图谱

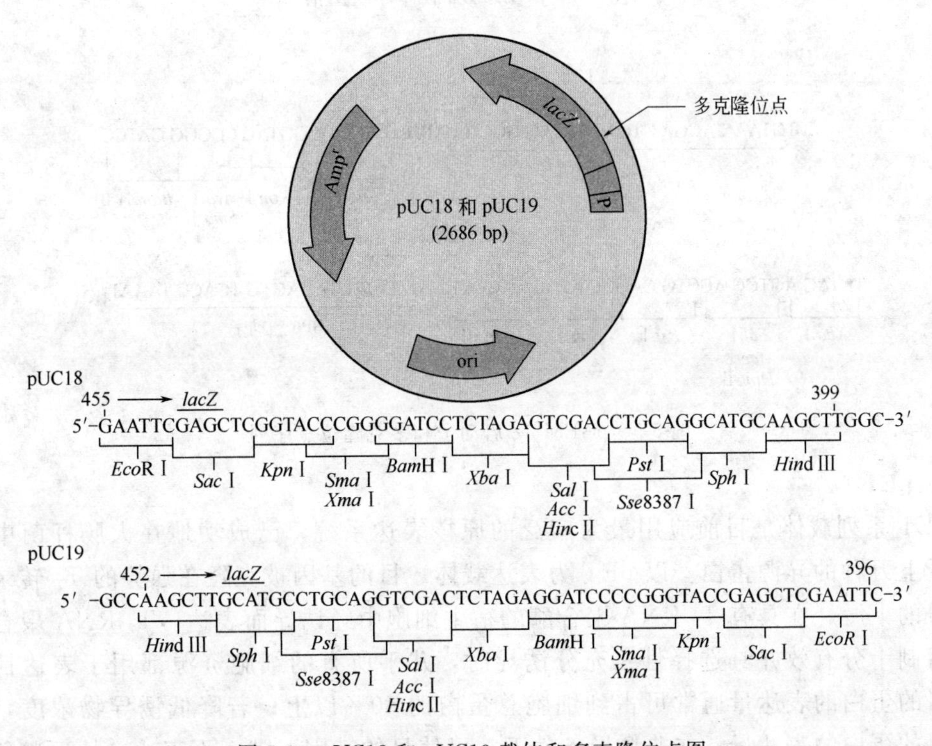

图 5-3　pUC18 和 pUC19 载体和多克隆位点图

3. pGEM-3Z

pGEM-3Z 可作为一般克隆载体和高效率 RNA 体外合成的模板。这个载体在多克隆位点两侧分别含有 SP6 和 T7 RNA 聚合酶启动子。此载体还含有 *lacZ* α-肽编码基因及多克隆位点，可在含 IPTG 和 X-gal 的平板上对重组子进行蓝白颜色筛选（图 5-4 和图 5-5）。

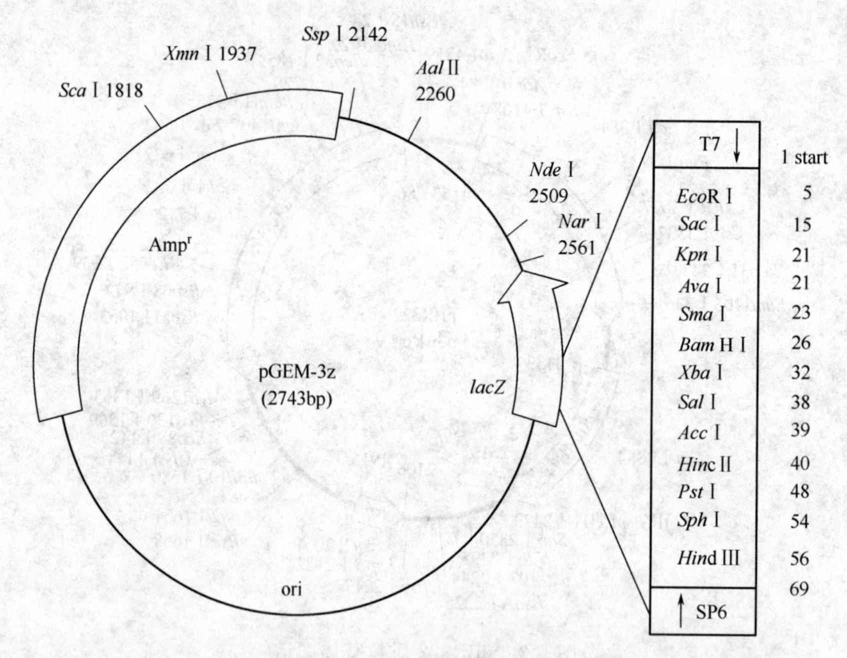

图 5-4 pGEM-3Z 载体环状图谱

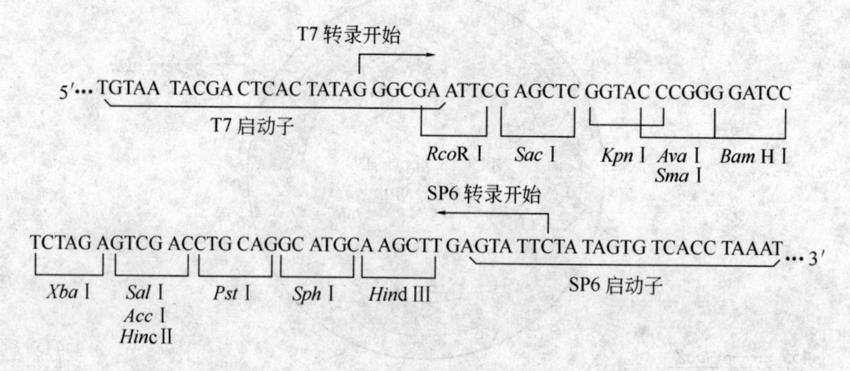

图 5-5 pGEM-3Z 启动子和多克隆位点序列

4. pET

pET 系列载体是目前应用最为广泛的原核表达系统，已成功地在大肠杆菌中表达了成千上万种的异源蛋白。以 pET 为表达载体，目的基因被克隆在强势的 T_7 转录和翻译信号的下游，在具有 T_7 RNA 聚合酶的宿主细胞中经诱导而表达。T_7 RNA 聚合酶的作用机制十分有效并具选择性：充分诱导时，几乎所有的细胞资源都用于表达目的蛋白，目的蛋白的表达量通常可占到细胞总蛋白的 50％以上；若降低诱导物浓度，又可削弱目的蛋白的表达量；在非诱导条件下，可使目的基因沉默、不表达，从而避免因目的蛋白对宿主细胞的可能毒性而造成质粒的不稳定。

pET30a 含卡那霉素抗性（Kan^r）基因及 lac 阻遏物基因 $lacI^q$，可在其 *Nco* Ⅰ 位点插入目的片段实现非融合表达，也可在其他的克隆位点插入外源 DNA 片段实现融合表达，表达的融合蛋白 N 端带有 6 个组氨酸标签，便于重组蛋白的纯化。pET30a 载体图谱见图 5-6。

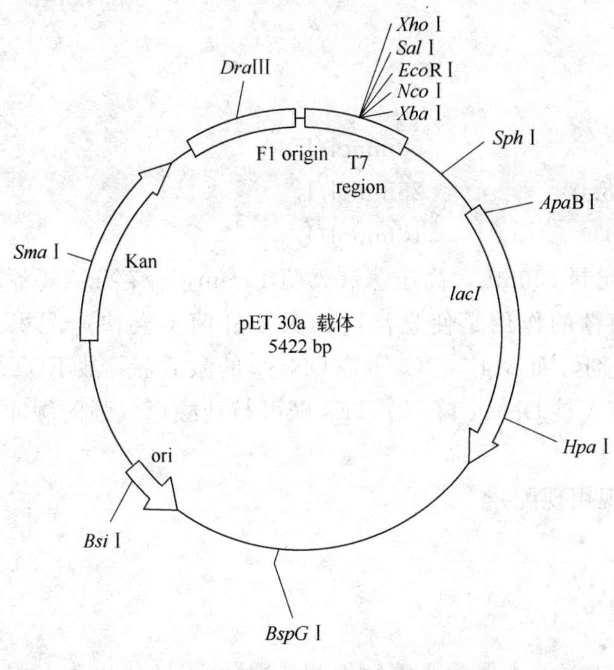

图 5-6　pET30a 载体图谱

※ 项目实施

任务 5-1　操作准备

任务描述：

小量制备质粒 pET30a 的准备工作，主要包括含质粒 pET30a 的大肠杆菌 DH5α 的活化和培养，以及溶液Ⅰ、溶液Ⅱ和溶液Ⅲ等相关试剂的配制。本任务需配制的试剂种类较多、要求较高，应以工作小组为单位，分工协作，保证试剂配制的质量。

1. 菌种培养

（1）菌种　含质粒 pET30a 的大肠杆菌 DH5α。

（2）培养基配制　LB 液体培养基和固体培养基的配制方法，见任务 3-1 操作准备。

LB 液体培养基在使用前，须加入终浓度为 50μg/mL 的卡那霉素；LB 固体培养基须在灭菌后，待温度降至大约 50℃左右时，加入卡那霉素使其终浓度为 50μg/mL，摇匀，然后迅速倒入平皿内，室温静置、凝固。

（3）菌种活化和培养

① 将含有 pET30a 质粒的大肠杆菌在 LB 培养基平板（含终浓度为 50μg/mL 的卡那霉素）上划线培养 12～16h。

② 挑取单个菌落，接种至 3mL 的 LB 液体培养基（含终浓度为 50μg/mL 的卡那霉素）中，37℃、200r/min 振荡培养过夜。

2. 试剂及配制

(1) 溶液Ⅰ

① 配制

葡萄糖	50mmol/L
Tris-HCl (pH8.0)	25mmol/L
EDTA (pH8.0)	10mmol/L

溶液Ⅰ一次可配制100mL，高压蒸汽灭菌15min，保存于4℃备用。

② 作用　葡萄糖的作用是使悬浮后的大肠杆菌不会快速沉积到管底。EDTA是Mg^{2+}、Ca^{2+}的螯合剂，而Mg^{2+}、Ca^{2+}是DNase的激活剂，故EDTA可抑制DNase的活性，防止质粒DNA被DNase降解。Tris碱可与盐酸形成强的缓冲对，pH8.0可减少DNA的脱氨作用。

(2) 溶液Ⅱ（现用现配）

① 配制

0.2mol/L NaOH

1% SDS

② 作用　NaOH溶液主要为了溶解细胞，释放DNA，因为在强碱性的情况下，细胞膜发生了从双层膜结构向微囊结构的变化。SDS和NaOH联用，其目的是为了增强NaOH的强碱性，同时SDS能很好地结合蛋白，产生沉淀。

温馨提示:

SDS溶液必须新鲜配制；NaOH溶液一定要现用现配，防止久置的NaOH溶液因吸收空气中的CO_2而使其失去或减弱破碎细胞的功能。

(3) 溶液Ⅲ

① 配制

5mol/L KAc	60mL
冰醋酸	11.5mL
蒸馏水	28.5mL

② 作用　K^+的作用是置换SDS（十二烷基硫酸钠）中的钠离子，形成不溶性的PDS（十二烷基硫酸钾）。一分子的SDS可结合两个氨基酸，这样细胞内的蛋白质通过与SDS结合，SDS又通过与K^+发生置换反应，使细胞内的蛋白质以沉淀的形式被离心除去。

冰醋酸用来中和NaOH溶液，防止长时间碱性环境使DNA断裂，断裂后长度变短的基因组DNA不会与PDS-蛋白复合物发生共沉淀，最终造成提取的质粒纯度降低。

(4) 10mg/mL RNase A

① 配制　见任务3-1操作准备。

② 作用　RNase包括RNase A和RNase H，其中RNase H是一种核糖核酸内切酶，它能够特异性地水解杂交到DNA链上的RNA磷酸二酯键，故能分解RNA/DNA杂交体系中的RNA链。该酶不能消化单链或双链DNA。

RNase A是一种被详细研究和具有广泛应用的核酸内切酶。RNase A对RNA有水解作用，但对 DNA 则不起作用。RNase A 在 C 端和 U 端残基处专一地催化 RNA 的核糖部分 3′-磷酸二酯键与 5′-磷酸二酯键的裂开，形成 2′,3′-环磷酸衍生物寡聚核苷酸。可用来去除 DNA 制品中的污染 RNA。

（5）10%SDS

① 配制　见任务 3-1 操作准备。

② 作用　SDS 溶解细胞膜蛋白和细胞内蛋白，并结合成“蛋白-SDS”复合物，使蛋白质（包括 DNase）变性沉淀。

温馨提示：

混匀 SDS 溶液时容易产生泡沫，影响准确定容，故在定容前可适当静置片刻，待泡沫减少时再进行定容。

（6）氯仿/异戊醇

① 配制　按体积比 24∶1 混合，摇匀即可。

② 作用　氯仿可使蛋白质变性并有助于液相与有机相的分离；异戊醇则有助于消除抽提过程中出现的泡沫。

（7）70%乙醇

① 配制　吸取 70mL 无水乙醇，再加入 30mL 纯水，混匀备用。

② 作用　洗去残留于 DNA 沉淀中的无机离子和有机溶剂。

（8）100mg/mL 卡那霉素（Kan）

称取 100mg Kan 溶于 1mL 双蒸水中，分装成小份，－20℃冰箱保存备用。

（9）1×TE 缓冲液

见任务 3-1 操作准备。

（10）40% PEG-$MgCl_2$ 的配制（聚乙二醇-氯化镁溶液）

准确称取 40g PEG8000 定容到 100mL 30mmol/L $MgCl_2$ 溶液中，然后用 0.45μm 滤器过滤除菌。

3. 仪器设备与耗材

超净工作台，高压蒸汽灭菌锅，恒温培养箱，恒温摇床，恒温水浴锅，台式高速离心机，电子天平，冰箱，制冰机，紫外分光光度计，磁力搅拌器，旋涡振荡器，pH 计，精密 pH 试纸，比色皿，0.22μm 滤膜，微量移液器，1.5mL 离心管，1.5mL 离心管架，tip 头，100mL 容量瓶，100mL 试剂瓶，100mL 烧杯，50mL 烧杯，吸水纸，标签纸，记号笔等。

任务 5-2　用碱裂解法小量制备质粒 pET30a

任务描述：

质粒提取是基因操作中最常用、最基本的技术。质粒的提取方法主要有碱裂解法、煮沸法和 SDS 裂解法等，其中碱裂解法是一种常用的提取方法，具有得率高、适用面广、快速、纯度高等特点。本任务采用碱裂解法小量制备质粒 pET30a，作为丝氨酸羟甲基转移酶基因的克隆和表达载体。

1. 实训原理

质粒DNA的提取是依据质粒DNA分子较染色体DNA小，且具有超螺旋共价闭合环状的特点，从而将质粒DNA与大肠杆菌染色体DNA分离开来。在强碱性条件下，染色体DNA的氢键断裂，双螺旋结构解开而发生变性。同时，质粒DNA的氢键也大部分断裂，双螺旋也有部分解开，但处于共价闭合环状结构的两条互补链不会完全分离。当溶液pH调到中性时，变性的质粒又恢复到原来的构型，仍为可溶性状态，而染色体DNA则不能复性，并相互缠绕形成不溶性的致密网状结构。在去污剂SDS作用下，染色体DNA与变性蛋白质、细胞碎片结合形成沉淀，通过离心去除沉淀后，再用酚/氯仿抽提进一步纯化质粒DNA，最后用乙醇或异丙醇沉淀可将之纯化出来。

2. 材料准备

在任务5-1操作准备基础上，准备材料清单，详见表5-1。

表5-1 碱裂解法小量制备质粒pET30a材料准备单

菌种与试剂	菌种	含质粒pET30a的大肠杆菌DH5α培养物
	试剂	溶液Ⅰ,溶液Ⅱ,溶液Ⅲ,酚,氯仿,异戊醇,无水乙醇,70%乙醇,TE缓冲液,10mg/mL RNase A溶液,双蒸水
仪器及耗材	超净工作台,台式高速离心机,恒温水浴锅,循环水真空泵,冰箱,制冰机,旋涡振荡器,微量移液器,1.5mL离心管,1.5mL离心管架,tip头,吸水纸,记号笔等	

3. 任务实施

① 菌体收集：取任务5-1操作准备所得含质粒pET30a的大肠杆菌DH5α培养液1.5mL于1.5mL离心管中，12000r/min离心1min，弃上清液，收集菌体（注意吸干多余的水分）。

温馨提示：

①提取质粒时，菌体不能太多，否则菌量大，其中的酶也相应增加，会给质粒的提取、纯化增加困难；②注意吸干多余的培养液水分，否则提取的质粒不能被限制酶切割或切割不完全，因为培养液中的细胞壁成分能抑制多种限制酶的活性。

② 向收集的细菌沉淀中加入100μL用冰预冷的溶液Ⅰ，剧烈振荡，悬浮沉淀。

③ 加入200μL新配制的溶液Ⅱ，快速颠倒离心管5次，置冰浴5～10min。

温馨提示：

①保持低温，温和操作，防止机械剪切；②确保离心管的整个内壁均与溶液Ⅱ接触。

④ 加入150μL用冰预冷的溶液Ⅲ，温和振荡15s，置冰浴15min以上。

⑤ 12000r/min离心5min，移上清液入新离心管。

温馨提示：

在离心机中放置离心管时，最好养成总是用同一种方式放置的习惯。如：按一定顺序将离心管的塑料柄朝外，这样沉淀总是聚集在离转头中心最远的离心管内壁。知道DNA沉淀在何处，可以较容易地找到可见的沉淀，也能有效地溶解看不见的沉淀。

⑥ 加入 450μL 饱和酚，剧烈摇荡后再加入 450μL 氯仿-异戊醇（24∶1），剧烈摇荡。

⑦ 12000r/min 离心 5min，吸取上层水相，弃沉淀。

⑧ 于上清液中加入 2 倍体积的无水乙醇，振荡混匀，－20℃放置 30min，12000r/m 离心 10min，弃上清液。

⑨ 用 1mL 70％乙醇洗涤沉淀 1～2 次，12000r/min 离心 10min，弃上清液，沉淀在室温下倒置干燥或真空干燥 10～15min。

温馨提示：

①70％乙醇漂洗核酸沉淀时要特别小心，因为有时沉淀并不紧贴管壁；②如果用真空干燥 DNA 沉淀，须控制好干燥时间。将沉淀在室温下干燥 10～15min 对于乙醇挥发足够了，而且不会引起 DNA 脱水。

⑩ 加入 50μL 含 20μg/mL RNase A 的 TE 缓冲液，使 DNA 溶解，置 37℃水浴20～30min，除去 RNA。

⑪ 置－20℃保存备用。

4. 思考与分析

① 用酚与氯仿抽提 DNA 时，加少量异戊醇的目的是什么？

② 小量制备物出现无质粒 DNA 的现象，其可能原因有哪些？

任务 5-3　用紫外分光光度法测定 pET30a 的浓度和纯度

任务描述：

pET30a 抽提之后必须对其浓度和纯度进行检测，质粒浓度的高低将决定后续酶切 pET30a 的添加量，而纯度是影响该质粒载体能否被酶切以及酶切效果的重要因素。故在该实训任务中需完成以下工作：准确测定所抽提质粒在 260nm、280nm、230nm 下的吸光度；计算 A_{260}/A_{280} 的值；根据测定结果，设计下一步关于 pET30a 的实验方案。

1. 实训原理

组成核酸分子的碱基，由于其具有共轭双键的特性，均具有一定的吸收紫外线的特性，最大吸收值在波长 250～270nm 之间（见图 5-7）。

这些碱基与戊糖、磷酸形成核苷酸后，其最大吸收峰不会改变。核酸的最大吸收波长是 260nm，吸收低谷在 230nm，这些物理特性为测定核酸溶液的浓度和纯度提供了理论基础。

分光光度法常用于测定比较纯的样品。在 260nm 紫外线下，A_{260} 值为 1 相当于 50μg/mL 双链 DNA、40μg/mL 单链 DNA 或 RNA 以及 20μg/mL 单链寡核苷酸，可以据此来计算核酸样品的浓度。

分光光度法不但能确定核酸的浓度，还可通过测定在 260nm 和 280nm 波长下紫外吸收值的比值（A_{260}/A_{280}）来估算核酸的纯度。DNA 和 RNA 纯品的 A_{260}/A_{280} 分别为 1.8 和

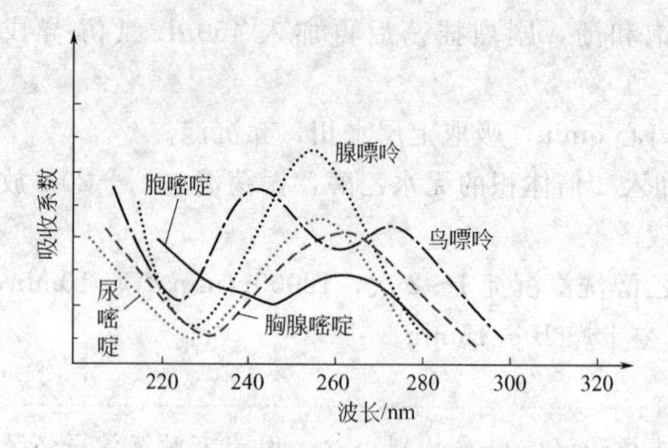

图 5-7 各种碱基的紫外吸收光谱

2.0。若 DNA 样品的 A_{260}/A_{280} 值高于 1.9，说明样品中 RNA 尚未除尽。若样品中有蛋白质或苯酚污染，则 A_{260}/A_{280} 值将明显降低，此时无法对样品中的核酸进行精确定量，可将样品纯化后再做定量测定，或换用另外一种方法——荧光光度法进行估算。

2. 材料准备

在任务 5-1 和任务 5-2 基础上，准备材料清单，详见表 5-2。

表 5-2 用紫外分光光度法测定 pET30a 浓度和纯度材料准备单

质粒与试剂	质粒	任务 5-2 提取得到的 pET30a
	试剂	TE 缓冲液，双蒸水
仪器及耗材	冰箱，紫外分光光度计，比色皿，计算器，微量移液器，1.5mL 离心管架，tip 头，吸水纸，记号笔等	

3. 任务实施

(1) 仪器调试

① 开启电源　开启紫外分光光度计电源（图 5-8），钨灯自动点燃，经 20s 左右，氘灯点燃，可听到声音。再开启计算机和显示器电源。

② 预热　紫外分光光度计预热 20min，以保证测量数值的准确性。

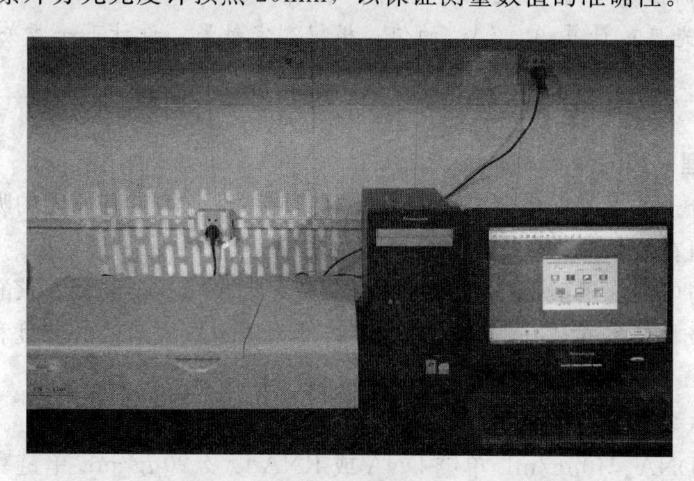

图 5-8 UV-1201 紫外分光光度计

③ 仪器自检　双击桌面上的快捷方式或从开始→程序中启动应用软件，进入仪器自检画面。

④ 选择合适的光谱谱带　在仪器自检界面选择合适的光谱谱带，并转动样池内壁的旋钮与之对应。

（2）参数设置、校准

① 设置换灯点　在设置→仪器菜单栏中设置换灯点，设置好后一般不要更换。

② 启动光度测量功能　单击工具栏上的“光度”按钮，再点参数进行参数设置（波长个数 4 个，分别为 230nm、260nm、280nm 和 320nm）。

温馨提示：

测量是依次进行的，输入时若按波长从大到小排列可加快测量速度。

③ 比色皿配对测量　如果选择了“比色皿校正”功能，在测量前必须进行比色皿配对测量。在参比池和样品池中都加入参比溶液，盖好样品室，按下校正功能，仪器自动进行校准。如果没有选择“比色皿校正”功能，则直接放入参比和样品，单击“测量”按钮进行测量。

（3）样品检测

① 用双蒸水洗涤比色皿，TE 缓冲液冲洗，吸水纸吸干，在待测比色皿和参比比色皿中分别加入 2980μL、3mL TE 缓冲液后，进行比色皿配对测量。

② 取出待测比色皿，加入 20μL DNA 样品，混匀，放入样品池，关上盖板。

③ 进行测量，保存检测结果。

4. 结果与分析

（1）结果计算　以下述测量结果为例：

波长/nm	230	260	280	320
吸光度	0.059	0.121	0.062	0.004

双链 DNA 的浓度（μg/mL）= 50×0.121×(3000/20) = 907.5（μg/mL），即 0.9075mg/mL

样品 DNA 的纯度 = A_{260}/A_{280} = 0.121/0.062 = 1.95

样品 DNA 的纯度 = A_{260}/A_{230} = 0.121/0.059 = 2.05

（2）结果分析

① A_{280nm} 是蛋白质和酚类物质最高吸收峰的吸收波长，A_{260}/A_{280} 值可进行核酸样品纯度的评估。在本次检测中，二者的比值为 1.95，在 1.8～2.0 之间，表明所提取到的 DNA 纯度较高，蛋白质等杂质含量很低，不需要去除蛋白质，但 RNA 尚未除尽。

② A_{230nm} 是碳水化合物最高吸收峰的吸收波长，A_{260}/A_{230} 值可评估核酸是否被碳水化合物（糖类）、盐类或有机溶剂污染。本次检测 A_{260}/A_{230} 值为 2.05，这个值虽然超过了 2.00，但距理想比值 2.50 较远，表明有碳水化合物或盐类等杂质污染。如果样品要用于要求更严格的实验，建议纯化。

③ A_{320nm} 或 A_{340nm} 为检测溶液样品的浊度，该值应该接近 0，本次检测 A_{320} 的值为 0.004，非常接近于 0，表明溶液中没有悬浮物，不需要纯化样品。

任务 5-4 质粒 pET30a 的纯化

任务描述：

若任务 5-3 对 pET30a 纯度测定的结果不理想，就需根据杂质的种类及特性设计 pET30a 纯化方案，要求纯化后的质粒载体能满足后续实验要求，但纯化过程中可能会损失部分质粒，所以需根据具体情况确定是否需要进一步纯化质粒 pET30a。本任务要求用聚乙二醇沉淀法完成质粒 pET30a 的纯化。

1. 实训原理

常见的质粒纯化方法有氯化铯-溴化乙锭梯度平衡离心法、柱色谱法和聚乙二醇沉淀法等。聚乙二醇沉淀法被广泛用于碱裂解法制备的质粒 DNA 的纯化。该方法首先将粗提质粒 DNA 用氯化锂处理沉淀大分子 RNA，用 RNA 酶消化污染的小分子 RNA，然后用含 PEG 的高盐溶液沉淀大的质粒 DNA，使短的 RNA 和 DNA 片段留在上清液中，沉淀下来的质粒 DNA 用酚/氯仿抽提及乙醇沉淀。聚乙二醇沉淀法（PEG/$MgCl_2$）与柱色谱和氯化铯-溴化乙锭梯度平衡离心法纯化质粒 DNA 的主要区别在于：它不能有效分离带缺口的环状质粒和闭合的环状质粒，而后两种方法对于纯化易产生缺口的大质粒和用于生物物理测量的闭合环状质粒是首选。不过，由 PEG/$MgCl_2$ 沉淀法纯化的质粒不仅可用于所有分子克隆中的酶学反应（包括 DNA 测序），还可用于高效转染哺乳动物细胞。

2. 材料准备

在任务 5-1 和任务 5-2 基础上，准备材料清单，详见表 5-3。

表 5-3 质粒 pET30a 纯化材料准备单

质粒与试剂	质粒	任务 5-2 提取得到的 pET30a
	试剂	5mol/L LiCl 溶液，异丙醇，40% PEG-$MgCl_2$ 溶液，酚，氯仿，无水乙醇，70%乙醇，10mg/mL RNase A 溶液，TE 缓冲液(pH8.0)
仪器及耗材	高速冷冻离心机，恒温水浴锅，循环水真空泵，冰箱，制冰机，旋涡振荡器，Corex 管，微量移液器，1.5mL 离心管及其管架，tip 头，吸水纸，记号笔等	

3. 任务实施

① 将 3mL 待纯化的粗提质粒转移到 15mL Corex 管中，在冰浴中冷却至 0℃。

② 加入 3mL 用冰预冷的 5mol/L LiCl 溶液，充分混匀，用合适转头（Sorvall SS 34 转头）于 4℃以 10000r/min 离心 10min。

③ 将上清液转移到另一 30mL Corex 管中，加等体积异丙醇，充分混匀，于室温以 10000r/min 离心 10min，回收沉淀的核酸。

④ 小心去掉上清液，敞开管口，将管倒置以使最后残留的液滴流尽。于室温用 70%乙醇洗涤沉淀及管壁，流尽乙醇，用与真空装置相连的巴斯德吸管吸去附于管壁的所有液滴，敞开管口并将管倒置，在纸巾上放置几分钟，以使最后残余的痕量乙醇蒸发殆尽，但应使沉淀保持湿润。

⑤ 用 500μL 含无 DNA 酶的胰 RNA 酶（20μg/mL）的 TE（pH8.0）溶解沉淀，将溶液转到一微量离心管中，于室温放置 30min。

⑥ 用等体积的酚/氯仿抽提 1 次，再用氯仿抽提 1 次。

⑦ 用标准的乙醇沉淀法回收 DNA。

⑧ 将质粒 DNA 沉淀用 1mL 灭菌水溶解，再加入 0.5mL PEG-$MgCl_2$ 溶液。

⑨ 室温放置 10min，然后于室温 12000r/min 离心 20min，以回收沉淀的质粒 DNA。

⑩ 沉淀用 0.5mL70%乙醇重悬以除去微量 PEG，12000r/min 离心 5min，以回收质粒 DNA。

⑪ 吸去乙醇，重复步骤⑩，第二次洗涤后，室温放置 10～20min，使乙醇挥发。

⑫ 湿润的质粒沉淀用 500μL TE（pH8.0）溶解，并按 1∶100 稀释后测定 A_{260}，计算质粒 DNA 的浓度。

⑬ 将 DNA 储于－20℃。

4. 结果分析

① 比较和分析质粒 pET30a 纯化前后 A_{260}/A_{280} 值的差异。

② 为什么聚乙二醇（PEG）能分离不同大小的 DNA 片段？

知·识·要·点

质粒是细胞中独立于染色体之外的一种能够自主复制的双链闭合环状 DNA 分子。双链环状的质粒 DNA 分子具有三种构型：超螺旋的共价闭合环状 DNA（cccDNA）、开环 DNA（ocDNA）和线性 DNA。

根据质粒在细菌细胞中的拷贝数，可分为严紧型质粒和松弛型质粒。前者与宿主染色体的复制同步，拷贝少，每个细胞仅 1～5 个，如 F 因子；后者独立于宿主染色体进行复制，每个细胞一般有 10～200 个拷贝，如 ColE1 质粒。

理想的基因克隆载体需具备以下特性：①一个复制起点 ori；②一个或多个选择性标记基因；③有多种限制酶单一酶切位点的多克隆位点；④具有较小的相对分子质量和较高的拷贝数；⑤只存在有限范围的宿主，不会离开宿主自由扩散。

质粒 DNA 的提取是依据质粒 DNA 分子较染色体 DNA 小，且具有超螺旋共价闭合环状的特点，从而将质粒 DNA 与大肠杆菌染色体 DNA 分离开来。

技·能·要·点

1. 质粒的提取方法主要有碱裂解法、煮沸法和 SDS 裂解法等，其中碱裂解法是一种常用的提取方法，具有得率高、适用面广、快速、纯度高等特点。

2. 提取质粒时，需要注意：①菌体不能太多；②吸干多余的培养液水分；③确保离心管的整个内壁与溶液Ⅱ接触；④保持低温，温和操作，防止机械剪切；⑤控制好干燥时间。

3. 在 260nm 紫外线下，A_{260} 值为 1 相当于 50μg/mL 双链 DNA、40μg/mL 单链 DNA 或 RNA 以及 20μg/mL 单链寡核苷酸，可据此计算核酸样品的浓度，并可根据 A_{260}/A_{280} 值评价核酸的纯度。DNA 和 RNA 纯品的 A_{260}/A_{280} 值分别为 1.8 和 2.0。

4. 常见的质粒纯化方法有氯化铯－溴化乙锭梯度平衡离心法、柱色谱法和聚乙二醇沉淀法。

※ 能力拓展

一、表达载体

表达载体是在克隆载体基本骨架的基础上增加表达元件（如启动子、核糖体结合位点、终止子等），使目的基因能够表达的载体。

1. 原核表达载体

原核表达载体可分为四种类型：非融合型表达载体、分泌型表达载体、融合蛋白表达载体和包涵体表达载体。

非融合型蛋白是指不与细菌的任何蛋白或多肽融合在一起的表达蛋白，常选用非融合型表达载体（如pKK223-3）。非融合型蛋白的优点是其具有真核生物体内蛋白质的结构，功能接近于生物体内天然蛋白质，而缺点主要是在菌体内表达后易被细菌蛋白酶破坏。

融合蛋白是指蛋白质的N端由原核DNA序列（如β-半乳糖苷酶基因部分序列）或其他序列（拼接的DNA序列）编码，C端由目的基因的完整序列编码。这样产生的融合蛋白N端多肽能抵御和避免细菌内源性蛋白酶降解，使C端真核蛋白不被分解仍保留完整的蛋白活性。但此多肽给纯化真核蛋白带来了不便。

(1) 非融合型表达载体pKK223-3　在大肠杆菌细胞中，它能高水平地表达外源基因。该载体由pBR322构建，包括一个P_{tac}杂合强启动子、操纵子和SD序列。此外，还包括pUC18的多接头位点（polylinker），它可使目的基因易于定位在启动子和SD序列后。在多克隆位点下游的一段DNA序列中，还包含一个很强的rrnB rRNA转录终止子，目的是为了稳定载体系统（图5-9）。使用此质粒载体时，应相应使用lacI宿主，例如JM105。在大肠杆菌JM105中，此载体的启动基因被阻遏，但在适当时候加入IPTG可解除阻遏。

(2) 分泌型表达载体pINⅢ系统　该载体系统是以pBR322为基础构建的，带有大肠杆菌中很强的启动子——脂蛋白基因（*lpp*）启动子（图5-10）。在启动子下游装有LacUV-5的启动子及其操纵基因，质粒上还包括lac阻遏子的基因（*lacI*，用于调节目的基因的表达）和大肠杆菌的分泌蛋白基因——外膜蛋白基因（*ompA*，编码载体中的信号肽顺序）。信号肽编码顺序下游是人工合成的多克隆位点片段，其中包含*Eco*RⅠ、*Hind*Ⅲ和*Bam*HⅠ3个酶切位点。表达产物通过细菌膜被准确加工后，分泌到细胞间隙或细菌培养液中，有利于形成蛋白质的正确结构。

(3) 融合蛋白表达载体pGEX系统　融合蛋白表达载体pGEX系统包括多种载体：pGEX-2T、pGEX-3X和pGEX-4T-1等。载体含有tac启动子、lac操纵基因、SD序列、lacI阻遏蛋白基因等。这类载体的特殊之处在于SD序列的下游是谷胱甘肽巯基转移酶基因，克隆的外源基因就是与这个酶基因相连接。当进行基因表达时，表达产物为谷胱甘肽巯基转移酶和目的基因产物的融合体。

pGEX载体系统具有许多优点：表达产率高，融合蛋白纯化方便，使用凝血酶和

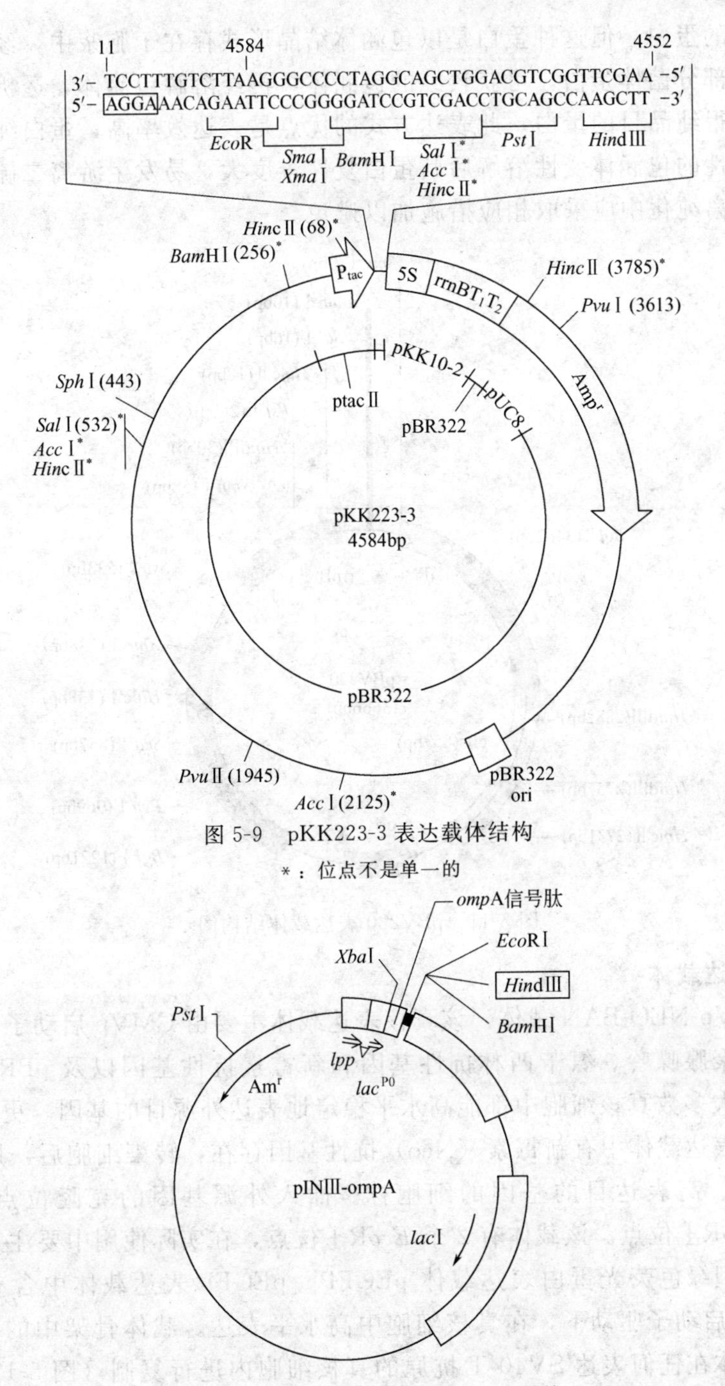

图 5-9　pKK223-3 表达载体结构

*：位点不是单一的

图 5-10　分泌型表达载体 pIN Ⅲ系统

Ⅹa因子就可从融合蛋白中切下所需要的蛋白质和多肽等。

（4）包涵体表达载体　目前有许多基因是采用包涵体表达载体进行高效表达的，如由我国侯云德教授构建的 pBV220 质粒，该质粒除具有上述质粒通用的构建元件外，其不同之处是采用 $P_R P_L$ 启动子，并有多聚酶切位点，分别为 *Eco*R Ⅰ、*Sma* Ⅰ、*Bam*H Ⅰ、*Sal* Ⅰ、*Pst* Ⅰ、*Hind*Ⅲ（图 5-11）。目的基因通过这些酶切位点组装后，其转化子的表达方法为先在 30℃下增菌，当 A_{600} 达 0.6～0.7 时，升温至 42℃进行诱导 5h

即可高表达目的蛋白。但这种蛋白是以包涵体结晶形式存在于胞浆中，经去污剂多次洗涤可去除绝大部分菌体蛋白，可获较纯的包涵体，再经溶解包涵体，透析复性后，通过柱色谱即可获得纯品目的蛋白。此表达方式的优点是表达效率高，蛋白纯化较简便；缺点是无生物活性的包涵体变性溶解后其蛋白复性难度大，易发生游离二硫键错配，形成聚合体，在分离纯化中应采取相应措施加以避免。

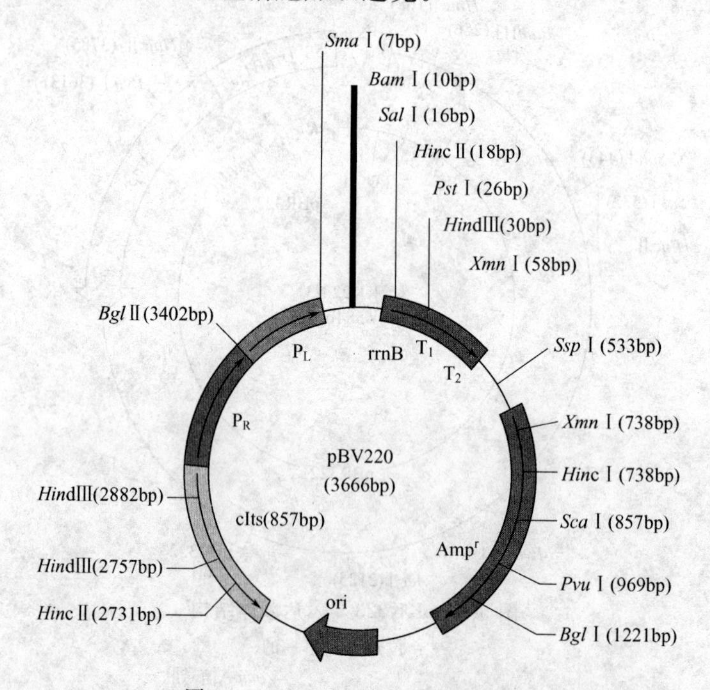

图 5-11 pBV220 表达载体结构图

2. 真核表达载体

(1) pCMVp-NEO-BAN 载体　该真核表达载体主要由 CMVp 启动子、兔 β-球蛋白基因内含子、聚腺嘌呤、氨苄西林抗性基因和新霉素抗性基因以及 pBR322 骨架构成(图 5-12)。在大多数真核细胞中都能高水平稳定地表达外源目的基因。更重要的是，由于该真核细胞表达载体中有新霉素（Neo）抗性基因存在，转染细胞后，用 G418 筛选，可建立稳定的、高表达目的基因的细胞株。插入外源基因的克隆位点包括 *Sal* Ⅰ、*Bam*H Ⅰ 和 *Eco*R Ⅰ 位点。该载体有 2 个 *Eco*R Ⅰ 位点，在实际使用中要注意。

(2) 增强型绿色荧光蛋白表达载体 pEGFP　pEGFP 表达载体中含有绿色荧光蛋白，在 PCMV 启动子驱动下，在真核细胞中高水平表达。载体骨架中的 SV40 复制起始位点使该载体在任何表达 SV40 T 抗原的真核细胞内进行复制（图 5-13）。Neo 抗性盒由 SV40 早期启动子、Tn5 的新霉素/卡那霉素抗性基因以及 HSV-TK 基因的聚腺嘌呤信号组成，能应用 G418 筛选稳定转染的真核细胞株。此外，载体中的 pUC 复制起始位点能保证该载体在大肠杆菌中的复制，而位于此表达盒上游的细菌启动子能驱动卡那霉素抗性基因在大肠杆菌中的表达。

该表达载体 EGFP 上游有 *Nde* Ⅰ、*Eco*47 Ⅲ 和 *Age* Ⅰ 克隆位点，将外源基因插入这些位点，将合成外源基因和 EGFP 的融合基因，借此可确定外源基因在细胞内的表达和（或）组织中的定位，亦可用于检测克隆的启动子活性。

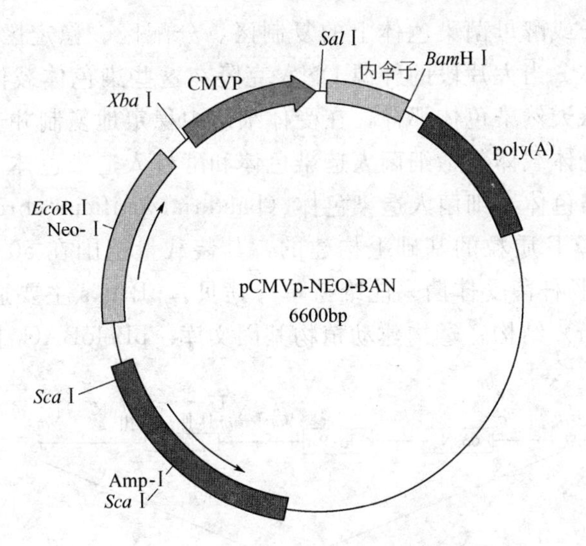

图 5-12 pCMVp-NEO-BAN 载体图谱

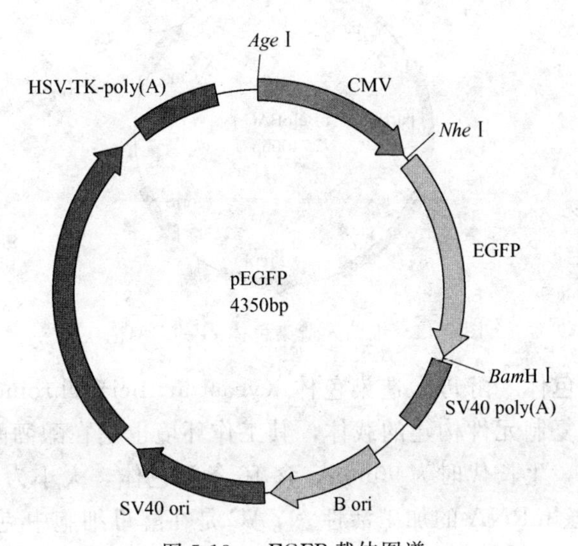

图 5-13 pEGFP 载体图谱

（3）pSV2 表达载体　该表达质粒是以病毒 SV40 启动子驱动在真核细胞目的基因进行表达的，克隆位点为 *Hin*dⅢ。SV40 启动子具有组织或细胞的选择特异性，此载体不含 Neo 抗性基因，故不能用来筛选、建立稳定的表达细胞株。

（4）CMV4 表达载体　该真核表达载体由 CMV 启动子驱动，多克隆区域酶切位点选择性较多。含有氨苄西林抗性基因、生长基因片段、SV40 复制原点和 F_1 单链复制原点。但值得注意的是，该表达载体不含 Neo 抗性基因，转染细胞后不能用 G418 筛选稳定的表达细胞株。

3. 穿梭载体

穿梭载体（shuttle vector）是指在不同类型受体细胞（如酵母与细菌、细菌与动物细胞等）中都能够进行复制的克隆载体。

人类、动物、植物的全基因组序列分析往往需要克隆数百甚至上千千碱基对（kb）的 DNA 片段，此时柯斯质粒的装载量也远远不能满足需要。

将细菌接合因子或酵母菌染色体上的复制区、分配区、稳定区与质粒组装在一起，即可构成染色体载体。当大片段的外源 DNA 克隆在这些染色体载体上后，便形成重组人造染色体，它能像天然染色体那样，在受体细胞中稳定地复制并遗传。

常用的人造染色体载体包括细菌人造染色体和酵母人造染色体。

（1）细菌人造染色体　细菌人造染色体（bacterial artificial chromosome，BAC）通常是在大肠杆菌因子 F 质粒的基础上构建的，其装载量范围在 50～300kb 之间，各种类型的 pBACs 在大肠杆菌受体菌只能维持单一拷贝。pBACs 主要适用于：①克隆大型基因簇（gene cluster）结构；②构建动植物基因文库。$pBeloBAC_{11}$ 图谱见图 5-14。

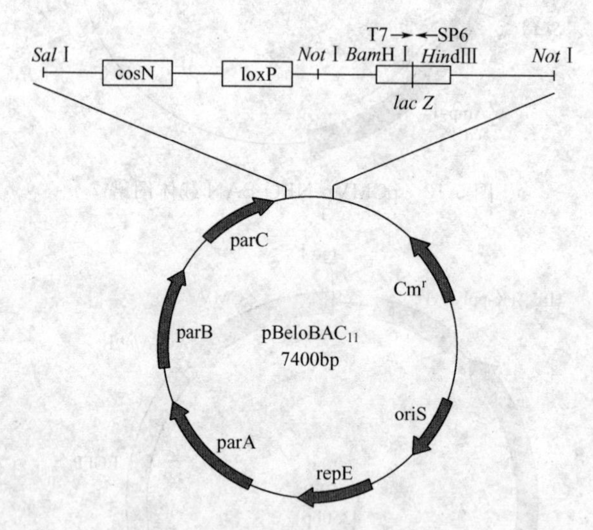

图 5-14　细菌人造染色体 $pBeloBAC_{11}$

（2）酵母人造染色体　酵母人造染色体（yeast artificial chromosome，YAC）是利用酿酒酵母染色体的复制元件构建的载体，其工作环境也是在酿酒酵母中。酿酒酵母的形态为扁圆形和卵形，生长代时为 90min，含 16 条染色体，大小为 225～1900kb，总计有 14×10^6 bp；具真核 mRNA 的加工活性。YAC 是在酵母细胞中克隆大片段外源 DNA 的克隆载体，可以随酵母细胞分裂周期复制繁殖，YAC 载体的装载量为 350～400kb。YAC 载体应含有下列元件。

① 酵母染色体的端粒序列（TEL）：定位于染色体末端一段序列，用于保护线状的 DNA 不被胞内的核酸酶降解，以形成稳定的结构。

② 酵母染色体的复制子（ARS）：一段特殊的序列，含有酵母菌中 DNA 进行双向复制所必需的信号。

③ 酵母染色体的着丝粒序列（CEN）：有丝分裂过程中纺锤丝的结合位点，使染色体在分裂过程中能正确分配到子细胞中，在 YAC 中起到保证一个细胞内只有一个人工染色体的作用，如 $pYAC_4$ 使用的是酵母第四条染色体的着丝粒（图 5-15）。

④ 大肠杆菌的复制子（ori）。

⑤ 酵母系统的选择标记 TRP_1（色氨酸合成缺陷型基因）、URA_3（尿嘧啶合成缺陷型基因）。

⑥ 大肠杆菌的选择标记（氨苄西林抗性基因）。

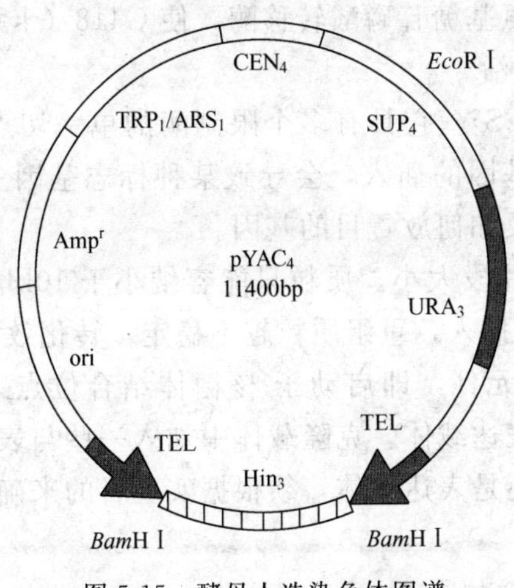

图 5-15 酵母人造染色体图谱

二、阅读质粒载体图谱

① 首先看复制起始位点（ori）的位置（图 5-16），了解质粒的类型是原核载体还是真核载体，或者是穿梭质粒。

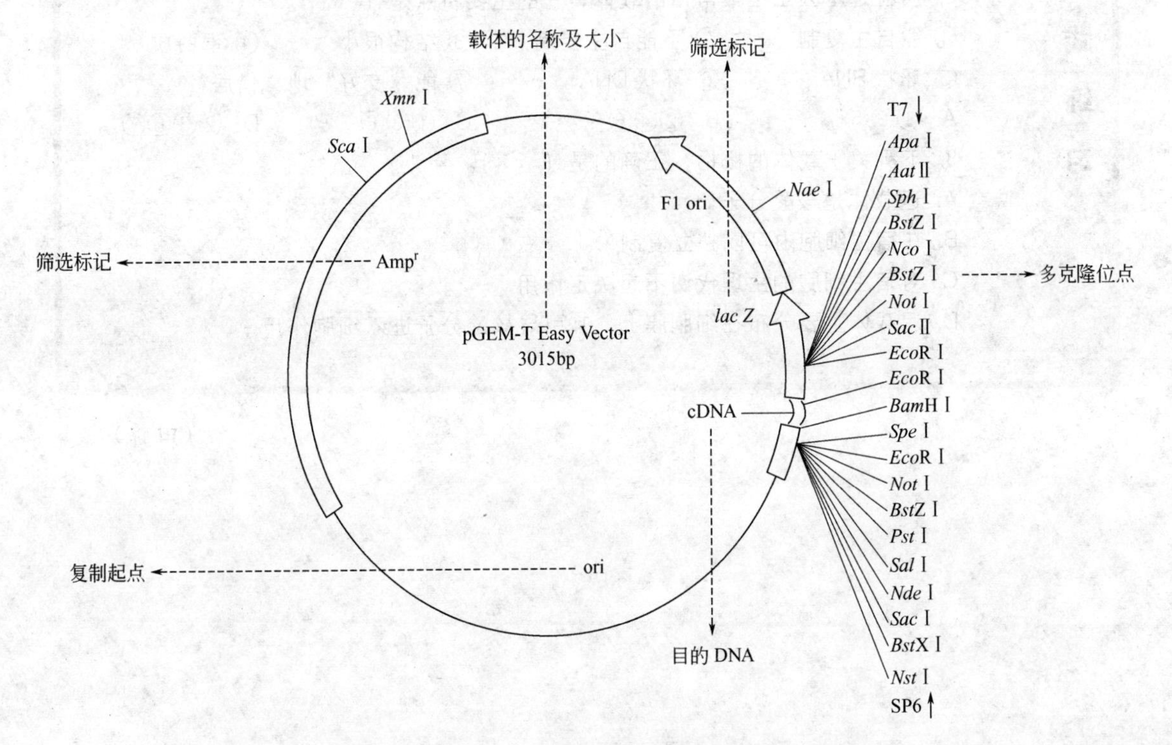

图 5-16 质粒载体图谱

② 看筛选标记，如抗性标记、$lacZ'$ 筛选标记，决定使用什么筛选标记。

a. Amp^r 水解 β-内酰胺环，解除氨苄西林的毒性。

b. Tet^r 可以阻止四环素进入细胞。

c. Cam^r 生成氯霉素羟乙酰基衍生物，使之失去毒性。

d. Neo^r（Kan^r）编码氨基糖苷磷酸转移酶，使 G418（卡那霉素衍生物）失活。

e. Hyg^r 使潮霉素 β 失活。

③ 看多克隆位点（MCS）。它具有多个限制酶的单一切点，便于外源基因的插入。如果在这些位点外有外源基因的插入，会导致某种标志基因失活，便于筛选。MCS 决定能不能插入目的基因以及如何放置目的基因。

④ 看外源 DNA 插入片段大小。质粒只能容纳小于 10kb 的外源 DNA 片段。一般外源 DNA 片段越长，越难插入，重组质粒越不稳定，转化效率越低。

⑤ 是否含有表达系统元件，即启动子-核糖体结合位点-克隆位点-转录终止信号。这是用来区别克隆载体与表达载体。克隆载体中加入一些与表达调控有关的元件即成为表达载体。选用克隆载体还是表达载体，须根据实验目的来确定。

实·践·练·习

1. 下列关于质粒的叙述，正确的是（　　）。

A. 质粒是广泛存在于细菌细胞中的一种颗粒状细胞器

B. 质粒是细菌细胞质中能自主复制的小型环状双链 DNA 分子

C. 质粒只有在侵入宿主细胞后在宿主细胞内复制

D. 细菌质粒的复制过程一定是在宿主细胞外独立进行

2. 质粒是基因工程最常用的载体，它的主要特点是（　　）。

① 能自主复制　② 不能自主复制　③ 结构很小　④ 蛋白质

⑤ 环状 RNA　⑥ 环状 DNA　⑦ 能“友好”地“借居”

A. ①③⑤⑦　B. ②④⑥　C. ①③⑥⑦　D. ②③⑥⑦

3. 下列关于载体的概括，正确的是（　　）。

A. 运载体是核酸分子

B. 在宿主细胞内可以独立复制

C. 对宿主细胞的生理代谢不起决定作用

D. 运载体主要分布在细胞膜上，其引导核酸分子进入细胞作用

（田锦）

项目六

琼脂糖凝胶电泳检测染色体DNA、PCR产物及质粒pET30a

学习目标

【学习目的】

能采用琼脂糖凝胶电泳技术对基因组DNA、PCR产物及质粒pET30a进行检测。

【知识要求】

1. 掌握琼脂糖凝胶电泳的原理；
2. 熟悉影响琼脂糖凝胶电泳结果的因素。

【能力要求】

1. 会选择合适种类或浓度的琼脂糖凝胶进行DNA样品的检测；
2. 能进行琼脂糖凝胶电泳的操作；
3. 能分析影响琼脂糖凝胶电泳的因素。

※ 项目说明

核酸是基因操作的主要实验材料，无论是项目三提取的基因组DNA、项目四PCR扩增的产物或是项目五抽提的质粒DNA及其酶切产物，它们的质量直接关系到研究工作能否顺利进行。因此，必须对得到的核酸进行定性、定量检测。常用的分离、鉴定和纯化DNA片段的方法是琼脂糖凝胶电泳和聚丙烯酰胺凝胶电泳。本项目主要介绍琼脂糖凝胶电泳操作及其相关知识。

※ 必备知识

一、琼脂糖凝胶电泳的基本原理

电泳是指带电粒子在电场中向与自身带相反电荷的电极移动的现象。核酸、蛋白质和氨基酸等都具有可电离的基团，人们利用这种特性，用电泳的方法对这些物质进行定性及定量分析，也可用于混合物的分离。

琼脂糖凝胶电泳是分离、鉴定和纯化 DNA 片段的常用方法。这种电泳方法以琼脂糖凝胶作为支持物，利用 DNA 分子在琼脂糖凝胶中泳动时的电荷效应和分子筛效应，达到分离混合物的目的。DNA 分子在高于等电点的 pH 溶液中带负电荷，在电场中向正极移动。由于糖-磷酸骨架在结构上的重复性质，相同数量的双链 DNA 几乎具有等量的净电荷，因此它们能以同样的速度向正极方向移动。琼脂糖加热到沸点后冷却凝固便形成凝胶，琼脂糖凝胶具网孔结构，当 DNA 分子通过时会受到一定的阻力，大分子 DNA 在泳动时受到的阻力大，小分子 DNA 受到的阻力小，因而表现出不同的迁移速率。琼脂糖凝胶分离 DNA 片段大小范围较广，不同浓度琼脂糖凝胶可分离 DNA 片段的范围为 0.2～50kb。目前，一般实验室多用琼脂糖水平平板凝胶电泳装置进行 DNA 电泳。

在凝胶电泳中，一般加入荧光嵌入染料溴化乙锭（EB）进行染色。扁平状的溴化乙锭分子可以嵌入 DNA 相邻碱基平面之间，且该分子在 300nm 紫外光激发下能够发出橘黄色荧光，从而可以确定 DNA 片段在凝胶中的位置。因此，可通过对荧光的分析而对 DNA 分子所形成的条带进行定性或定量分析。此外，还可以从电泳后的凝胶中回收特定的 DNA 条带，用于以后的基因操作。

琼脂糖凝胶电泳技术操作简单、快速、灵敏，可分辨用其他方法（如密度梯度离心法）无法分离的 DNA 片段。

二、影响琼脂糖凝胶 DNA 迁移速率的因素

DNA 分子在琼脂糖凝胶电泳中的迁移速率由多种因素决定。

1. DNA 分子的大小

在一定浓度的琼脂糖凝胶中，线状双链 DNA 分子的迁移速率与其相对分子质量对数值成反比。DNA 分子越大，在凝胶中所受阻力越大，也越难在凝胶空隙中蠕行，因而迁移得越慢。

2. DNA 分子的构型

当 DNA 分子处于不同构型时，它在电场中迁移速率不仅和相对分子质量有关，还和它本身的构型有关。对于质粒 DNA 分子，即使具有相同的相对分子质量，因构型不同也会造成电泳时受到的阻力不同，因而迁移速率不同。质粒 DNA 分子 3 种构型泳动速率为：超螺旋 DNA 移动最快，线状双链 DNA 次之，开环 DNA 移动最慢。

3. 琼脂糖凝胶的浓度

一定大小的 DNA 片段在不同浓度的琼脂糖凝胶中的迁移速率是不相同的。凝胶浓度越高，电泳速率越慢。不同凝胶浓度对 DNA 片段呈线性关系有所区别，浓度较稀的凝胶线性范围较宽，而浓胶对小分子 DNA 片段呈现较好的线性关系。凝胶浓度与分离 DNA 片段大小范围的关系如表 6-1 所示。凝胶浓度的选择取决于 DNA 分子的大小。分离小于 0.5kb 的 DNA 片段所需凝胶浓度是 1.2%～1.5%，分离大于 10kb 的 DNA 片段所需凝胶浓度为 0.3%～0.7%，DNA 片段大小介于 0.5～10kb 之间则所需凝胶浓度为 0.8%～1.0%。

表 6-1　凝胶浓度与分离 DNA 片段大小范围的关系

凝胶浓度/%	分离 DNA 片段的大小范围/kb
0.3	5～60
0.6	1～20
0.7	0.8～10
0.9	0.5～7
1.2	0.4～6
1.5	0.2～3
2.0	0.1～2

4. 电压

在低电压时，线状 DNA 片段的迁移速率与所加电压成正比。但是，随着电场强度的增加，不同相对分子质量 DNA 片段的迁移率将以不同的幅度增长，片段越大，因场强升高引起的迁移率升高幅度就越大。因此，电压增加，琼脂糖凝胶的有效分离范围将缩小。电压过高时，也会由于电泳中产生的大量热量导致 DNA 片段的降解。实验中要根据需要选择合适电压，如对 DNA 大片段的分离可适当选择较低电压进行，以避免拖尾现象的产生；而对小分子 DNA，由于其在凝胶中的快速扩散会导致条带模糊，可选用相对较高的电场强度以缩短电泳时间，但所加电压不得超过 5V/cm。

5. 电泳缓冲液

电泳缓冲液的组成及其离子强度影响 DNA 的电泳迁移率。在没有离子存在时（如误用蒸馏水配制凝胶），电导率最小，DNA 几乎不移动；在高离子强度的缓冲液中（如误加 10×电泳缓冲液），则电导很高并明显产热，严重时会引起凝胶熔化或 DNA 变性。

6. 嵌入染料的存在

荧光染料溴化乙锭具有扁平结构，能嵌入到 DNA 碱基对间，对线状分子和开环分子影响较小而对超螺旋分子影响较大。一般电泳可以忽略此因素，而对于特殊电泳，可采用电泳后染色以消除此因素影响。

※ 项目实施

任务 6-1　操作准备

任务描述：

进行琼脂糖凝胶电泳前，需准备相关的材料，主要是 DNA 样品，溴化乙锭、加样缓冲液、电泳缓冲液等试剂配制，以及电泳仪等仪器设备及耗材。

1. DNA 样品

大肠杆菌基因组 DNA，PCR 扩增产物（大肠杆菌丝氨酸羟甲基转移酶基因），质粒 pET30a。

2. 试剂及配制

（1）电泳缓冲液　常用的琼脂糖凝胶电泳缓冲液有 TAE、TBE 和 TPE，一般配制成浓缩母液，如表 6-2 所示，储于室温。一般选用 TAE 较多，其电泳时间较快，且成本较低，但其缓冲容量较低，需经常更换电泳液。

表 6-2 常用的琼脂糖凝胶电泳缓冲液配方

缓冲液	使用液	浓储存液(每升)
Tris-乙酸(TAE)	1×：0.04mol/L Tris-乙酸 0.001mol/L EDTA	50×：242g Tris 碱 57.1mL 冰乙酸 100mL 0.5mol/L EDTA(pH8.0)
Tris-硼酸(TBE)	0.5×：0.045mol/L Tris-硼酸 0.001mol/L EDTA	5×：54g Tris 碱 27.5g 硼酸 20mL 0.5mol/L EDTA(pH8.0)
Tris-磷酸(TPE)	1×：0.09mol/L Tris-磷酸 0.002mol/L EDTA	10×：108g Tris 碱 15.5mL 85%磷酸(1.679g/mL) 40mL 0.5mol/L EDTA(pH8.0)

温馨提示：

TBE 浓储存液长时间存放后会形成沉淀物，若出现沉淀后应予以废弃。

(2) 6×凝胶加样缓冲液　常用的 6×凝胶加样缓冲液配方如表 6-3 所示，储存于 4℃。

表 6-3 常用的凝胶加样缓冲液配方

6×凝胶加样缓冲液	配方
蔗糖凝胶加样缓冲液	0.25%溴酚蓝,40%蔗糖水溶液
蔗糖凝胶加样缓冲液	0.25%溴酚蓝,0.25%二甲苯氰 FF,40%蔗糖水溶液
甘油凝胶加样缓冲液	0.25%溴酚蓝,0.25%二甲苯氰 FF,30%甘油水溶液

(3) 10mg/mL 溴化乙锭　小心称取 1.0g 溴化乙锭，置于烧杯中，加入 100mL 蒸馏水，用磁力搅拌器搅拌至完全溶解，转移到棕色瓶中。用铝箔或黑纸包裹，室温避光保存。

温馨提示：

溴化乙锭是一种强致癌剂，并有中等毒性，因此必须十分谨慎小心。操作时一定要戴手套，并且不要把溴化乙锭洒到桌面或地面上。凡沾污 EB 的容器或物品必须经专门处理后才能清洗或丢弃。

(4) DNA 相对分子质量标准（DNA Marker）　常用的 DNA Marker 电泳图谱如图 6-1 所示。

(5) TE 缓冲液（pH8.0）　见任务 3-1 操作准备。

(6) 其他试剂　低熔点琼脂糖，饱和酚，无水乙醇，70%乙醇。

3. 仪器设备与耗材

电泳仪，水平电泳槽，透射式紫外检测仪或凝胶成像系统，照相机，电子天平，冰箱，旋涡振荡器，微波炉或电炉，微量移液器，离心管架，20μL tip 头，烧杯，解剖刀，标签纸，吸水纸，记号笔等。

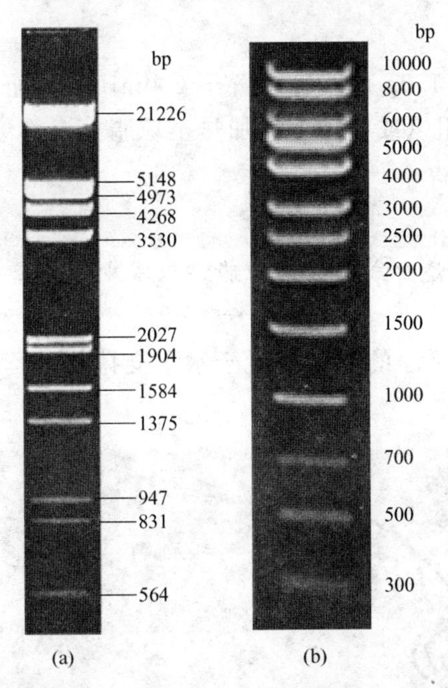

图 6-1　常用 DNA Marker 电泳图谱

（a）λDNA/*EcoR* Ⅰ＋*Hind* Ⅲ；（b）1kb DNA

任务 6-2　琼脂糖凝胶电泳检测染色体 DNA、PCR 产物及质粒 pET30a

任务描述：

本任务是用琼脂糖凝胶电泳技术，检测项目三提取的大肠杆菌基因组 DNA、项目四 PCR 扩增的丝氨酸羟甲基转移酶基因，以及项目五抽提的质粒 pET30a。

1. 实训原理

琼脂糖凝胶电泳是基因操作中常用的基本技术，可用于检测染色体 DNA、PCR 产物及质粒。不同大小、不同形状和不同构型的 DNA 分子在相同的电泳条件下（如凝胶浓度、电流、电压、缓冲液等），具有不同的迁移率，所以可通过电泳使其分离。凝胶中的 DNA 可与荧光染料 EB 结合，在紫外灯下可看到荧光条带，据此可分析实验结果。

2. 材料准备

在任务 6-1 操作准备基础上，准备材料清单，详见表 6-4。

表 6-4　琼脂糖凝胶电泳检测 DNA 样品材料准备单

<table>
<tr><td rowspan="2">样品与试剂</td><td>样品</td><td>大肠杆菌基因组 DNA，PCR 扩增产物，质粒 pET30a</td></tr>
<tr><td>试剂</td><td>1×TAE 电泳缓冲液，6×凝胶加样缓冲液，1%琼脂糖，10mg/mL EB，DNA Marker</td></tr>
<tr><td>仪器及耗材</td><td colspan="2">电泳仪，水平电泳槽，紫外检测仪，照相机，电子天平，冰箱，微波炉或电炉，微量移液器，离心管架，20μL tip 头，烧杯，标签纸，吸水纸，记号笔等</td></tr>
</table>

3. 任务实施

（1）琼脂糖凝胶的制备

① 1×TAE 稀释缓冲液　取 50×TAE 缓冲液 20mL，加水至 1L，配制成 1×TAE

稀释缓冲液，待用。

② 胶液的制备　称取 1.0g 琼脂糖，置于 200mL 锥形瓶中，加入 100mL 1×TAE 稀释缓冲液，放入微波炉里（或电炉上）加热至琼脂糖全部溶化，取出摇匀，即为 1% 琼脂糖凝胶液。

温馨提示：

加热时，瓶口倒扣小烧杯或盖上封口膜，以减少水分蒸发。

③ 制胶槽的准备　将干净的制胶槽置于水平支持物上，插上样品梳子。电泳槽及其配件如图 6-2 所示。

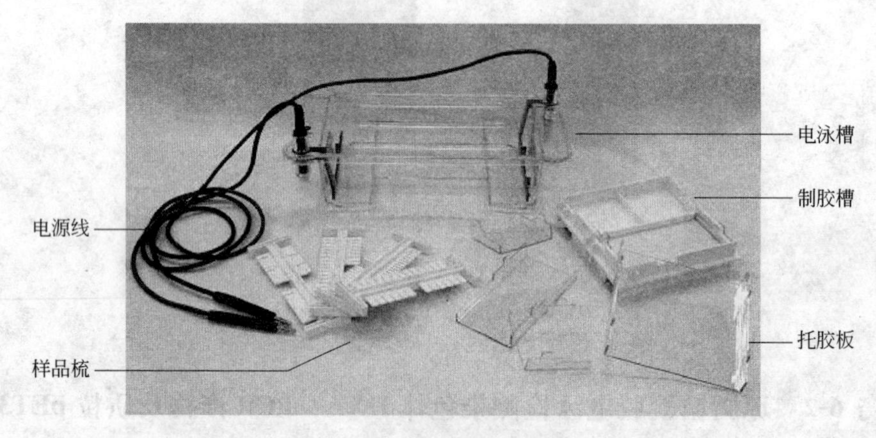

图 6-2　水平电泳槽及其配件

④ 倒胶　向冷却至 60℃左右的琼脂糖胶液中加入 5μL 溴化乙锭溶液使其终浓度为 0.5μg/mL（也可不把溴化乙锭溶液加入凝胶中，而是电泳后再用 0.5μg/mL 的溴化乙锭溶液浸泡染色），轻轻摇匀。如图 6-3 所示，小心地倒入制胶槽内，使胶液形成均匀的胶层，厚度约为 3mm。检查有无气泡。

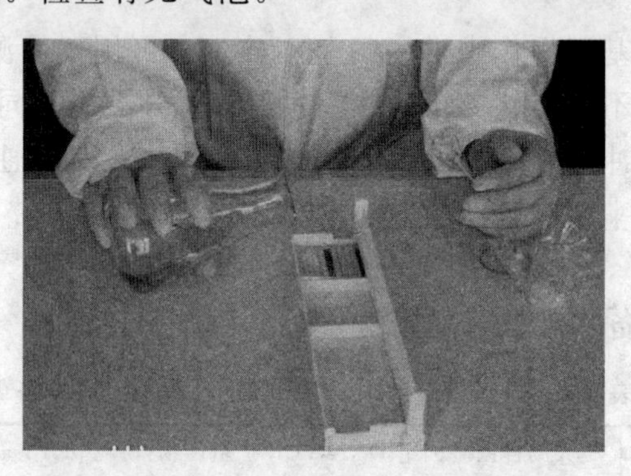

图 6-3　倒胶

⑤ 加电泳缓冲液　室温下静置冷却 30～45min，待琼脂糖溶液完全凝固，小心垂直拔出样品梳和托胶板，注意不要损伤样品梳底部的凝胶。清除碎胶，将凝胶放入电泳槽中。加入 1×TAE 电泳缓冲液至电泳槽中，使液面高于胶面约 1mm。

（2）琼脂糖凝胶电泳

① 加样　取 10μL 检测样品与 2μL 6×凝胶加样缓冲液（体积比 5：1）混匀，用微

量移液器将样品混合液缓慢加入加样孔中，同时加一个 DNA Marker，如图 6-4 所示，小心操作，避免损坏凝胶或将加样孔底部凝胶刺穿。

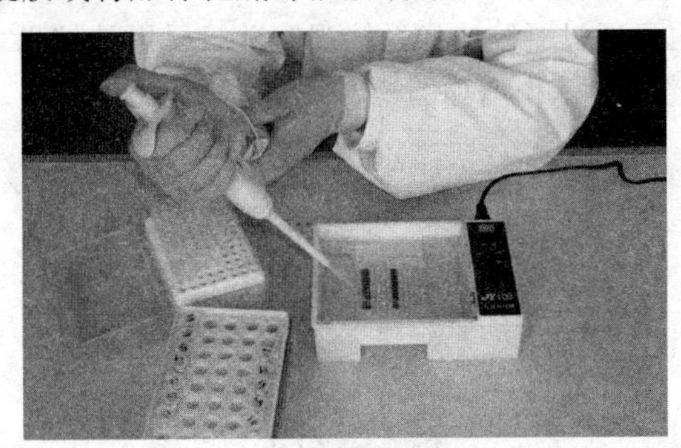

图 6-4　加样

温馨提示：

若 DNA 含量偏低，可依上述比例适当增加上样量，但总体积不能超过加样孔容量。每加完一个样品要更换枪头，以免相互污染。加样前要先记下加样的顺序。

② 电泳　加完样后，插上导线，打开电泳仪电源，按电压不超过 5～8V/cm 调节电压。电泳开始，观察电流情况或电泳槽中负极的铂金丝是否有气泡出现。

当溴酚蓝条带移动到距凝胶前沿约 1cm 时，将电压（或电流）回零，关闭电源，停止电泳。

图 6-5　GL-3120 型透射式紫外仪

图 6-6　GL-200 型暗箱式紫外仪

（3）观察　取出凝胶，用透射式或暗箱式紫外仪直接观察结果（图 6-5 和图 6-6）。在紫外灯下观察染色后的或已加有溴化乙锭的电泳胶板，DNA 存在处显示出肉眼可辨的橘红色荧光条带。也可通过凝胶成像系统观察并记录电泳结果。大肠杆菌 *glyA* 基因长约 1.3kb，其 PCR 产物电泳图谱如图 6-7 所示。

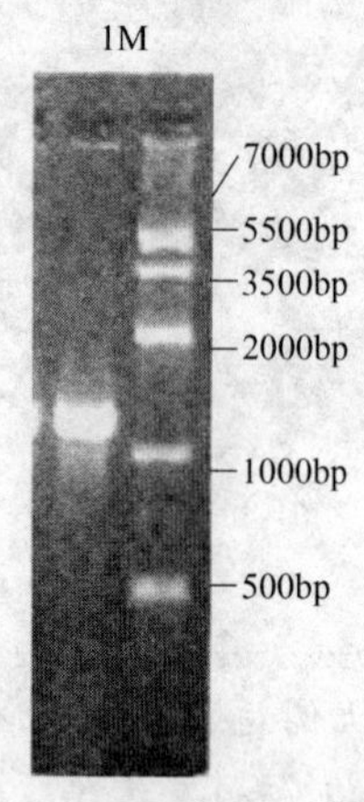

图 6-7　PCR 产物电泳图谱

1—PCR 产物（*glyA*）；M—DNA Marker

温馨提示：

①在紫外灯下观察时应戴上防护眼镜，以免损伤眼睛；②用透射式紫外仪观察时，应将待观察的凝胶放于透射仪平台中央，先盖上有机玻璃防护罩，再打开电源开关，观察结果；③用暗箱式紫外仪观察时，应将待观察的凝胶放于灯箱平台中央，先关上暗箱门，再打开电源开关，从观察窗观察结果。

4. 结果分析

① 请分析 DNA 荧光条带不整齐的原因，并列举改进电泳条件的措施。

② 请分析在加样孔出现荧光条带的可能原因。

任务 6-3　从低熔点琼脂糖凝胶中回收质粒 pET30a

任务描述：

从琼脂糖凝胶中回收目的 DNA 片段，也是基因操作中的基本技术。本任务将完成从低熔点琼脂糖凝胶中回收质粒 pET30a。

1. 实训原理

回收是指从电泳介质中纯化出目的片段。凝胶电泳既可用于 DNA 的分析，也可用于制备和纯化特定的 DNA 片段。制备和纯化特定 DNA 片段常用低熔点琼脂糖，它有两方面的优点：一是在常温对 DNA 片段电泳后，可在 65℃ 稍加热，并加入饱和酚抽提，再经离心，可很容易地实现凝胶与 DNA 的分离；二是电泳完并加热熔解后，可不经分离直接加入酶对分离纯化的 DNA 进行处理，冷却后进行第二次电泳。

2. 材料准备

在任务 6-1 操作准备基础上，准备材料清单，详见表 6-5。

表 6-5 从低熔点琼脂糖凝胶中回收质粒 pET30a 材料准备单

样品与试剂	样品	质粒 pET30a
	试剂	1×TAE 电泳缓冲液，6×凝胶加样缓冲液，1%低熔点琼脂糖，DNA Marker，10mg/mL EB，饱和酚，TE 缓冲液，无水乙醇，70%乙醇
仪器及耗材	台式高速离心机，恒温水浴锅，电泳仪，电泳槽，紫外检测仪，电子天平，冰箱，微波炉或电炉，旋涡振荡器，微量移液器，1.5mL 离心管及管架，tip 头，吸水纸，记号笔，解剖刀等	

3. 任务实施

从低熔点琼脂糖凝胶中回收质粒 pET30a 的操作步骤如下。

① 将质粒 pET30a 在 1%低熔点琼脂糖凝胶中进行电泳分离，操作方法同任务 6-2。

② 溴化乙锭染色后，在暗箱式紫外仪下确定所需条带的确切位置，并用解剖刀切下目的条带，置于新的无菌 1.5mL 离心管中。

温馨提示：
尽量使切出的琼脂糖块体积最小，以减少抑制剂对 DNA 的污染量。

③ 向 1.5mL 离心管中加入足够的 TE 缓冲液（pH8.0），以降低琼脂糖的百分含量（小于 0.04%）。

④ 65℃水浴 10min 或更长，使胶块完全溶化。

⑤ 待凝胶冷却至室温后，加入等体积的 Tris-HCl 饱和酚，振荡混匀 20s。

⑥ 12000r/min 离心 5min。

⑦ 小心将水相移到另一 1.5mL 离心管中，加入 2.5 倍体积预冷无水乙醇。混合液在室温下放置 10min。

温馨提示：
不要吸入下层杂质及酚相，没把握时宁可放弃一些上层水相。界面的白色物质即是琼脂糖。

⑧ 4℃，12000r/min 离心 5min。

⑨ 弃上清液，用 70%乙醇清洗沉淀。

⑩ 沉淀干燥后溶于适当体积的 TE（pH8.0）中，－20℃保存备用。

4. 结果分析

分析从凝胶中回收 DNA 得率低的原因。

知·识·要·点

琼脂糖凝胶电泳是分离、鉴定和纯化 DNA 片段的常用方法。它是以琼脂糖凝胶作为支持物，利用 DNA 分子在琼脂糖凝胶中泳动时的电荷效应和分子筛效应，达到分离混合物的目的。

DNA 分子在高于等电点的 pH 溶液中带负电荷，在电场中向正极移动。由于糖-磷酸骨架在结构上的重复性质，相同数量的双链 DNA 几乎具有等量的净电荷，因此它们能以同样的速度向正极方向移动。影响琼脂糖凝胶 DNA 迁移速率的因素：①DNA 分子的大小；②DNA 分子的构型；③琼脂糖凝胶的浓度；④电压；⑤电泳缓冲液；⑥嵌入染料的存在。

知识要点

琼脂糖凝胶分离DNA片段大小范围较广，不同浓度琼脂糖凝胶可分离DNA片段的范围为0.2～50kb。目前，一般实验室多用琼脂糖水平平板凝胶电泳装置进行DNA电泳。当用荧光嵌入染料EB对电泳完毕的凝胶进行染色后，在紫外光下可以确定DNA片段在凝胶中的位置。因此，可通过对荧光的分析而对DNA分子所形成的条带进行定性或定量分析。此外，还可以从电泳后的凝胶中回收特定的DNA条带，用于后续的克隆操作。

技能要点

1. 加热溶解琼脂糖时注意不要让琼脂糖沸腾得太厉害，稍稍沸腾至溶液清亮即可。使用微波炉加热时应盖上封口膜，以减少水分蒸发。

2. 电泳前，应先清洗电泳槽和样品梳；安插样品梳时，梳齿不能直接接触模具底面或与之距离太近；倒胶时防止气泡产生；加样前检查凝胶加样孔是否破损，加样时枪头不要碰坏加样孔壁，动作要轻、稳、慢，防止样品从加样孔中溅出；加样时，样品体积不能大于加样孔容积；将凝胶放入电泳槽时要注意极性，不要正负极颠倒。

3. 电泳槽中的缓冲液与凝胶配制所用的缓冲液应为同一批配制，若电泳缓冲液与凝胶中的离子强度和pH值不一致将影响DNA的迁移。进行胶回收时，应用新的电泳缓冲液进行电泳。

4. 由于特定大小的DNA在低熔点琼脂糖凝胶中的泳动速度快于常规琼脂糖凝胶，所以进行低熔点琼脂糖凝胶电泳时所加电压应低于常规琼脂糖凝胶，常以3～6V/cm的电压进行电泳。

5. 虽然用短波长（254nm）的紫外光进行观察的效果比长波长（302nm）的紫外光要清晰，但前者对要回收的DNA损伤也较大，因此进行胶回收时采用长波长紫外光照射。

6. 进行胶回收时，切下的胶块不要太大，切胶时要注意紫外线的防护。

※ 能力拓展

一、琼脂糖凝胶电泳带谱的拍摄及处理技术

琼脂糖凝胶电泳一旦完毕，应及时用摄影的手段把电泳结果记录下来。由于电泳标本的拍摄质量直接关系到操作人员对实验结果的验证和评定，所以掌握一定的摄影知识对操作人员来说是必不可少的。

1. 普通拍摄

（1）拍摄的设备　拍摄电泳标本应具备的设备有照相机、近摄接圈、翻拍架、电源稳压器、紫外光灯箱、红滤色镜、快门线等。

① 照相机　照相机应具备超近距离拍摄的条件；照相机的镜头要有较高的分辨力；快门机构要有长时间曝光的B门装置，并且要有能安装快门线的螺孔。如果使用能够

双倍伸长暗腔机构的照相机则效果更佳。

② 近摄接圈 若使用单镜头反光照相机拍摄，必须加用近摄接圈。只有加用近摄接圈，才能使电泳标本拍摄的物距推进到物体占满画面的要求。

③ 翻拍架 翻拍架的主要作用是固定照相机。在拍摄时，因曝光时间较长，照相机必须稳定在一定的位置上，否则无法得到清晰的影像。因拍摄时的物距很短，使用翻拍架比使用三脚架更为方便顺手。

④ 电源稳压器 光源电压的波动，直接影响着光源的亮度稳定，光源亮度的稳定又直接影响着拍摄时曝光值的精度。因此，为保证电泳标本拍摄时曝光的准确性，最好使用一台稳定光源电压的电源稳压器。在每次实验结果的拍摄之前，必须先核对稳压电源输出电压符合标准值。

⑤ 紫外光灯箱 紫外光灯箱的作用是提供电泳标本拍摄的紫外光源。因为琼脂糖凝胶上所分离的DNA条带，在通常可见光的透射下是看不到的，只有受紫外光线激发时，荧光标记物（与溴化乙锭结合的DNA样品）在灯箱的暗环境下才能显示出清晰明亮的橙红色条带。

⑥ 红滤色镜 琼脂糖凝胶上所分离的DNA条带，只有在透射的紫外光下观看才能获得最佳的视觉效果。而胶片对蓝紫色光以及紫外光的反应是较为敏感的。使用红滤色镜的主要作用是吸收DNA条带以外的蓝紫色光以及紫外光，使DNA条带的橙红色光顺利地到达胶片感光面，拉大DNA条带与琼脂糖凝胶表面的密度差，使标本的拍摄获得良好的还原效果。

⑦ 快门线 因为曝光时间较长，为了避免用手直接触动照相机的快门而使相机受到振动，所以，快门的开启须用快门线来控制。

(2) 拍摄方法 在照相机的机身与镜头之间加上能使琼脂糖凝胶块充满取景画面的近摄接圈，镜头前要加装红滤色镜，装好黑白胶卷，再将照相机固定在翻拍架上。然后将紫外光灯箱的屏面向上，平放在翻拍架的平台上。再将电泳完毕的琼脂糖凝胶平放在紫外光灯箱的屏面上。最后，打开稳压电源的开关，即可进行拍摄。

(3) 技术要点

① 照相机的定位要准确 在固定照相机与琼脂糖凝胶位置的同时，要注意镜头主光轴的位置，琼脂糖凝胶的中心要摆放在镜头主光轴的垂线上。否则会产生变形和虚松现象。

② 光圈与快门的组合要合适 曝光时要兼顾到有足够的景深清晰范围和倒易律失效的问题。为了保证拍摄影像有足够的清晰度，必须收缩一定的光圈系数来提高影像的景深范围；为了保证画面的影调层次，曝光的时间就必然要延长。因此，要达到上述两个要求，光圈与快门的组合就显得尤为重要。通常，曝光时的相对孔径一般控制在4～5.6之间，曝光时间采取B门手工控制在2s左右。

③ 胶片的选用要正确 拍摄时所用的胶片应选用感光度较高的全色胶片。因DNA条带是橙红色的，拍摄时镜头前还要加红滤色镜，所以忌用感色范围狭窄的胶片（分色片、盲色片），这类胶片对红色光反应迟钝或不反应。

④ 胶片的冲洗要定时定温 在冲洗胶片时尽量做到精确的定时定温，以保证胶片冲洗质量的稳定。

2. 凝胶成像分析系统

随着数码成像技术的普及，现在对琼脂糖凝胶电泳标本的拍摄多采用凝胶成像仪来完成。凝胶成像分析系统（成像系统和图像分析软件）在现代生物科学、生物医学及医药领域有着广泛的应用，它为科研人员提供了分析凝胶图像及其他生物学条带的途径，可用于拍摄核酸电泳、蛋白质电泳、色谱、菌落等生物科学图像并进行分析。下面以JS-6800型全自动凝胶成像分析系统（如图6-8所示）为例进行介绍。

(1) 凝胶成像分析系统的组成　凝胶成像系统的基本组成包含：CCD相机、镜头、暗室和分析软件。不过，其功能不仅仅限于对琼脂糖凝胶进行成像，现在的成像仪趋向于多功能化，还适用于蛋白胶、印迹膜和菌落平板等应用。在Western blot方面，高性能的化学发光成像系统能与胶片媲美。

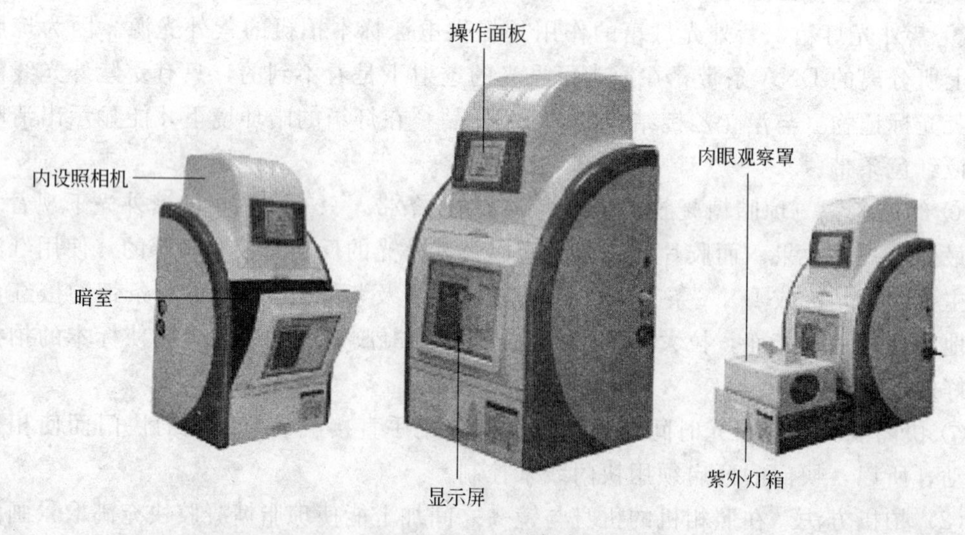

图6-8　JS-6800型全自动凝胶成像分析系统

凝胶成像系统的核心部件是CCD。CCD是电荷耦合器件（charge coupled device）的英文名称缩写，是一种光电转换器件。衡量CCD好坏的指标有分辨率、CCD尺寸、动态范围、灵敏度、量子效率和信噪比等，其中像素数以及CCD尺寸是重要的指标。CCD面积越大，捕获的光子越多，感光性能越好，信噪比越低。

(2) 系统特点

① 全中文操作界面，自动识别8bit、10bit、12bit、16bit图像。

② 暗箱箱体采用ABS工程塑料模具成型，具有小巧、美观、轻便、耐腐蚀等特点。

③ 数字低照度黑白积分CCD。

④ 日本原装高分辨率变焦光学镜头。

⑤ 专为凝胶成像特性研制的镀膜滤镜。

⑥ 触摸式光源、镜头调焦控制开关。

⑦ 实用的凝胶切割工作装置，安全、有效地防紫外泄漏开关。

⑧ 独有的紫外灯保护功能，在打开紫外灯15min后自动关闭紫外灯，有效地延长了紫外灯管的使用寿命。

⑨ 专为凝胶成像定制的高频电子控制紫外光源，光照度均匀，无闪烁。

⑩ 全电脑控制所有操作过程，高度程序化（电脑控制暗箱电源/紫外 1、2 及白光的开关/光圈/变焦/焦距）。

（3）凝胶图像分析软件简介

① 智能自动识别泳道条带　采用先进的自动识别算法，可以自动识别出泳道/条带并且编号，可以根据自己的要求添加或删除泳道条带、移动泳道和调整泳道。

② 密度对比　对指定泳道进行光密度扫描，绘出扫描曲线，并计算出该泳道中各条带的密度积分和峰值。此外，还可以对每个条带的光密度测定范围进行微调，并可以对多个泳道进行对比查看。

③ 相对分子质量、光密度和迁移率计算　通过简单易用的向导工具，可以对选定的标准泳道中的条带进行相对分子质量或光密度定标，然后根据定标结果自动计算出各条带的相对分子质量和光密度。通过迁移率向导工具由用户指定的基线和前沿线可自动计算出每个条带的迁移率。

④ 分析文档格式　可以在任何时候终止或继续分析工作而不必担心分析结果会丢失。依靠其打印模块可以将分析中的各种结果打印出来，包括加了分析标识和用户注释的实验图像、泳道剖面光密度扫描图像、分子量、光密度和迁移率分析结果报告。

⑤ 分析结果数据导出　通过无缝的数据链接技术，可以将分子量、光密度分析结果报表和迁移率分析结果报表导出到文本文件或 Excel 格式文件。

⑥ 撤销和重做功能　对所有的分析操作可以无限地撤销和重做，不必再为一时操作错误而后悔。

⑦ 无极查看功能　可以对实验图像进行无极放大和缩小，可以任意查看感兴趣的局部和整体，而且可以对实验图像进行全屏查看。

⑧ 得心应手的注释功能　提供了矩形、空心矩形、椭圆、空心椭圆、直线、多样式箭头、文字框、插入图片等多种注释工具，对图像进行比例放缩。

二、随机扩增多态性 DNA（RAPD）

分子标记（molecular marker）有广义和狭义之分。广义的分子标记是指可遗传的并可检测的 DNA 序列或蛋白质。狭义的分子标记是指能反映生物个体或种群间基因组中某种差异的特异性 DNA 片段。

随机扩增多态性 DNA（random amplified polymorphic DNA，RAPD）是一种基于 PCR 技术的分子标记技术，是 1990 年由 Williams 和 Welsh 等人利用 PCR 技术发展的检测 DNA 多态性的方法。其基本原理是：利用随机引物，通过 PCR 反应非定点扩增 DNA 片段，然后用凝胶电泳分析扩增产物 DNA 片段的多态性，扩增片段多态性便反映了基因组相应区域的 DNA 多态性。因其具有快速、简便、耗资相对较少、所需设备较少的特点，因此发展极快，目前已广泛应用于遗传作图、基因定位、特殊染色体区段的鉴定与分离、种属特异性以及物种演化等研究中。

1. 特点

与常规 PCR 相比，RAPD 主要有以下特点。

① 无须专门设计 RAPD 扩增反应的引物，也无须预知被研究的生物基因组核苷酸

顺序，引物是随机合成或是任意选定的。引物长度一般为9～10个寡核苷酸。

② 每个RAPD反应中，仅加单个引物，通过引物和模板DNA链随机配对实现扩增，扩增无特异性。

③ 退火温度较低，一般为36℃，这能保证短核苷酸引物与模板的稳定配对，同时也允许了适当的错误配对，以扩大引物在基因组DNA中配对的随机性。

④ 较之常规PCR，RAPD反应易于程序化。利用一套随机引物，得到大量DNA分子标记，可以借助计算机进行系统分析。

2. 操作

该技术利用大量的、各不相同的、碱基顺序随机排列的寡聚单核苷酸链为引物，以待研究的基因组DNA片段为模板，进行PCR扩增。扩增产物通过琼脂糖凝胶电泳等分离，经染色后，即可对此基因组DNA进行多态性分析。下面通过介绍以一种随机片段为引物进行PCR扩增，了解和掌握最基本的RAPD操作技术。

(1) 试剂　10μmol/L随机引物、*Taq*酶、dNTP、10×缓冲液、去离子水、矿物油、电泳缓冲液、加样缓冲液等。

(2) 仪器　PCR仪、离心机、微量移液器、电泳仪、电泳槽、凝胶成像系统等。

(3) 步骤

① 向PCR反应管内加入：

模板DNA	1μL（50ng）
随机引物	1μL（约5pmol）
10×PCR缓冲液	2.5μL
$MgCl_2$	2μL
dNTP	2μL
*Taq*酶	1U

加ddH_2O至25μL

混匀稍离心，加一滴矿物油。

② 将PCR管放置PCR仪中，输入下列程序：

预变性94℃，2min；

循环94℃，1min；36℃，1min；72℃，1min；共40轮循环。

③ 循环结束后，72℃，10min。4℃保存。

④ 取PCR产物15μL，加3μL加样缓冲液（6×）于2%琼脂糖凝胶上电泳，稳压50～100V（电压低，带型整齐，分辨率高）。

⑤ 电泳结束，观察、拍照。

3. 应用

自从1990年Williams和Welsh等分别提出RAPD方法以来，其在品种（杂种）真实性鉴定、遗传多样性分析、遗传连锁分析和基因定位、分子标记辅助选择以及遗传易感性疾病的分析等诸方面得到了迅速而广泛的运用。

(1) 品种（杂种）真实性鉴定　通过检测远缘杂种或体细胞杂种中特异性RAPD标记的有无，可以鉴定杂种的真实性。也可以通过建立品种（组合）的RAPD指纹档案，用来鉴定品种（组合）的纯度。

(2) 遗传多样性分析　用随机引物扩增产生的RAPD标记或基因组指纹可作为有用的遗传标记，因此，RAPD用于未知基因组序列的物种鉴别及物种亲缘关系和进化关系的研究有其独到的优越性。RAPD在生物系统学研究上的运用，证实和澄清了许多物种及其品系（株系）的进化关系，使许多悬而未决的分类学难题得以解决，RAPD等技术应用于分类学形成的分子系统学、分子进化学使这些传统的学科呈现出了崭新的面貌。如现代金鱼与其祖先相比，形态、生理生化等都发生了不同程度的变化，王晓梅(1998)等用随机引物扩增野生鲫鱼和金鱼代表品种基因组DNA的多态性，结果野生鲫鱼和金鱼RAPD扩增带共享度高，其与胚胎发育形态、染色体和酯酶的研究结果一致，进一步从DNA分子水平上证实了金鱼系由野生鲫鱼衍生而来的结论。

(3) 遗传连锁分析和基因定位　Williams提出RAPD分析方法时就曾指出，RAPD标记适合群体遗传学研究和基因定位。利用它可快速找出两组DNA样品间的多态性差异，进而得到与此差异区域相连锁的DNA标记，为分子育种提供一条快速寻找、定位目标基因的途径。

(4) 分子标记辅助选择　通过RAPD分析可以筛选出与目标基因（性状）连锁的DNA片段，作为辅助育种的分子标记。Horrat和Medrano用888个RAPD引物标记在小鼠特异性基因组中间序列上筛选到与提高体重和成熟体积的主基因位点——快速生长位点（hg）连锁的RAPD标记。

实践练习

1. 总结琼脂糖凝胶电泳检测DNA的原理。
2. 影响琼脂糖凝胶电泳分离DNA片段的基本因素有（　　）。

A. DNA分子的大小　B. DNA分子的构型　C. 琼脂糖凝胶的浓度
D. 电源电压　E. 电泳缓冲液

3. 琼脂糖凝胶电泳槽中的缓冲液为什么要经常更换?
4. 常用的电泳缓冲液有（　　）。

A. TAE　B. TBE　C. TPE

5. RAPD多态性分析方法的特点有（　　）。

A. 引物是随机合成或是任意选定的
B. 扩增没有特异性
C. 退火温度较低，一般为36℃
D. 利用一套随机引物，得到大量DNA分子标记，可借助计算机进行系统分析

（汪　峻）

项目七

重组质粒的制备将丝氨酸羟甲基转移酶基因(*glyA*)克隆至质粒 pET30a

学·习·目·标

【学习目的】

能应用限制性核酸内切酶、DNA 连接酶进行 DNA 体外重组操作，构建重组质粒。

【知识要求】

1. 掌握限制性核酸内切酶的概念、分类和特性；
2. 理解 DNA 连接酶构建重组分子的原理；
3. 了解甲基化酶、DNA 聚合酶、末端转移酶等其他工具酶。

【能力要求】

1. 能正确选择和利用限制性核酸内切酶进行 DNA 的酶切操作；
2. 能应用 DNA 连接酶进行外源 DNA 和质粒载体的体外连接；
3. 会正确分析影响酶切和连接效率的因素。

※ 项目说明

项目四用 PCR 扩增了丝氨酸羟甲基转移酶基因（*glyA*），项目五用碱裂解法抽提得到了质粒 pET30a，项目六用琼脂糖凝胶电泳分析检测了 *glyA* 和 pET30a。本项目先用限制性核酸内切酶 *BamH* Ⅰ 和 *Nde* Ⅰ 分别切割 *glyA* 和 pET30a，再用 T4 DNA 连接酶将二者连接起来，构建重组质粒 pET30a-*glyA*，从而将丝氨酸羟甲基转移酶基因（*glyA*）克隆至质粒 pET30a。

※ 必备知识

一、限制性核酸内切酶

1. 限制性核酸内切酶的概念

限制性核酸内切酶（restriction endonulease，RE）是可以识别双链 DNA 分子中特异核苷酸序列，并在识别位点或其周围切割双链 DNA 的一类核酸内切酶，简称限制酶。限制酶主要是从原核生物中分离纯化出来的，迄今已从近 300 种不同微生物中分离出了约 4000 种限制酶。在限制性核酸内切酶的作用下，侵入细菌的外源 DNA 分子便会被降解，而细菌自身的 DNA 在甲基化酶的保护下，免受限制性核酸内切酶的降解。限制性核酸内切酶和甲基化酶构成了细菌的限制-修饰系统，其目的是分解外来的 DNA，保护自身的 DNA，这就是限制性核酸内切酶名称中“限制”的由来。

2. 限制性核酸内切酶的分类

根据限制性核酸内切酶的识别切割特性、催化条件以及是否具修饰酶的活性，可将其分为Ⅰ、Ⅱ和Ⅲ型。

（1）Ⅰ型限制性核酸内切酶　由三种不同亚基构成，双功能酶，具有修饰活性（甲基化）和内切酶活性。能识别专一的核苷酸序列，并在距离识别点大约 1000bp 处切割 DNA 分子中的双链，但是切割的核苷酸序列没有专一性，是随机的，不产生特异性 DNA 片段。作用时需要 Mg^{2+}、ATP 和 *S*-腺苷甲硫氨酸作为催化反应的辅因子。

（2）Ⅱ型限制性核酸内切酶　只由一条多肽链组成，一般是同源二聚体，由两个彼此按相反方向结合在一起的相同亚单位组成，每个亚单位作用在 DNA 链的两个互补位点上。其限制-修饰系统分别由限制性核酸内切酶与甲基化酶两种不同的酶分子组成。Ⅱ型限制酶相对分子质量小，只具有内切酶活性，能识别专一的具有回文结构的核苷酸序列，并在该序列内的固定位置上切割，产生特异的 DNA 片段（图 7-1）。作用时不需要水解 ATP 提供能量，仅需 Mg^{2+} 作为催化反应的辅因子。Ⅱ型限制酶种类很多，并且可以特异地切割 DNA 而产生特异性片段，非常适宜对 DNA 进行操作。通常所指的 DNA 限制性核酸内切酶就是指Ⅱ型限制性核酸内切酶。

（3）Ⅲ型限制性核酸内切酶　也同时具有修饰活性和内切酶活性。酶分子由两个亚基组成，其中 M 亚基（修饰亚基）负责位点识别与修饰，R 亚基（限制亚基）则具有核酸酶的活性。有专一的识别序列，但不是对称的回文序列。有特异的切割位点，其切割位点距识别位点 3′端 24～26bp。切割反应需要 ATP、Mg^{2+} 和 *S*-腺苷甲硫氨酸的激活。目前知道的Ⅲ型限制性核酸内切酶数量很少，在分子克隆中的实际作用不大。

上述三种不同类型的限制性核酸内切酶主要特性的比较见表 7-1。

表 7-1　限制性核酸内切酶的类型及其主要特性

类　型	Ⅰ型	Ⅱ型	Ⅲ型
内切酶与甲基化酶	三亚基双功能酶	内切酶与甲基化酶分子不在一起	二亚基双功能酶
识别位点	二分非对称	4～6bp，多为回文结构	5～7bp 非对称
切割位点	无特异性，至少在识别位点外 1000bp	在识别位点中或靠近识别位点	在识别位点下游 24～26bp
限制与甲基化反应	互斥	分开的反应	同时竞争
是否需要 ATP	是	否	是
序列特异性切割	否	是	是
在 DNA 克隆中作用	无用	十分有用	几乎没用

3. 限制性核酸内切酶的命名原则

1973 年 Smith 和 Nathams 首次提出命名原则，1980 年 Roberts 在此基础上进行了系统分类。总规则是以限制性核酸内切酶来源的微生物学名进行命名，其命名原则如下。

① 限制性核酸内切酶第一个字母（大写，斜体）代表该酶的微生物属名（genus）。

② 第二、第三个字母（小写，斜体）代表微生物种名（species）。

③ 第四个字母代表寄主菌的株或型（strain）。

④ 罗马字母代表发现和分离的先后顺序。

例如，*EcoR* Ⅰ中的 *E*（大写，斜体）代表产生该酶的细菌属名（*Escherichia*），*co*（小写，斜体）代表该细菌的种名（*coli*），R 代表该种的株（RY13），Ⅰ（罗马字母）代表 *Escherichia coli* RY13 中分离得到的第一种酶。

⑤ 所有的限制酶，除了总的名称核酸内切酶 R 外，还带有系统的名称，例如核酸内切酶 *R. Hind*Ⅲ。同样的，修饰酶则在它的系统名称前加上甲基化酶 M 的名称，例如相应于核酸内切酶 *R. Hind* Ⅲ 的流感嗜血菌 Rd 菌株的修饰酶，命名为甲基化酶 *M. Hind*Ⅲ。但这样的命名比较繁琐，在实际应用中往往将核酸内切酶的名称 R 省去。

4. 限制性核酸内切酶识别的序列及产生的末端类型

（1）限制酶识别的序列

① 识别序列的长度　一般为 4～8 个核苷酸所组成的特定序列，最常见的为 6 个。

② 识别序列的结构　大多数为反向重复序列，呈 180°旋转对称，常称为回文结构，如图 7-1 所示。

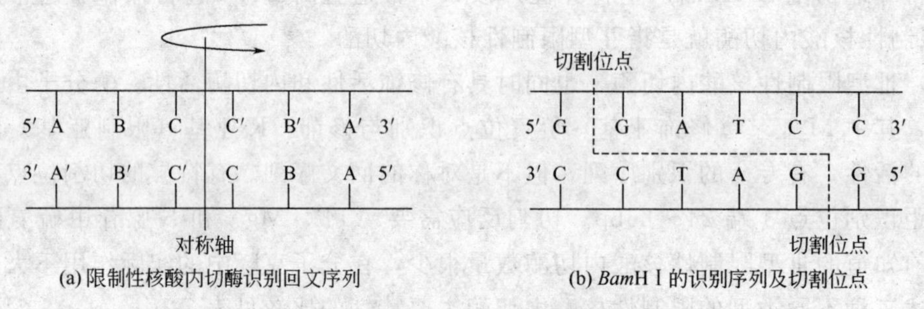

(a) 限制性核酸内切酶识别回文序列　(b) *Bam*HⅠ的识别序列及切割位点

图 7-1　限制性核酸内切酶识别序列

③ 限制酶切割的位置　限制酶对 DNA 的切割位置大多数在识别序列内部，但也有在外部的。在外部的，又有两端、两侧和单侧之别。

（2）限制酶产生的末端类型

① 黏性末端　两条链上的断裂位置是交错地但又是对称地围绕着同一对称轴排列，这种形式的断裂结果是形成具有黏性末端的 DNA 片段，如图 7-2（a）。其中，在识别序列对称轴的 3′末端切割，产生 3′-OH 单链延伸的黏性末端；在 5′端切割则产生 5′-P 单链延伸的黏性末端。

② 平末端　两条链的断裂位置处于一个对称结构中心，这种形式断裂产生具有平末端的 DNA 片段，如图 7-2（b）。产生平末端的 DNA 可任意连接，但连接效率较黏性末端低。

③ 非对称突出末端　一些限制酶切割 DNA 产生非对称突出末端。当识别序列为非

(a) 5′…… A|AGCTT……3′ →*Hind*Ⅲ 5′ ……A + AGCTT……3′
3′…… TTCGA|A……5′ 3′ ……TTCGA A……5′

(b) 5′……CCC↓GGG……3′ →*Sma*Ⅰ 5′ ……CCC + GGG……3′
3′……GGG↓CCC……5′ 3′ ……GGG CCC……5′

图 7-2　限制性核酸内切酶切割目的 DNA 产生的两种切割末端
(a) *Hind*Ⅲ对其识别序列的切割，产生了具 5′-P 的黏性末端；
(b) *Sma*Ⅰ对其识别序列切割之后，产生的平末端

对称序列时，切割 DNA 产物的末端是不同的，如 *Bbv*CⅠ。有些限制酶识别简并序列，其识别的序列中有几种是非对称的，如 *Acc*Ⅰ，也会产生非对称突出末端。

5. 几种特殊类型的Ⅱ型限制性核酸内切酶

(1) 异源同工酶（isoschizomers）　也称为同裂酶，指来源不同识别序列相同的酶。该类酶切割 DNA 的位点或方式可相同，亦可不同。如 *Sma*Ⅰ与 *Xma*Ⅰ，这两种酶识别序列相同，但酶切位点不同。

*Sma*Ⅰ CCC↓GGG

*Xma*Ⅰ C↑CCGGG

又如 *Hpa*Ⅱ与 *Msp*Ⅰ，它们的识别与切割序列均相同（C↓CGG），但 *Msp*Ⅰ还可以识别切割已甲基化的序列，如 GG↓mCC。

(2) 同尾酶（isocaudarner）　识别序列与切割位点相互有关的一类酶。它们来源各异，识别序列也各不相同，但都可以产生出相同的黏性末端。如：

*Hpa*Ⅱ CC↓GG

*Sma*Ⅰ CCC↑GGG

*Sma*Ⅰ所识别的 6 个核苷酸序列中，包含有 *Hpa*Ⅱ识别的 4 个核苷酸序列，所以，*Hpa*Ⅱ能识别并切割 *Sma*Ⅰ的核苷酸序列，但反之则不行。又如：

*Mbo*Ⅰ ↓GATC　　*Bcl*Ⅰ T↓GATCA

*Bam*HⅠ G↑GATCC　　*Bgl*Ⅱ A↑GATCT

上述四种酶的识别序列中都有 GATC，酶切后均产生相同的黏性末端 GATC。但仅有 *Mbo*Ⅰ能识别并切割其他三个酶的识别序列，而其他三种酶之间却不能互相识别其核苷酸序列。

同尾酶产生的 DNA 片段，由于具有相同的黏性末端，因而能够通过黏性末端之间的碱基互补而彼此连接，形成的位点称之为杂种位点（hybrid site）。但此类杂种位点不能够再被原来的任何一种同尾酶识别切割。

异源同工酶与同尾酶在基因工程中有一定的作用。由于消化条件和来源的限制，不能用一种酶消化某类底物时，则可用以上两种酶代替。

(3) 远距离裂解酶　此类酶在 DNA 链上的识别序列与切割位点是不一致的，它们在某一核苷酸区域与识别序列结合，然后滑行到识别序列以外的另一个位点进行切割，这一点与Ⅰ型限制酶相似，但不同的是其切点与识别位点的距离是一定的，而且不像Ⅰ型限制酶那么遥远，一般为 10 个碱基左右。如：

*Mbo*Ⅱ：GAAGANNNNNNNN↓（N 代表任何一种碱基），切点与识别位点相隔 8 个碱基。

Hga Ⅰ：GACGCNNNNN↓，切点与识别位点相隔5个碱基。

此类酶在基因工程中具有一定的应用价值。

（4）可变酶　此类酶是Ⅱ型限制酶中的特例，其识别序列中的一个或几个核苷酸是可变的，该识别序列往往超过6个核苷酸。如：

Bstp Ⅰ：GGTNACC，识别7个核苷酸序列，其中1个碱基可变。

Bgl Ⅰ：GCC $(N)_4$NGGC，识别11个核苷酸序列，其中5个碱基可变。

6. 限制性核酸内切酶的酶解过程

一个单位的限制性核酸内切酶定义为：在合适的温度和缓冲液中，在20μL反应体系中，1h完全降解1μg DNA所需的酶量。对大量DNA的酶解，一般推荐稍加大反应酶量（2～5倍）和适当延长反应时间。

（1）酶解体系　在保证酶液体积不超过反应总体积10%的前提下，尽量减小反应总体积，一般反应体系为20μL。在反应体系内的其他成分加入之后，再加入酶。

（2）混匀　可用微量移液器反复吹打反应液，或用手指轻弹管壁，使酶切体系中的所有成分充分混合。若底物DNA分子较大（如基因组DNA），应尽量避免强烈振荡，否则会导致大分子DNA发生断裂，并可使酶变性。混匀后用微量高速离心机进行短暂离心，使管壁上吸附的反应液全部沉至管底。

（3）反应终止　终止酶切反应的方法如下。

① 如果进行的是单酶切反应，则反应结束后可在反应体系中直接加入EDTA至终浓度10mmol/L，通过EDTA来螯合内切酶的辅因子Mg^{2+}而终止反应；或加入SDS至终浓度0.1%（质量/体积），使内切酶变性而终止反应。

② 若DNA酶解后仍需进行下一步反应（二次酶切或连接反应）时，可将反应体系于65℃水浴中保温20min，通过加热的方式使酶变性，但该方法仅适用于大多数最适反应温度为37℃的限制性核酸内切酶，而对那些最适反应温度较高的内切酶而言，该方法不能使之完全失活。

③ 用酚/氯仿抽提，然后乙醇沉淀，此法最为有效而且也有利于对DNA的下一步酶学操作。

7. 影响限制性核酸内切酶活性的因素

（1）DNA样品的纯度　DNA中的某些污染物质，如蛋白质、酚、氯仿、乙醇、EDTA、SDS以及高浓度的盐离子等，都有可能抑制限制性核酸内切酶的活性。应用碱法制备的DNA制剂，常含有这类杂质。一般采用如下三种方法提高限制性核酸内切酶对低纯度DNA制剂的酶切效率：①增加限制性核酸内切酶的用量；②扩大酶催化反应的体积，以使潜在的抑制因素被相应地稀释；③延长酶切时间。

（2）DNA的甲基化程度　限制性核酸内切酶是原核生物限制-修饰系统的组成部分，因此识别序列中特定核苷酸的甲基化，会强烈影响酶的活性。从寄主大肠杆菌中分离出来的质粒DNA，通常都含有作用于特定核苷酸序列的甲基化酶。因此，从正常大肠杆菌菌株中分离出来的质粒DNA，只能被限制性核酸内切酶局部消化，甚至完全不被消化。为了避免这类问题产生，在基因克隆中使用缺失甲基化酶的大肠杆菌菌株制备质粒DNA。

（3）酶切反应温度　DNA消化反应的温度是影响限制性核酸内切酶活性的另一重要因素。不同的限制性核酸内切酶具有不同的最适反应温度。大多数限制性核酸内切酶的标准反应温度是 37℃，但也有许多例外。消化反应的温度低于或高于最适温度，都会影响限制性核酸内切酶的活性，甚至导致其完全失活。

（4）DNA 的分子结构　DNA 分子的不同构型对限制性核酸内切酶的活性也有很大的影响。某些限制性核酸内切酶切割超螺旋质粒 DNA 或病毒 DNA 所需的酶量比消化线性 DNA 高许多，最高的可达 20 倍。此外，一些限制性核酸内切酶切割处于不同部位的酶切位点时，其效率亦有明显的差异。一般来说，一种限制性核酸内切酶对其不同识别位点切割速率的差别最多不会超过 10 倍。

（5）缓冲液　限制性核酸内切酶的标准缓冲液的组分包括氯化镁、氯化钠或氯化钾、Tris-HCl、β-巯基乙醇或二硫苏糖醇（DTT）以及牛血清白蛋白（BSA）等。酶活性的正常发挥需要二价阳离子，通常是 Mg^{2+}。不正确的 NaCl 或 Mg^{2+} 浓度，不仅会降低限制酶的活性，而且还可能导致特异性识别序列的改变。

限制酶的识别位点是在特定的消化条件下测得的。故当条件改变时，限制酶的识别位点也可能随之改变，通常是特异性降低，识别和切割额外的位点。这些条件的改变主要包括离子强度降低、pH 值增大、辅因子（Mg^{2+}）被其他二价阳离子取代、有机溶剂污染、甘油浓度过高和限制酶过量等。如 *Eco*RⅠ在正常条件下的识别序列是 G↓AATTC，但在低盐（小于 50mmol/L）、高 pH 值（pH＞8.0）和 50％的甘油存在时，其识别序列减少为 AATT，从而能切割一些与其特异性识别序列相类似的序列，降低酶切的特异性，这种特异性降低的酶活性称为星号活性（star activity）。

（6）双酶切反应

① 同步双酶切　同步双酶切是一种省时省力的常用方法。选择能让两种酶同时作用的最佳缓冲液是非常重要的一步。

② 分步酶切　如果找不到一种可以同时适合两种酶的缓冲液，就只能采用分步酶切。分步酶切应从反应要求盐浓度低的酶开始，酶切完毕后再调整盐浓度直至满足第二种酶的要求，然后加入第二种酶完成双酶切反应。

双酶切时，只要其中一种酶需要添加 BSA，则应在双酶切反应体系中加入 BSA。BSA 不会影响任何内切酶的活性。注意将甘油的终浓度控制在 10％以下，以避免出现星号活性。

（7）保护性碱基　克隆 PCR 产物的方法之一，是在 PCR 产物两端设计一定的限制酶切位点，经酶切后克隆至用相同酶酶切的载体中。但实验证明，大多数限制酶对裸露的酶切位点不能切断，必须在酶切位点旁边加上一至几个保护碱基，才能使所定的限制酶对其识别位点进行有效切断。表 7-2 列举了 15 种限制酶，比较了各种限制酶在其酶切位点旁边分别加 0、1、2、3 个保护碱基后的切断情况。－，为不能切断；±，为不能完全切断；＋，为能完全切断。结果显示，基本上所有的限制酶，在其酶切位点旁边加上 3 个以上的保护碱基后，可对其酶切位点进行有效切断。

二、DNA 连接酶

DNA 连接酶（DNA ligase）为催化 DNA 分子中 5′-磷酸基团与 3′-羟基之间形成磷酸二酯键的酶。

表 7-2　部分限制酶对 PCR 产物末端的切断情况

酶	PCR 产物末端保护碱基数			
	0	1	2	3
Apa Ⅰ	—	—	±	+
*Bam*H Ⅰ	—	±	+	+
*Bst*X Ⅰ	—	±	+	+
Cla Ⅰ	—	±	+	+
*Eco*R Ⅰ	—	±	+	+
*Eco*R Ⅴ	—	+	+	+
Hind Ⅲ	—	—	—	+
Not Ⅰ	—	—	+	+
Pst Ⅰ	—	—	±	+
Sac Ⅰ	—	±	+	+
Sal Ⅰ	+	+	+	+
Sma Ⅰ	—	±	+	+
Spe Ⅰ	+	+	+	+
Xba Ⅰ	—	±	+	+
Xho Ⅰ	—	—	±	+

1. 连接酶的类型

（1）T4 噬菌体 DNA 连接酶　T4 噬菌体 DNA 连接酶（又称 T4 DNA 连接酶），分子质量为 60kDa，是 T4 噬菌体基因 30 的编码产物，在进行连接反应时需要 ATP 辅因子。该酶最初是从 T4 噬菌体的宿主菌大肠杆菌中提取出来的，目前其编码基因已被克隆在载体 DNA 上，并在大肠杆菌细胞中实现了大量表达。

T4 噬菌体 DNA 连接酶可以连接：①两个带有互补黏性末端的双链 DNA 分子；②两个带有平末端的双链 DNA 分子；③一条链带有切口的双链 DNA 分子；④RNA-DNA 杂交链中 RNA 链上的切口，也可将 RNA 链与 DNA 链相连（图 7-3）。由于 T4 噬菌体 DNA 连接酶可连接的底物范围较广，尤其对平末端 DNA 分子的连接更为有效，因此在 DNA 重组技术中广泛应用。

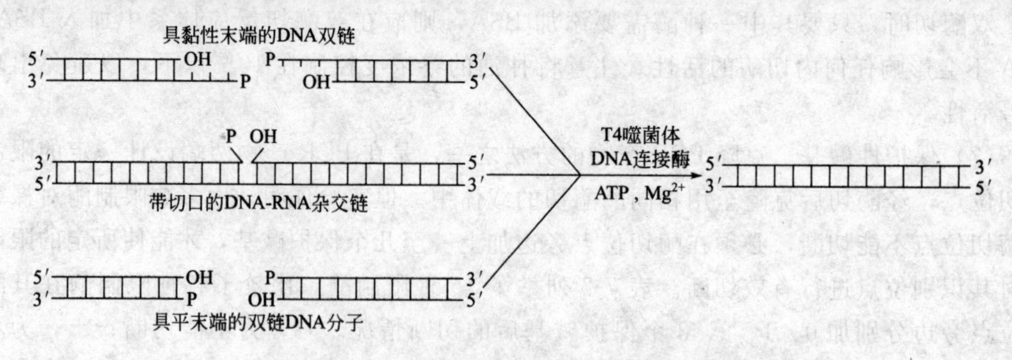

图 7-3　T4 噬菌体 DNA 连接酶的催化反应活性

（2）大肠杆菌 DNA 连接酶　大肠杆菌 DNA 连接酶的分子质量为 75kDa，是大肠杆菌基因组中 *lig* 基因的编码产物，该酶的辅因子是 NAD^+。与 T4 噬菌体 DNA 连接酶不同，大肠杆菌 DNA 连接酶几乎不能催化两个平末端 DNA 分子间的连接，它的适合底物是一条链带切口的双链 DNA 分子或具有同源互补黏性末端的 DNA 片段。由于大肠杆菌 DNA 连接酶对 DNA 末端的要求比较严格（互补的黏性末端），所以它的连接产物转化宿主菌后，假阳性背景非常低，这是大肠杆菌DNA连接酶较T4噬菌体DNA连接酶的一个突出优点。

(3) T4噬菌体RNA连接酶　T4噬菌体RNA连接酶由T4噬菌体的63基因编码，同样需要ATP作辅因子，它可催化单链DNA或RNA的5′-磷酸基团与相邻的3′-羟基之间共价连接。此酶的主要用途是对RNA进行3′末端标记，也就是将^{32}P标记的3′，5′-二磷酸单核苷（pNp）加到RNA的3′端。

2. DNA连接酶的活性单位

T4噬菌体DNA连接酶的活性单位是韦氏（Weiss）单位。一个韦氏单位是指在37℃条件下，20min内催化1nmol^{32}P从焦磷酸根置换到γ，β-^{32}P-ATP所需的酶量。使用不同的方法测定T4噬菌体DNA连接酶的催化活性，可有不同的酶活性定义。如M-L单位使用d（A-T）$_n$为底物；黏性末端连接单位以λDNA/*Hind*Ⅲ片段为底物。韦氏单位与其他单位之间的换算关系为：一个韦氏单位相当于0.2个M-L单位或60个黏性末端连接单位。在使用T4噬菌体DNA连接酶时，一定要了解厂商所使用的酶活性定义单位。

3. 影响连接效率的因素

(1) 连接酶的用量　在一般情况下，酶浓度高，反应速度快，产量也高，但连接酶是保存在50%甘油中，若连接反应体系中甘油含量过高，会影响连接效果，因此连接酶的用量不要过多。DNA连接酶用量与DNA片段的性质有关，连接平末端必须加大酶量，一般使用连接黏性末端酶量的10～100倍。另外，需要注意T4连接酶的缓冲液是否包含ATP，商品化的连接酶缓冲液中一般都含有ATP，如果没有，则需要另外加入。

(2) 作用时间与温度　反应时间是与温度有关的，因为反应速度随温度的提高而加快。虽然DNA连接酶的最适温度是37℃，但在37℃时，黏性末端之间的氢键结合是不稳定的，而在低温下更加稳定。所以在实际操作中，连接黏性末端时，一般采用12～16℃，保温12～16h；连接平末端时，大多采用15～20℃，保温4～16h。

(3) 载体DNA和外源DNA之间的比例　建立连接反应体系时，外源基因的量要多些，载体的量要少些，这样碰撞的机会就会多些，否则载体自身环化严重。如果使用质粒载体，一般载体DNA与外源DNA的物质的量比值为1∶(1～3)。

(4) 载体消化程度　酶切消化一定要完全。实际操作中，常常发生载体消化不完全，容易导致阳性重组率下降，转化后的菌落中带有很多没有插入外源基因的载体分子。所以，最好能够在载体酶切后进行胶回收，得到完全酶切的载体大片段。

(5) 其他因素　连接反应是一个取决于众多参数的过程，这些参数包括DNA末端的特性、DNA片段的纯度、浓度和大小、反应温度、连接时间、酶量、离子浓度等，任何参数的改变都会直接影响连接反应的效率。

三、DNA甲基化酶

原核生物甲基化酶（methylase）是作为限制与修饰系统中的一员，用于保护宿主DNA不被相应的限制酶所切割。当使用限制性核酸内切酶消化DNA时，要考虑是否有甲基化的问题，这是因为如果识别序列中某个特定碱基被甲基化后，切割就会被完全或不完全阻断。

1. 甲基化酶的种类

在*E. coli*中，大多数都有三个位点特异性的DNA甲基化酶。

(1) Dam甲基化酶　Dam甲基化酶可在GATC序列中的腺嘌呤N6位置上引入甲基。一些限制酶（*Pvu*Ⅱ、*Bam*HⅠ、*Bcl*Ⅰ、*Bgl*Ⅱ、*Xho*Ⅱ、*Mbo*Ⅰ、*Sau*3AⅠ）的识别位点中含GATC序列，另一些酶[*Cla*Ⅰ(1/4)、*Xba*Ⅰ(1/16)、*Taq*Ⅰ(1/16)、*Mbo*Ⅰ(1/16)、*Hph*Ⅰ(1/16)]的部分识别序列含此序列，如平均4个*Cla*Ⅰ位点(ATCGATN)中就有一个该序列。

有些限制酶对Dam甲基化的DNA敏感，不能切割相应的序列，如*Bcl*Ⅰ、*Cla*Ⅰ、*Xba*Ⅰ等。对甲基化不敏感的有*Bam*HⅠ、*Sau*3AⅠ、*Bgl*Ⅱ、*Pvu*Ⅰ等。*Mbo*Ⅰ和*Sau*3AⅠ识别和切割位点相同，但其差异就在于前者对甲基化敏感。

(2) Dcm甲基化酶　Dcm甲基化酶识别CCAGG和CCTGG序列，在第二个胞嘧啶的C5位置上引入甲基。受Dcm甲基化作用影响的酶有*Eco*RⅡ(↓CCWGG)。大多数情况下，其同裂酶*Bst*NⅠ(CC↓WGG)可避免这一影响，因为二者识别序列虽然相同，但切点不同。

受Dcm甲基化酶影响的酶还有*Acc*65Ⅰ、*Alw*NⅠ、*Apa*Ⅰ和*Eae*Ⅰ等。不受Dcm甲基化酶影响的酶有*Ban*Ⅱ、*Bst*NⅠ、*Kpn*Ⅰ和*Nar*Ⅰ等。

(3) *Eco*KⅠ甲基化酶　*Eco*KⅠ甲基化酶可将AAC(N6A)GTGC和GCAC(N6A)GTT序列中腺嘌呤的N6位置进行甲基化修饰。但*Eco*KⅠ甲基化酶的识别位点少，所以研究较少。

如果限制性核酸内切酶的识别位点是从表达Dam或Dcm甲基化酶的菌株中分离而得，并且其甲基化识别位点与内切酶识别位点有重叠，那么该限制性核酸内切酶的部分或全部酶切位点有可能不被切割。例如，从dam＋*E. coli*中分离的质粒DNA完全不能被识别序列为GATC的*Mbo*Ⅰ所切割。

*E. coli*菌株中的DNA甲基化程度并不完全相同。pBR322 DNA能被完全修饰（因此完全不能被*Mbo*Ⅰ切割），而λDNA只有大约50%的Dam位点被甲基化，这是因为在λDNA被包装到噬菌体头部之前，甲基化酶还没来得及将DNA完全甲基化。因此，被Dam或Dcm甲基化完全阻断的酶却能对这些λDNA进行部分切割。

2. 甲基化酶对限制酶切的影响

(1) 修饰酶切位点　*Hinc*Ⅱ可识别四个位点（GTCGAC、GTCAAC、GTTGAC和GTTAAC），甲基化酶M. *Taq*Ⅰ可甲基化TCGA中的A，所以M. *Taq*Ⅰ处理DNA后，GTCGAC将不受*Hinc*Ⅱ切割。

(2) 产生新的酶切位点　通过甲基化修饰可产生新的酶切位点。*Dpn*Ⅰ是依赖甲基化的限制酶，TCGATCGA受M. *Taq*Ⅰ处理后形成甲基化(A)产物TCG*ATCG*A，其中G*ATC即为*Dpn*Ⅰ位点。

(3) 对基因组作图的影响　在研究哺乳动物m5CG、植物m5CG和m5CNG、肠道细胞Gm6ATC的甲基化水平和分布时，利用限制酶对甲基化的敏感性差异，大有作为。

四、其他工具酶

1. DNA聚合酶

大肠杆菌DNA聚合酶、大肠杆菌DNA聚合酶Ⅰ的Klenow大片段酶（Klenow

酶)、T4 DNA 聚合酶、T7 DNA 聚合酶、逆转录酶及 *Taq* DNA 聚合酶等均是基因工程中常用的 DNA 聚合酶，其共同特点是能够把脱氧核糖核苷酸连续地加到 dsDNA 分子引物链的 3′-OH 端，催化 DNA 分子聚合，而引物不从 DNA 模板上解离。几种 DNA 聚合酶的特性见表 7-3。

表 7-3　DNA 聚合酶特性

聚合酶名称	来 源	3′→5′ 外切活性	5′→3′ 外切活性	聚合反应速率	持续合成能力
E. coli DNA 聚合酶	大肠杆菌	低	有	中	低
Klenow 大片段酶	大肠杆菌	低	无	中	低
T4 DNA 聚合酶	T4 噬菌体	高	无	中	低
T7 DNA 聚合酶	T7 噬菌体	高	无	快	高
逆转录酶	肿瘤病毒	无	无	低	中
Taq DNA 聚合酶	栖热水生菌	无	有	快	高

2. 末端转移酶

末端脱氧核苷酸转移酶，简称末端转移酶（terminaltransferase），是从小牛胸腺中纯化出的一种相对分子质量较小（34×10^3）的碱性蛋白酶。催化 5′-脱氧核苷三磷酸转移到另一个 DNA 分子的 3′-OH 末端，即进行 5′→3′方向聚合作用。与 DNA 聚合酶不同，末端转移酶不需要模板的存在，就可以催化 DNA 分子聚合。末端转移酶的模板是具有 3′-OH 末端的 ssDNA 或具有延伸 3′-OH 末端的 dsDNA。末端转移酶可催化标记的 dNTP 掺入到 DNA 片段的 3′-OH 末端，制备 3′末端标记的 DNA 探针。

3. 碱性磷酸酶

有两种不同来源的碱性磷酸酶，一种是从大肠杆菌中分离纯化出的，叫做细菌碱性磷酸酶（BAP）；另一种是从小牛肠中分离纯化出的，叫做小牛肠碱性磷酸酶（CAP）。其共同特性是特异性切去 DNA 或 RNA 分子的 5′-P，从而使 DNA 或 RNA 分子的 5′-P 末端转换为 5′-OH 末端，即所谓的核酸分子脱磷酸作用。碱性磷酸酶的底物可以是 ss-DNA 或 dsDNA 或 RNA，也可以是核糖或脱氧核糖核苷二磷酸。其主要作用是防止 DNA 重组中载体的自身环化。

任务 7-1　操作准备

任务描述：

将丝氨酸羟甲基转移酶基因（*glyA*）克隆至质粒 pET30a，就是在体外对基因 *glyA* 和质粒 pET30a 进行酶切和连接，相关操作准备主要有限制性核酸内切酶 *Bam*HⅠ、*Nde*Ⅰ和 T4 DNA 连接酶的购买，恒温水浴锅的校准，以及基因和质粒的准备等方面工作。

1. DNA 样品

PCR 扩增产物（*glyA*），质粒 pET30a。

2. 试剂及配制

① 限制性核酸内切酶 *Bam*H Ⅰ、*Nde* Ⅰ及其 10×缓冲液

② T4 DNA 连接酶及其 10×缓冲液

③ 5mmol/L ATP

见任务 2-1 常用溶液和抗生素的配制。

④ 0.5mol/L EDTA（pH8.0）

见任务 2-1 常用溶液和抗生素的配制。

⑤ 3mol/L 乙酸钠（pH5.2）

见任务 2-1 常用溶液和抗生素的配制。

⑥ TE 缓冲液

见任务 3-1 操作准备。

⑦ 其他试剂

1%琼脂糖及相关溶液，无水乙醇，70%乙醇，无菌双蒸水。

3. 仪器设备与耗材

（1）恒温水浴锅的校准　将恒温水浴锅设定至 37℃，将一只温度计插到水浴锅的合适位置，测试温度是否准确。

（2）其他　冰箱，制冰机，台式高速离心机，电泳仪，紫外仪，旋涡振荡器，微量移液器，1.5mL 离心管，1.5mL 离心管架，20μL tip 头，记号笔等。

任务 7-2　用 *Bam*H Ⅰ和 *Nde* Ⅰ酶切 PCR 产物（*glyA*）和质粒 pET30a

任务描述：

本任务一是完成用限制性核酸内切酶 *Bam*H Ⅰ和 *Nde* Ⅰ酶切 PCR 产物（*glyA*）和质粒 pET30a，二是完成酶切产物的处理。

1. 实训原理

PCR 产物（*glyA*）要克隆到载体 pET30a 中，必须先进行酶切。PCR 引物中已经包含了 *Bam*H Ⅰ和 *Nde* Ⅰ的酶切位点，对 PCR 产物采用和载体一样的双酶切，产生的缺口与载体一致，可以顺利克隆进载体。

2. 材料准备

在任务 7-1 操作准备基础上，准备材料清单，详见表 7-4。

表 7-4　用 *Bam*H Ⅰ和 *Nde* Ⅰ酶切 *glyA* 和 pET30a 材料准备单

样品与试剂	样品	PCR 扩增产物(*glyA*)，质粒 pET30a
	试剂	*Bam*H Ⅰ、*Nde* Ⅰ及其 10×缓冲液，1%琼脂糖及相关溶液，0.5mol/L EDTA(pH8.0)，3mol/L 乙酸钠(pH5.2)，无水乙醇，70%乙醇，无菌双蒸水，TE 缓冲液
仪器及耗材		恒温水浴锅，冰箱，制冰机，电泳仪，紫外仪，台式高速离心机，旋涡振荡器，微量移液器，1.5mL 离心管，1.5mL 离心管架，20μL tip 头，温度计，记号笔等

3. 任务实施

（1）用 *Bam*HⅠ和 *Nde*Ⅰ酶切 PCR 产物（*glyA*）和质粒 pET30a

① 用适当方法判断 PCR 产物（*glyA*）和质粒 pET30a 的大致浓度。

② 按照表 7-5 建立酶切反应体系。

表 7-5　*Bam*HⅠ和 *Nde*Ⅰ酶切 *glyA* 和 pET30a 反应体系

组　分	体积/μL
glyA 或 pET30a	3(含 0.2～1.0μg DNA)
10×通用缓冲液	2
牛血清白蛋白(BSA)	0.2
无菌双蒸水	12.8
*Bam*HⅠ	1
*Nde*Ⅰ	1
总体积	20

温馨提示：

①酶切所用微量离心管、吸头及双蒸水均需灭菌；②建立酶切反应体系时，将除酶以外的所有成分加入后即加以混匀，再从冰箱内取出储酶管，立即放置于冰上，每次取酶时都应换一个无菌吸头，操作要尽可能快，用完后立即将酶放回冰箱；③尽量减少反应中的加水量以使反应体积减到最小，但要确保酶体积不超过反应总体积的 1/10，否则酶活性将受到甘油的抑制；④两种酶同时处理 DNA 时，应注意选择通用缓冲液，如果没有通用缓冲液，应选择两种酶活性都尽可能高的缓冲液，或分别进行单酶切。

③ 轻轻混匀，4000r/min 离心 10s，37℃酶切 1.5～2h。

④ 取 5μL 酶切液进行 1%琼脂糖凝胶电泳，观察酶切效果。

温馨提示：

pET30a 载体经 *Bam*HⅠ和 *Nde*Ⅰ双酶切后会形成 5274bp 和 148bp 两个片段（图 7-4），通过琼脂糖凝胶电泳可将两个片段分开。

（2）回收酶切产物

① 加入 0.5mol/L EDTA（pH8.0）使终浓度达 10mmol/L，以终止反应。

② 加入 1/10 体积的 3mol/L 乙酸钠（pH5.2）和 2 倍体积的无水乙醇，反复颠倒混匀，－20℃放置 30min。

③ 4℃、12000r/min 离心 5min，弃上清液，加入 70%乙醇洗涤，再于 4℃下 12000r/min 离心 5min，弃上清液。

④ 室温晾干 DNA 沉淀，溶于适量 TE（pH8.0）中。

温馨提示：

DNA 在干燥过程中，注意不要过分干燥，以刚刚闻不到乙醇气味为宜，否则会影响 DNA 的溶解性。

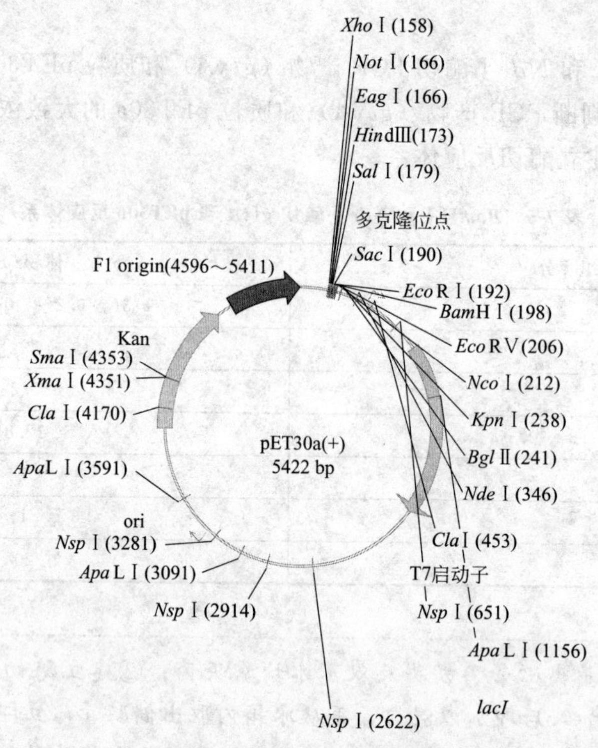

图 7-4　pET30a 载体酶切图谱

4. 思考与分析

① 分析酶切不完全的可能原因。

② 双酶切时，选择缓冲液要注意什么？

任务 7-3　用 T4 DNA 连接酶将 *glyA* 和 pET30a 连接形成重组质粒

任务描述：

本任务是将经 *Bam*HⅠ和 *Nde*Ⅰ酶切的 *glyA* 和 pET30a 用 T4 DNA 连接酶连接起来，形成重组质粒 pET30a-*glyA*。

1. 实训原理

外源 DNA 片段和线状质粒载体的连接，也就是在双链 DNA-5′-磷酸和相邻的 3′-羟基之间形成磷酸二酯键，这种共价键的形成在体外可由两种不同的 DNA 连接酶催化，一是大肠杆菌 DNA 连接酶，另一是 T4 噬菌体 DNA 连接酶。但在实际应用中，T4 噬菌体 DNA 连接酶是首选的连接酶，因为在正常反应条件下，它能有效地将平端 DNA 片段连接起来。

2. 材料准备

在任务 7-1 和任务 7-2 基础上，准备材料清单，详见表 7-6。

3. 任务实施

(1) 建立连接反应体系

① 将 0.1μg 载体 DNA（pET30a）转移到无菌微量离心管中，加等物质的量的外源

DNA（*glyA*）。

表 7-6 连接反应材料准备单

样品与试剂	样品	任务 7-2 获得的经 *Bam*H Ⅰ 和 *Nde* Ⅰ 酶切的 *glyA* 和 pET30a
	试剂	T4 DNA 连接酶及其 10×缓冲液，5mmol/L ATP，无菌双蒸水
仪器及耗材	恒温水浴锅，冰箱，制冰机，微量移液器，1.5mL 离心管，1.5mL 离心管架，20μL tip 头，温度计，记号笔等	

② 加无菌双蒸水至 7.5μL，于 45℃保温 5min 以使重新退火的黏端解链，将混合物冷却到 0℃。

③ 加入：

10×T4 DNA 连接酶缓冲液	1μL
T4 DNA 连接酶	0.1Weiss 单位
5mmol/L ATP	1μL

（2）于 16℃温育 1～4h。

（3）每个样品各取 1～2μL 转化大肠杆菌感受态细胞（见项目八）。

温馨提示：

①设立两个对照反应，一个对照只有质粒载体，另一个对照只有外源 DNA 片段；②如果外源 DNA 量不足，每个连接反应可用 50～100ng 质粒 DNA，并尽可能多加外源 DNA，同时保持连接反应体积不超过 10μL；③连接反应后，反应液在 4℃可储存数天，－80℃储存 2 个月，但是在－20℃冰冻保存会降低转化效率。

4. 思考与分析

① 提高连接反应效率的具体措施有哪些？

② 怎样防止线性载体发生自身环化？

知·识·要·点

限制性核酸内切酶是识别 DNA 中特异序列，并在识别位点或其周围切割双链 DNA 的一类内切酶，简称限制酶，可分为Ⅰ、Ⅱ和Ⅲ型，其中Ⅱ型限制酶在基因操作中广泛应用。

限制酶识别序列长度一般为 4～8bp，常见的为 6 个；识别序列结构多数为回文结构；切割位置多数在识别序列内部。限制酶产生的末端类型有黏性末端、平末端和非对称突出末端。

影响限制酶活性的因素主要有：①DNA 样品的纯度；②DNA 的甲基化程度；③酶切反应温度；④DNA 的分子结构；⑤缓冲液；⑥保护碱基等。

原核生物甲基化酶是作为限制与修饰系统中的一员，用于保护宿主 DNA 不被相应的限制酶所切割。*E. coli* 中，甲基化酶的种类有 Dam 甲基化酶、Dcm 甲基化酶和 *Eco*K Ⅰ 甲基化酶等。

DNA 连接酶是催化 DNA 分子中 5′-磷酸基团与 3′-羟基之间形成磷酸二酯键的酶。连接酶主要有 T4 噬菌体 DNA 连接酶和大肠杆菌 DNA 连接酶。其中，T4 DNA 连接酶可连接的底物范围较广，尤其对平末端的连接更为有效，因此在 DNA 重组技术中应用广泛。

技·能·要·点

1. 酶切和连接所用微量离心管、吸头及双蒸水均须灭菌。

2. 建立酶切反应体系时，将除限制酶以外的所有成分加入后加以混匀，再从冰箱内取出储酶管，立即放置于冰上。每次取限制酶时都应换一个无菌吸头，操作要尽可能快，用完后立即将酶放回冰箱。尽量减少反应中的加水量以使反应体积减到最小。但要确保限制酶体积不超过反应总体积的 1/10，否则酶活性将受到甘油的抑制。

3. 建立连接反应体系时，应同时设立两个对照反应，一个对照只有质粒载体，另一个对照只有外源 DNA 片段。如果外源 DNA 量不足，每个连接反应可用 50～100ng 质粒 DNA，并尽可能多加外源 DNA，同时保持连接反应体积不超过 10μL。

※ 能力拓展

一、酵母表达系统

真核表达系统是指在真核细胞中表达外源基因的体系。根据受体细胞的不同，真核表达系统分为三类：酵母表达系统、哺乳动物细胞表达系统和昆虫细胞表达系统。下面简要介绍酵母表达系统。

1. 酵母表达系统的特点

酵母是一种单细胞低等真核生物，培养条件普通，生长繁殖速度迅速，能够耐受较高的流体静压，用于表达基因工程产品时，可以大规模生产，有效降低了生产成本。酵母表达外源基因具有一定的翻译后加工能力，收获的外源蛋白质具有一定程度上的折叠加工和糖基化修饰，性质较原核表达的蛋白质更加稳定，特别适合于表达真核生物基因和制备有功能的表达蛋白质。某些酵母表达系统具有外分泌信号序列，能够将所表达的外源蛋白质分泌到细胞外，因此很容易分离纯化。

2. 常用酵母表达系统（宿主-载体系统）

（1）酿酒酵母表达系统　酿酒酵母难于高密度培养，分泌效率低，几乎不分泌分子质量大于 30kDa 的外源蛋白质，也不能使所表达的外源蛋白质正确糖基化，而且表达蛋白质的 C 端往往被截短。因此，一般不用酿酒酵母做重组蛋白质表达的宿主菌。酿酒酵母本身含有质粒，其表达载体有自主复制型和整合型两种。自主复制型质粒通常有 30 个或更多的拷贝，含自动复制序列（ARS），能独立于酵母染色体外进行复制，如果没有选择压力，这些质粒往往不稳定。整合型质粒不含 ARS，必须整合到染色体上，随染色体复制而复制。整合过程是高特异性的，但是拷贝数很低。为此，人们设计了 pMIRY2 质粒，旨在将目的基因靶向整合到 rDNA 簇上（rDNA 簇为酵母基因组中串联存在的 150 个重复序列），因此利用 pMIRY2 质粒可以得到 100 个以上的拷贝。值得注意的是，酿酒酵母表达的外源蛋白质往往被高度糖基化，糖链上可以带有 40 个以上的甘露糖残基，糖蛋白的核心寡聚糖链含有末端 α-1,3-甘露糖，产物的抗原性明显增强。所以，酿酒酵母常用来制备亚单位疫苗，如 HBV 疫苗、口蹄疫疫苗等。

（2）甲醇营养型酵母表达系统　甲醇营养型酵母包括汉森酵母属、毕赤酵母属、球拟酵母属等，能在以甲醇为唯一能源和碳源的培养基上生长，甲醇可以诱导它们表达甲醇代谢所需的酶，如醇氧化酶Ⅰ（AOX1）、二羟丙酮合成酶（DHAS）等。AOX1 的甲醇诱导表达量可占到胞内总蛋白质的 20%～30%，表明 AOX1 的合成受转录水平的调控，AOX1 启动子（P_{AOX1}）具有较高的调控功能，可用于外源基因的表达调控。

甲醇营养型酵母表达系统以巴斯德毕赤酵母（*Pichia pastoris*）表达系统最为常用，它由野生型石油酵母 Y11430 突变而来，常用的 3 株宿主菌是 GS115、KM71 和 MC100-3。毕赤酵母包括自我复制游离型载体和整合型载体，前者极不稳定，因此一般采用整合型载体。整合型载体含有一个启动子、相应的转录终止密码、抗生素抗性基因、在细菌中进行拷贝增殖所必需的序列以及 3′AOX1 非编码区序列。P_{AOX1} 是强启动子，可使外源蛋白质的表达量达到宿主菌总蛋白的 5%～40%。另外，某些整合型载体还含有外分泌信号肽，表达产物可以被分泌到培养基中，有利于纯化处理。常见整合型载体，如 pPIC3K、pPIC9K、pPICZ、pAO815、pPICZ 和 pGAPz 等。

毕赤酵母具有翻译后修饰功能，如信号肽加工、蛋白质折叠、二硫键形成和糖基化作用等，其糖基化位点与其他哺乳动物细胞相同，为 Asn-X-Ser/Thr，生成的糖链较短，一般只有 8～14 个甘露糖残基，核心寡聚糖链上无末端 α-1,3-甘露糖，抗原性较低，特别适合于生产医药用重组蛋白质。

（3）裂殖酵母表达系统　裂殖酵母不同于其他酵母菌株，具有许多与高等真核细胞相似的特性，它所表达的外源基因产物具有相应天然蛋白质的构象和活性，但目前对它的研究较少。

3. 利用酵母表达外源基因的步骤

以毕赤酵母表达外源基因为例，包括如下步骤：①将目的基因克隆入毕赤酵母表达载体，收获阳性重组表达质粒；②用适当的限制性核酸内切酶消化阳性重组质粒，使之线性化；③将线性化的阳性重组质粒转化入巴斯德毕赤酵母菌株（如 GS115、KM71）；④将转化物接种 HIS4 缺陷平板进行第一轮筛选；⑤用不同浓度的 G418 平板进行第二轮筛选；⑥挑选 10～20 个克隆进行小规模诱导培养，测定外源基因的表达量；⑦挑选高水平表达菌株进行大规模诱导培养，以制备外源基因表达的蛋白质。

4. 在酵母表达载体中高效表达外源基因的策略

（1）增加整合在酵母染色体上的目的基因剂量　适当增加目的基因整合到酵母染色体上的拷贝数（即基因剂量）是有效提高外源基因表达量的基本策略。如在利用毕赤酵母表达破伤风毒素片段时发现，重组蛋白质的表达量与外源基因片段表达单元整合到酵母染色体上的拷贝数直接相关，表达单元拷贝数越多，酵母分泌的重组蛋白质量就越高。但是，整合过多的外源基因拷贝数将导致重组 DNA 的不稳定。

（2）控制外源基因中的 AT 含量　外源基因中的 AT 含量直接影响其整合表达。如在研究 HIV-1 外壳蛋白的酵母表达时发现，AT 含量过高可以提前终止转录，得不到全长蛋白质产物，而用人工合成具有较高 GC 含量的 cDNA 进行表达，才得到了全长蛋白质表达产物。

(3) 选择合适的信号肽　酵母表达外源蛋白质可以是胞内的，也可以是分泌到胞外的，分泌到胞外对外源蛋白质本身而言更稳定，产量也较胞内形式更高。因此人们多选择分泌型的表达菌株，但是信号肽具有选择性，所以选择合适的信号肽对于提高某种重组蛋白质的表达量是非常重要的。

(4) 其他　外源基因在酵母中表达的影响因素还有很多，如整合位点、mRNA 5′和 3′非翻译区（UTR）、宿主菌的 Mut 表型、表达蛋白质自身的特点、培养基及培养的环境条件等，有效控制各种影响表达的因素，对于外源基因的高效表达是必不可少的。

5. 应用

利用酵母表达系统生产制备外源基因的表达产物已有 20 余年的历史，人们利用酿酒酵母和毕赤酵母表达系统已成功地表达了多种生物（包括细菌、真菌、病毒、原生生物、植物、脊椎动物、人类）的许多蛋白质，涉及酶类、蛋白酶体、受体、单链抗体、抗原、调控蛋白等。在医药领域，酵母表达系统已成功地应用于基因工程疫苗、基因工程药物制备（如抗体药物、多肽和蛋白质药物）以及蛋白质功能研究等。

二、限制性片段长度多态性（RFLP）

1. 原理

1974 年 Grodzicker 等创立的限制性片段长度多态性（restriction fragment length polymorphism，RFLP）是一种基于分子杂交技术的分子标记技术，其基本原理是：利用特定的限制性核酸内切酶识别并切割不同生物个体的基因组 DNA，得到大小不等的 DNA 片段，所产生的 DNA 数目和各个片段的长度反映了 DNA 分子上不同酶切位点的分布情况。通过凝胶电泳分析这些片段，就形成不同带，然后与克隆 DNA 探针进行 Southern 杂交和放射显影，即获得反映个体特异性的 RFLP 图谱。它所代表的是基因组 DNA 在限制性核酸内切酶消化后产生片段在长度上的差异。由于不同个体的等位基因之间碱基的替换、重排、缺失等变化导致限制性核酸内切酶识别和酶切发生改变，从而造成基因型间限制性片段长度的差异。

该技术包括以下基本步骤：DNA 的提取、用限制性核酸内切酶酶切 DNA、用凝胶电泳分开 DNA 片段、把 DNA 片段转移到滤膜上、利用放射性标记的探针显示特定的 DNA 片段（通过 Southern 杂交）、分析结果。

2. 操作

(1) DNA 样品　基因组 DNA（大于 50 kb，分别来自不同的材料）。

(2) 试剂

① 限制性核酸内切酶（*Bam*HⅠ，*Eco*RⅠ，*Hind*Ⅲ，*Xba*Ⅰ）及 10×酶切缓冲液。

② 5×TBE 电泳缓冲液：见任务 6-1 操作准备。

③ 变性液：0.5mol/L NaOH，1.5mol/L NaCl。

④ 中和液：1mol/L Tris-Cl，pH7.5 1.5mol/L NaCl。

⑤ 10×SSC：见任务2-1常用溶液和抗生素的配制。

⑥ 其他试剂：0.4 mol/L NaOH，0.2mol/L Tris-Cl，2×SSC（pH7.5），双蒸水，0.8%琼脂糖，0.25 mol/L HCl 。

（3）仪器及耗材　电泳仪及电泳槽，照相用塑料盆5只，玻璃或塑料板（比胶块略大）4块，吸水纸若干，尼龙膜（依胶大小而定），滤纸，0.5 mL离心管若干。

（4）步骤

① 基因组DNA的提取、酶解和电泳

a. 大片段DNA的提取：详见项目三基因组DNA提取实验，要求提取的DNA分子大于50kb，没有降解。

b. 在50μL反应体系中，进行酶切反应。

5μg基因组DNA

5μL 10×酶切缓冲液

20单位（U）限制酶（任意一种）

加双蒸水至50μL

混匀，37℃反应过夜。

c. 取5μL反应液，0.8%琼脂糖凝胶电泳观察酶切是否彻底，这时不应有大于30kb的明显亮带出现。

注意：未酶切的DNA要防止发生降解，酶切反应一定要彻底。

② DNA片段转移

a. 酶解的DNA经0.8%琼脂糖凝胶电泳（可18V过夜）后EB染色观察。

b. 将凝胶块浸没于0.25 mol/L HCl中脱嘌呤，10min。

c. 取出胶块，蒸馏水漂洗，转至变性液变性45min。经蒸馏水漂洗后转至中和液中和30min。

d. 预先将尼龙膜、滤纸浸入水中，再浸入10×SSC中，将一玻璃板架于盆中铺一层滤纸（桥），然后将胶块反转放置，盖上尼龙膜，上覆两层滤纸，再加盖吸水纸，压上500g重物，以10×SSC盐溶液吸印，维持18～24h。也可用电转移或真空转移。

e. 取下尼龙膜，0.4mol/L NaOH 30s，迅速转至0.2mol/L Tris-Cl，2×SSC（pH7.5）溶液中，5min。

f. 将膜夹于2层滤纸内，80℃真空干燥2h。

③ 探针制备和杂交，见分子杂交相关实验。

此外，单核苷酸多态性（single nucleotide polymorphism，SNP）是指在基因组水平上由单个核苷酸的变异所引起的DNA序列多态性。从分子水平上对单个核苷酸的差异进行检测，SNP标记可帮助区分两个个体遗传物质的差异。人类基因组大约每1000bp SNP出现一次，已有2000多个标记定位于人类染色体，对人类基因组学研究具有重要意义。检测SNP的最佳方法是DNA芯片技术。SNP被称为第三代DNA分子标记技术，随着DNA芯片技术的发展，其有望成为最重要、最有效的分子标记技术。

实·践·练·习

1. 常用的限制性核酸内切酶是指（　　）。

A. Ⅰ型限制酶　　B. Ⅱ型限制酶　　C. Ⅲ型限制酶

2. 用于基因克隆的连接酶包括（　　）。

A. T4 噬菌体 DNA 连接酶　　B. 大肠杆菌 DNA 连接酶

C. T7 噬菌体 DNA 连接酶　　D. T4 噬菌体 RNA 连接酶

3. 提高限制酶对低纯度 DNA 酶切效率的方法有（　　）。

A. 增加酶的用量　　B. 扩大反应体积

C. 延长酶切时间　　D. 增加 BSA 浓度

4. 影响限制性核酸内切酶活性的因素有哪些?

5. 简述常见的三种分子标记技术。

（高勤学　韦平和）

项目八

将含 *glyA* 基因的重组质粒转化至大肠杆菌 DH5α

学·习·目·标

【学习目的】

掌握大肠杆菌感受态细胞的制备，以及用热激法和电击法将重组质粒转化至大肠杆菌的原理和操作技术。

【知识要求】

1. 掌握感受态的概念及感受态细胞的制备方法；
2. 掌握转化的含义、原理和方法；
3. 掌握重组子筛选的原理和方法；
4. 了解基因打靶技术、转基因技术及农杆菌介导转化技术。

【能力要求】

1. 会正确制备大肠杆菌 DH5α 感受态细胞；
2. 能正确利用热激法将重组质粒转化至大肠杆菌；
3. 能正确利用电击法将重组质粒转化至大肠杆菌。

※ 项目说明

经项目七在体外构建的重组质粒（pET30a-*glyA*），须转化至受体细胞，才能实现 *glyA* 的高效表达。重组 DNA 分子导入受体细胞的方法依据载体及受体细胞的不同而不同。若受体细胞为细菌，主要采用热激法和电击法。本项目主要介绍感受态细胞的制备，并用热激法和电击法将重组质粒导入大肠杆菌 DH5α 的原理和方法。

※ 必备知识

一、感受态

1. 感受态的概念

所谓感受态是指受体细胞最易接受外源 DNA 片段并实现其转化的一种生理状态。

它是由受体菌的遗传性状所决定的，同时也受菌龄、外界环境因子的影响。研究表明，cAMP（腺苷-3′,5′-环化一磷酸）可使感受态水平提高1万倍，而Ca^{2+}也可大幅度促进转化作用。细胞的感受态一般出现在对数生长期，新鲜幼嫩的细胞是制备感受态细胞和成功转化的关键。

2. 感受态细胞制备的方法

目前常用的细菌感受态细胞制备方法有$CaCl_2$、RbCl（KCl）、PEG等化学方法及电击法，其中RbCl（KCl）法制备的感受态细胞转化效率较高，但$CaCl_2$法简便易行，且经Ca^{2+}处理的感受态细胞，其转化率一般能达到10^6～10^7转化子/μg质粒DNA，可以满足一般的基因克隆实验要求，因此$CaCl_2$法使用更为广泛。如在Ca^{2+}的基础上，联合其他的二价金属离子（如Mn^{2+}、Co^{2+}）、DMSO或还原剂等物质处理细菌，则可使转化率提高100～1000倍。

化学法简便、快速、稳定、重复性好，菌株适用范围广，因此被广泛应用于外源基因的转化。制备出的感受态细胞暂时不用时，加入占总体积15%的无菌甘油，用液氮冷冻后，分装成小份于－70℃保存（有效期为3～6个月）。

3. 感受态细胞制备的原理

细菌（受体细胞）经过理化方法处理后，细胞膜的通透性发生暂时性变化，成为允许外源DNA分子通过质膜的感受态细胞。大肠杆菌感受态细胞的制备常用化学法（$CaCl_2$法），其原理是快速生长细菌处于0℃（冰预冷）的$CaCl_2$低渗溶液中，细胞膨胀成球形，而获得感受态细胞。

4. 影响感受态细胞制备的因素

在制备感受态细胞时，一般先将细胞培养至A_{600}为0.4～0.6后，再放入冰浴中使其停止生长（或生长缓慢），然后进行细胞处理。

（1）细胞的生长状态　直接用－70℃冰冻培养基中储存原种接种而进行培养的细菌，所得到的转化效率最高，不应使用在实验室中连续传代、储存于4℃或储存于室温的培养物。

细菌生长密度以每毫升培养液中细胞数在5×10^7个左右为最好，即为细菌的对数生长期。一般通过测定细菌培养液的A_{600}值控制，A_{600}值与细胞数之间的关系因菌株而异，密度过高或者不足均会降低转化效率。

（2）试剂质量　$CaCl_2$等试剂均需高纯度的分析纯，并用纯净水配制。配制的$CaCl_2$溶液应分装成小份，避光保存于冷处。

（3）杂菌和杂DNA污染　感受态的制备过程应在无菌条件下进行，所用器皿、试剂都要灭菌处理，注意防止被DNA酶、杂DNA污染。

（4）温度　整个操作需在冰上进行，不能离开冰浴，否则细胞转化率将会降低。

二、转化

1. 转化的含义

转化是将外源质粒DNA或以其为载体构建的重组DNA分子引入受体细胞，使之获得新的遗传性状的一种方法。它是微生物遗传、分子遗传、基因工程等研究领域的基本实验技术。转化所用的受体细胞一般是限制-修饰系统缺陷的变异株，即不含限制性核酸内切酶和甲基化酶的突变体（R^-，M^-），外源 DNA 分子进入体内后能稳定地遗传给后代。

2. 转化方法

以细菌为受体的转化方法包括热激法、电击法、接合转化法、显微注射法和 PEG 介导的原生质体转化等。其中，大肠杆菌常用的转化方法有热激法和电击法。

热激法：运用化学试药（如 $CaCl_2$）制备的感受态细胞，经过热激处置将质粒 DNA 分子导入受体细胞，转化效率为 10^6～10^7 转化子/μg 质粒 DNA。

电击法：运用瞬间高压电击用冰冷超纯水洗涤处于对数生长前期的细胞，使细胞膜出现短暂电穿孔，将载体 DNA 分子导入受体细胞。电击法具有简便、快速、效率高等优点，转化率最高能达到 10^9～10^{10}转化子/μg 质粒 DNA。

3. 转化原理

（1）热激法　该法最先由 Cohen 于 1972 年发现。其原理是细菌处于 0℃、$CaCl_2$ 的低渗溶液中，菌细胞膨胀成球形，而获得感受态细菌。转化混合物中 DNA 分子在此条件下易形成抗 DNA 酶的羟基-钙磷酸复合物黏附在细菌表面，通过热激作用（42℃，90s），促使细胞吸收 DNA 复合物，然后在非选择性丰富培养基上生长数小时后，球状细胞复原并分裂增殖，进入细胞的 DNA 分子通过复制、表达实现遗传信息的转移，使受体细胞出现新的遗传性状，最后将此细菌培养物涂在选择性培养基平板上筛选，可获得含有外源基因的细菌（转化子）菌落。

（2）电击法　依靠短暂的高压电击，细胞膜出现电穿孔，促使 DNA 进入细菌。经过一段时间后，细胞膜上的小孔会封闭，恢复细胞膜原有特性。封闭所需的时间依赖于温度，温度越低，封闭所需的时间越长。

（3）DNA 分子转化过程

① 吸附：完整的双链 DNA 分子吸附到受体菌细胞表面。

② 转入：双链 DNA 分子解链变成单链，单链 DNA 分子一条进入受体细胞内，另一条被降解。

③ 自稳：进入细胞内的单链外源质粒 DNA 分子在细胞内复制成双链环状 DNA。

④ 表达：供体基因随同复制子同时复制、分裂、转录和翻译。

4. 提高热激法转化效率的方法

（1）确保感受态的质量　应该是直接制备的感受态或者是在－70℃保存的感受态。感受态的密度过高或不足均会使转化率下降。

（2）确保质粒 DNA 的相对分子质量和浓度合适　对于重组质粒，相对分子质量大的转化效率低。实验证明，大于 30kb 的重组质粒很难进行转化。此外，重组 DNA 分子的构型与转化效率也密切相关。在相对分子质量相同的情况下，环状重组质粒的转化效率较线性重组质粒高 10～100 倍，因此用于转化的质粒 DNA 应主要是共价闭环 DNA（cccDNA）。

转化效率与外源 DNA 的浓度在一定范围内成正比，但当加入的外源 DNA 量过多或体积过大时，转化效率就会降低。1ng 的 cccDNA 可使 50μL 的感受态细胞达到饱和。一般情况下，DNA 溶液的体积不应超过感受态细胞体积的 5%。

（3）防止杂菌和杂 DNA 的污染　整个操作过程应在无菌条件下进行，注意戴手套。用于转化的塑料制品，如离心管、tip头等最好是新的，并经高压灭菌处理。所有试剂都要灭菌，且注意防止被其他试剂、DNA酶或杂DNA污染，否则会影响转化效率，而且杂DNA的转入会给以后的筛选、鉴定带来不必要的麻烦。

5. 提高电击法转化效率的方法

（1）保持细胞的良好生长状态　不同种类的细胞有不同的最佳电转化时期，处于对数生长早中期的细菌细胞转化效率最高。

（2）保证质粒的纯度　电穿孔可以将质粒DNA、RNA、蛋白质、糖类等大分子物质转入细胞，一般转入共价闭环DNA（cccDNA）的效果最好，但是线性质粒有利于穿孔并整合进宿主基因组。同时，质粒的纯度对转化效果有明显影响，不纯质粒的转化效率很低。

（3）去掉电穿孔介质中的离子　大部分微生物在高电阻介质中穿孔效果较好，但培养基中的微量离子、DNA乙醇沉淀物中的残留盐分会引起样品在电击时电阻显著降低并引发电弧，干扰电转化的效果。因此，在制备电转化感受态细胞时，需要彻底清洗细胞以除去干扰，一般用去离子水或无离子溶液（葡萄糖、甘油、蔗糖或山梨醇）清洗3次以上。DNA乙醇沉淀物中的残留盐分必须在将DNA沉淀物溶于水之前洗去。对大多数微生物来说，10%～15%的甘油溶液是一种方便的穿孔介质，因为它是细胞培养物储存抗冻保护剂。在一些细菌的电穿孔缓冲液中加入少量的$MgCl_2$（约1mmol/L）可以提高转化效率。Mg^{2+}可能起到维持细胞膜结构完整性的作用。

（4）提供低温环境　电穿孔时，细胞的温度对电穿孔的效率有影响。

① 电脉冲穿过细胞时产生热量，低温状态的细胞可以减少热量的产生从而增加细胞的存活率。

② 电穿孔时在细胞膜上产生一些过渡态的空隙，低温状态的细胞有助于脉冲后空隙维持较长的开放时间，以便DNA进入。

③ 溶液的电导会随温度变化，温度升高会降低介质电阻和时间常数。

④ 扩散速率与温度直接相关，低温环境可减少分子的跨膜扩散。

对于多数细菌细胞，整个过程保持在低于4℃的环境具有最好的电敏性。

（5）适宜的电场强度、脉冲时间　不同菌株适宜转化的条件需要摸索及优化。一般菌株在电压2.5kV、电阻200Ω、电容25μF、脉冲时间4.3～5ms和低离子强度电击缓冲液的条件下，能获得较高的电击转化效率。

三、重组子的筛选

转化后的细胞在筛选培养基中培养，可筛选出转化子（即带有异源DNA分子的受体细胞），其依据是载体的遗传特征，如α-互补、抗生素基因等。

1. 蓝白斑筛选

野生型大肠杆菌产生β-半乳糖苷酶，可将无色化合物X-gal（5-溴-4-氯-3-吲哚-β-D-半乳糖苷）切割成半乳糖和深蓝色的物质5-溴-4-靛蓝。有色物质可以使整个菌落变蓝，而颜色变化是鉴定和筛选的最直观有效的方法。

蓝白斑筛选是基因工程中常用的一种重组菌筛选方法。宿主菌株为β-半乳糖苷酶缺陷型菌株，其染色体基因组中编码β-半乳糖苷酶的基因突变，造成其编码的β-半乳糖苷酶失去正常N端的一个146个氨基酸的短肽（即α-肽链），所以不能编码有活性的β-半乳糖苷酶，即无法作用于 X-gal，不能产生蓝色物质。用于蓝白斑筛选的质粒都带有 β-半乳糖苷酶基因（*lacZ*）的调控序列、编码 α-肽链的区段（N 端 146 个氨基酸的编码信息），在这个编码区中插入一个多克隆位点（MCS），它并不破坏阅读框，不影响编码 α-肽链的功能。当菌体中含有带 *lacZ* 的质粒后，质粒 *lacZ* 基因编码的 α-肽链和宿主菌基因组表达的 N 端缺陷的 β-半乳糖苷酶突变体互补，具有完整的 β-半乳糖苷酶活性，使 X-gal 生成深蓝色物质，这种现象即为 α-互补。

当外源 DNA（即目的片段）与含 *lacZ* 的载体连接时，会插入 MCS，使 α-肽链阅读框破坏，这种重组质粒不再表达 α-肽链，将它导入宿主缺陷菌株，无法形成 α-互补，所以不产生活性 β-半乳糖苷酶，即不可分解培养基中的 X-gal 产生蓝色，菌落呈现白色，是携带重组质粒的菌体产生的表型（图 8-1）。

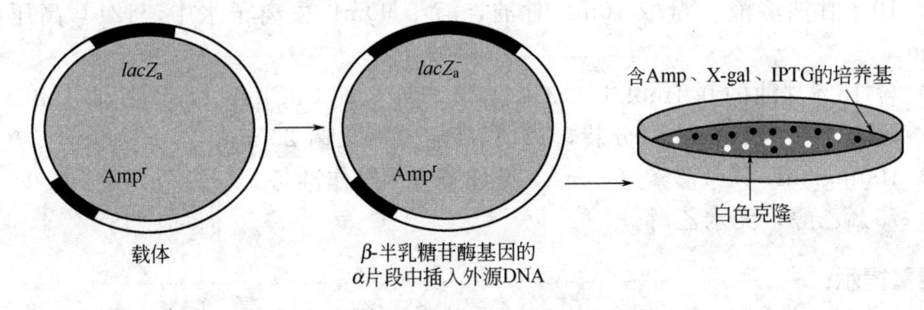

图 8-1　蓝白斑筛选示意图

2. 抗生素抗性筛选

质粒一般都带有抗生素抗性基因，当其携带目的基因转化入宿主细菌时，使宿主也带有抗生素的抗性。置于含抗生素的培养基中培养，能够生长的就是含重组子的细菌。

实验中通常蓝白斑筛选与抗性筛选同时使用。含 X-gal 的平板培养基中同时含有载体所携带抗性的抗生素，一次筛选可以判断出：未转化的菌不具有抗性，不生长；转化了空载体，即未重组质粒的菌，长成蓝色菌落；转化了重组质粒的菌，长成白色菌落。

※ 项目实施

任务 8-1　操作准备

任务描述：

将重组质粒（pET30a-*glyA*）转化至大肠杆菌 DH5α 主要包括三个步骤：一是制备感受态细胞；二是用热激法或电击法将重组质粒转化至感受态细胞内；三是给予适当的培养条件，使已导入重组质粒的感受态细胞正常生长，并方便重组子的筛选。这三个步骤涉及的操作准备主要有 LB 液体培养基和固体培养基的配制、菌种准备和活化、$CaCl_2$ 溶液的配制以及微量离心管、tip 头的灭菌处理等工作。

1. 菌种活化

（1）菌种　大肠杆菌 DH5α。

（2）培养基配制　LB液体培养基和固体培养基的配制方法，见任务3-1操作准备。

（3）菌种活化　灭菌后的LB固体培养基倒平板，平板划线法接种大肠杆菌DH5α，倒置于37℃培养箱内培养12～24h后，可看到划线末端出现不连续的单个菌落。

温馨提示：

平板划线时菌液不能蘸取过多，轻轻划线，不要弄破培养基。培养时一定要倒置摆放。

2. 试剂及配制

（1）0.1mol/L $CaCl_2$ 溶液　称取分析纯 $CaCl_2$ 1.11g，加去离子水溶解，定容至100mL，分装，121℃高压蒸汽灭菌20min。

（2）10%甘油溶液　量取10mL甘油，溶于90mL去离子水中，121℃高压蒸汽灭菌20min。

（3）含15%甘油的0.1mol/L $CaCl_2$ 溶液　分析纯 $CaCl_2$ 1.11g，甘油15mL，加去离子水溶解，定容至100mL，分装，121℃高压蒸汽灭菌20min。

（4）100mg/mL卡那霉素（Kan）　见任务5-1操作准备。

（5）75%乙醇，无水乙醇。

温馨提示：

去离子水、1.5mL离心管、tip头、牙签等也须121℃高压蒸汽灭菌20min。

3. 仪器设备与耗材

超净工作台，高压蒸汽灭菌锅，恒温培养箱，恒温摇床，紫外分光光度计，台式高速离心机，恒温水浴锅，电子天平，冰箱，制冰机，pH计，精密pH试纸，微量移液器，离心管，tip头，试剂瓶，吸水纸，标签纸，记号笔，牙签等。

任务8-2　大肠杆菌DH5α感受态细胞的制备

任务描述：

感受态细胞的制备是质粒能否成功转化的关键之一。本任务是制备大肠杆菌DH5α感受态细胞，为热激法或电击法转化重组质粒提供受体材料。

1. 实训原理

大肠杆菌感受态细胞的制备常用 $CaCl_2$ 法，其原理是快速生长的细菌处于0℃（冰预冷）的 $CaCl_2$ 低渗溶液中，细胞膜的通透性发生暂时性变化，成为允许外源DNA分子通过质膜的感受态细胞。

2. 材料准备

在任务8-1操作准备基础上，准备材料清单，详见表8-1。

3. 任务实施

（1）培养大肠杆菌DH5α

① 从LB平板上挑取新鲜活化的 *E. coli* DH5α单菌落，接种于3～5mL LB液体培养基中，37℃振荡培养过夜。

表 8-1　大肠杆菌 DH5α 感受态细胞制备材料准备单

菌种与试剂	菌种	大肠杆菌 DH5α 平板，LB 液体培养基
	试剂	0.1mol/L $CaCl_2$ 溶液，含 15%甘油的 0.1mol/L $CaCl_2$ 溶液，10%的甘油溶液，去离子水
仪器及耗材		超净工作台，紫外分光光度计，高速冷冻离心机，培养箱，恒温水浴锅，制冰机，摇床，微量移液器，1.5mL 离心管，tip 头，培养皿，试剂瓶，封口膜，线绳，硫酸纸和 50mL 无菌塑料离心管等

② 将培养悬液以 1∶100 的比例接种于 50mL LB 液体培养基中，37℃、220r/min 振荡培养 2～3h 至 A_{600} 为 0.4～0.5，备用。

温馨提示：
菌体生长应达到对数生长期，否则影响转化效率。细胞数必须＜10^8/mL。

（2）$CaCl_2$ 法制备感受态细胞

① 菌液预冷　将菌液转入 50mL 离心管中，冰上放置 30min，使菌液冷却至 0℃。

② 回收细胞　将预冷菌液在 4℃下 4000r/min 离心 10min，倒出培养液，回收细胞。

③ $CaCl_2$ 溶液重悬细胞　加入 10mL 预冷的 0.1mol/L $CaCl_2$ 溶液，用移液器上下轻轻抽打，悬浮细胞，冰上放置 30min。

④ 回收细胞　将上述离心管于 4℃下 4000r/min 离心 10min，弃去上清液。

⑤ 冰上重悬细胞　离心管中加入 4mL 预冷的含 15%甘油的 0.1mol/L $CaCl_2$ 溶液，轻轻悬浮细胞，冰上放置 5min，即成感受态细胞悬液。

⑥ 感受态细胞分装　制备好的感受态细胞分装成 200μL 于 1.5mL 离心管中，可直接用于转化，或者用液氮冷冻后储存于－70℃，可保存半年。

温馨提示：
感受态制备过程应在冰上进行，并且保证氯化钙的处理时间，否则影响转化效率。

$CaCl_2$ 法制备大肠杆菌感受态细胞的流程如图 8-2 所示。

（3）电转化感受态细胞的制备

① 菌液预冷　将菌液转入 50mL 离心管中，冰上放置 30min，使菌液冷却至 0℃。

② 回收细胞　将预冷菌液于 4℃下 4000r/min 离心 10min，倒出培养液，回收细胞。

③ 去离子水重悬细胞　加入少量预冷的去离子水，用移液器上下轻轻抽打，悬浮细胞，再加入去离子水至离心管 2/3 处。

④ 回收细胞　将上述离心管于 4℃下 6000r/min 离心 10min，弃去上清液。

⑤ 10%甘油重悬细胞　离心管中加入 4mL 预冷的 10%甘油溶液，轻轻悬浮细胞，即成感受态细胞悬液。

⑥ 感受态细胞分装　制备好的感受态细胞分装成 200μL 于 1.5mL EP 管中，可直接用于电穿孔转化，或者用液氮冷冻后储存于－70℃，备用。

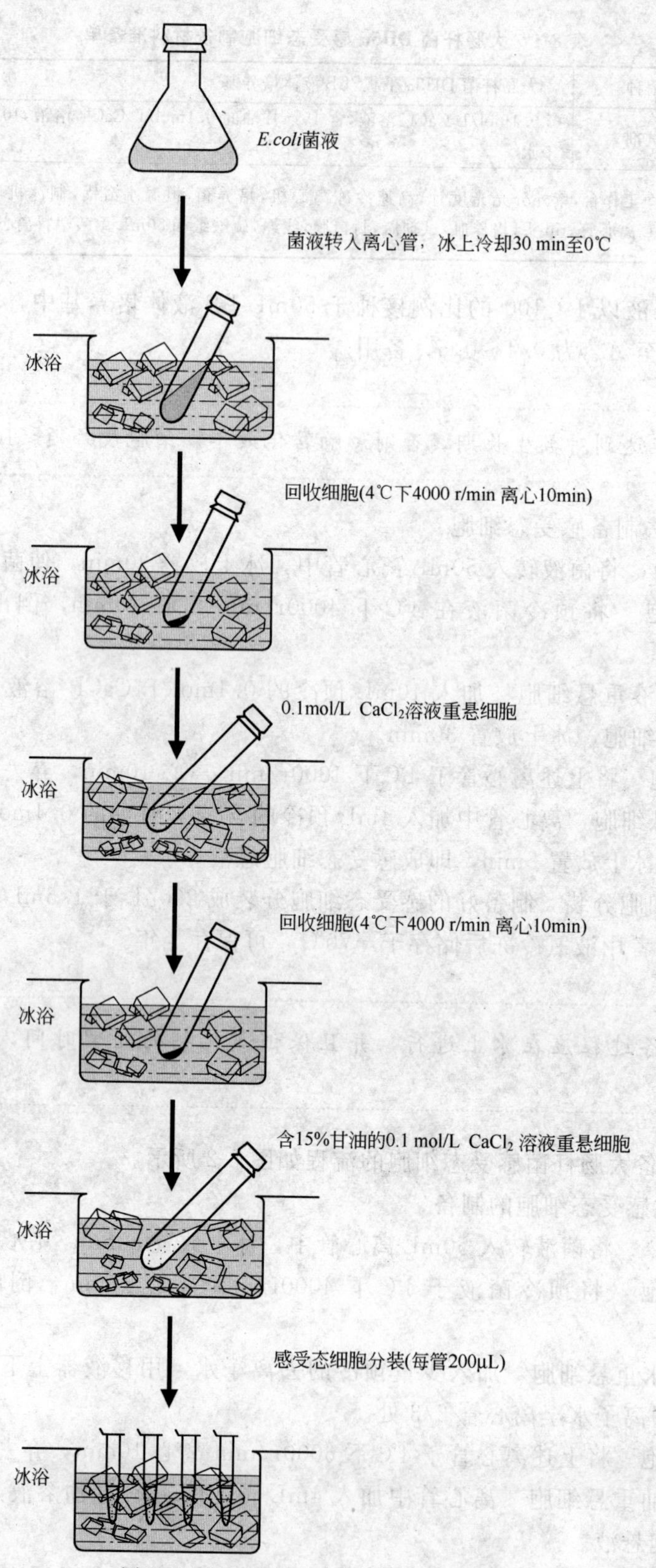

图 8-2 大肠杆菌感受态细胞的制备过程

温馨提示：

感受态制备过程应用去离子水洗净细胞，否则影响电穿孔转化效率。

4. 思考与分析

为什么大肠杆菌生长至 A_{600} 为 0.4～0.5 时制备的感受态细胞转化效率最高？

任务 8-3　用热激法将含 *glyA* 的重组质粒转化至大肠杆菌 DH5α

任务描述：

细菌转化方法主要有热激法、电击法、接合转化法、显微注射法和 PEG 介导的原生质体转化等，其中热激法是最常用的转化方法。本任务要求用热激法将含 *glyA* 基因的重组质粒转化至大肠杆菌 DH5α。

1. 实训原理

感受态细胞与重组质粒（pET30a-*glyA*）DNA 分子在 0℃、$CaCl_2$ 的低渗溶液中易形成抗 DNA 酶的羟基-钙磷酸复合物黏附在细菌表面，通过热激作用（42℃，90s），促使细胞吸收 DNA 复合物，然后在非选择性丰富培养基培养 1h，最后将此细菌培养物涂在含卡那霉素的选择性培养基平板上筛选，可获得含有外源 *glyA* 基因的细菌菌落。

2. 材料准备

在任务 8-1 操作准备基础上，准备材料清单，详见表 8-2。

表 8-2　用热激法将 pET30a-*glyA* 转化至大肠杆菌 DH5α 材料准备单

菌种与试剂	菌种	大肠杆菌 DH5α 感受态细胞
	培养基	LB 液体培养基，LB 固体培养基
	质粒	重组质粒（pET30a-*glyA*），质粒 pET30a
	试剂	100mg/mL 卡那霉素（Kan）溶液
仪器及耗材	超净工作台，培养箱，摇床，恒温水浴锅，制冰机，微量移液器，无菌 1.5mL 离心管，tip 头，培养皿，涂布器等	

3. 任务实施

用热激法将含 *glyA* 基因的重组质粒转化至大肠杆菌 DH5α，转化流程如图 8-3 所示。

① 从－70℃冰箱中取 200μL 感受态细胞，置于冰上解冻。

② 加入重组质粒 pET30a-*glyA* 的 DNA 溶液（DNA 含量不超过 50ng，体积不超过 10μL），轻轻混匀，冰上放置 30min。同时做如下两个对照管。

a. 受体菌对照 1　200μL 感受态细胞加 2μL 无菌水，其他操作与上面相同。涂布抗性平板和空白平板，用于检测感受态细胞是否有抗性或抗生素是否失效。此组正常情况下在含抗生素的 LB 平板上应没有菌落出现。不含抗生素的 LB 平板上应产生大量菌落。

b. 质粒对照 2　200μL 感受态细胞加 2μL 质粒 DNA（pET30a）溶液，其他操作与上面相同。涂布抗性平板和空白平板，用于检测感受态细胞是否正常。此组正常情况下在含抗生素的 LB 平板上应出现菌落。不含抗生素的 LB 平板上应产生大量菌落。

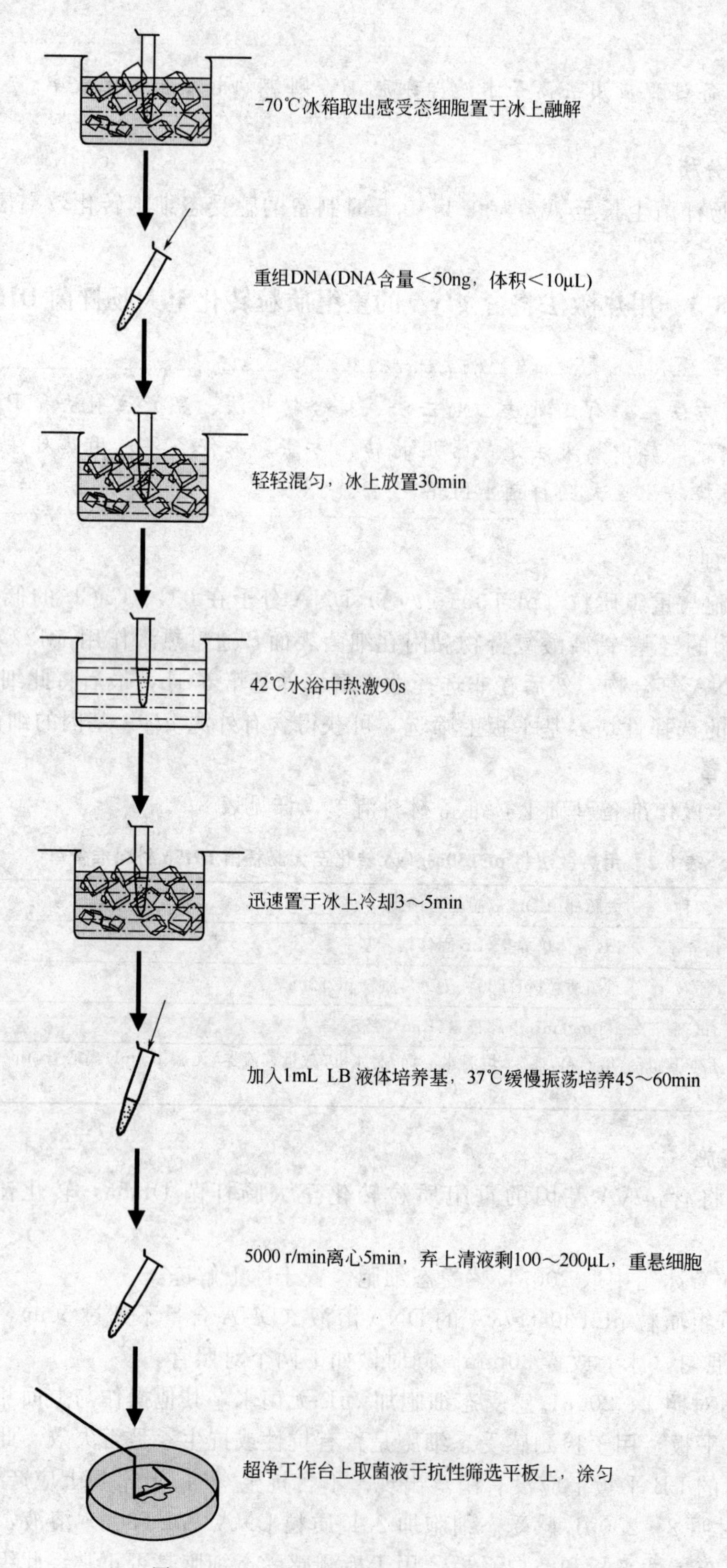

图 8-3 用热激法将质粒转化至大肠杆菌过程

③ 42℃水浴中热激90s，热激后迅速置于冰上冷却3～5min。

④ 向微量离心管中加入1mL LB液体培养基，充分混合均匀。

⑤ 置于37℃缓慢振荡培养45～60min，使细菌恢复正常生长状态，并表达质粒编码的抗生素抗性（Kan^r）基因。

⑥ 熔化LB固体培养基，待冷却至50℃左右时（感觉手背稍烫，但可忍受），根据载体的抗性加入Kan母液至终浓度50μg/mL，摇匀后趁热倒平板，每板20mL左右，打开盖子，在紫外下照10～15min，凝固后备用。

温馨提示：

培养基的温度冷却至50℃左右时加入Kan，否则容易使Kan失效。

⑦ 将振荡培养的菌液5000r/min离心5min，弃上清液剩100～200μL，将细胞重悬，在超净工作台上将100～200μL重悬液加到筛选平板上，用无菌的涂布器涂匀。待菌液完全被培养基吸收即晾干后，盖上培养皿盖，封口。

温馨提示：

涂布器应放凉后用，否则容易烫死细菌。

⑧ 倒置于37℃培养箱内培养12～16h，待出现明显而又未相互重叠的单菌落时拿出平板。

⑨ 计算转化率。

统计每个培养皿中的菌落数。转化后在含抗生素的平板上长出的菌落即为转化子，根据此皿中的菌落数可计算出转化子总数和转化频率。公式如下：

转化子总数＝菌落数×稀释倍数×转化反应原液总体积/涂板菌液体积

转化频率(转化子数/mg质粒DNA)＝转化子总数/质粒DNA加入量(mg)

感受态细胞总数＝对照2菌落数×稀释倍数×菌液总体积/涂板菌液体积

感受态细胞转化效率＝转化子总数/感受态细胞总数

4. 结果分析

① 观察平板，根据结果计算转化频率和感受态细胞转化效率。

② 分析热激法转化过程中存在的问题。

③ 对本次任务的完成过程和结果作出评价。

任务8-4　用电击法将含*glyA*的重组质粒转化至大肠杆菌DH5α

任务描述：

电击法又称电穿孔法或电转化法，是另一种常用转化方法。本次任务要求用电穿孔法将含*glyA*基因的重组质粒转化至大肠杆菌DH5α。

1. 实训原理

短暂的高压电击，会引起细胞膜分子的瞬时重排，从而使得细胞通透性改变，细胞膜出现电穿孔，DNA 容易进入细菌。

2. 材料准备

在任务 8-1 操作准备基础上，准备材料清单，详见表 8-3。

表 8-3 用电穿孔法将 pET30a-*glyA* 转化至大肠杆菌 DH5α 材料准备单

菌种与试剂	菌种	用于电击法的大肠杆菌 DH5α 感受态细胞
	质粒	含 *glyA* 基因的重组质粒(pET30a-*glyA*)，质粒 pET30a
	培养基	LB 液体培养基，LB 固体培养基
	试剂	75%乙醇，无水乙醇，100mg/mL 卡那霉素(Kan)溶液
仪器及耗材	电转化仪、超净工作台，培养箱，摇床，恒温水浴锅，制冰机，微量移液器，无菌 1.5mL 离心管，tip 头，培养皿，涂布器等	

3. 任务实施

① 将电击杯浸泡于无水乙醇中备用。

② 用无水乙醇清洗电击杯，放在超净工作台中吹干，将重组质粒、1mm 的电击杯和 LB 液体培养基一起置于冰上预冷，备用。

③ 从－70℃冰箱中取出用于电击法的感受态细胞，置于冰上解冻。

④ 取 1μL 重组质粒（pET30a-*glyA*）DNA 溶液，加入 100μL 感受态细胞中，轻轻混匀后转入预冷的电击杯中。同时做如下两个对照管。

a. 受体菌对照 1 200μL 感受态细胞加 2μL 无菌水，其他操作与上面相同。涂布抗性平板和空白平板，用于检测感受态细胞是否有抗性或抗生素是否失效。此组正常情况下在含抗生素的 LB 平板上应没有菌落出现，不含抗生素的 LB 平板上应产生大量菌落。

b. 质粒对照 2 200μL 感受态细胞加 2μL 质粒 DNA（pET30a）溶液，其他操作与上面相同。涂布抗性平板和空白平板，用于检测感受态细胞是否正常。此组正常情况下在含抗生素的 LB 平板上应出现菌落，不含抗生素的 LB 平板上应产生大量菌落。

⑤ 打开电转化仪，设定输出电压 1800V，然后将电击杯放入，立即按电钮电击。

⑥ 听到蜂鸣声后，向电击杯中迅速加入 1mL LB 液体培养基，重悬细胞后，转移到 1.5mL 离心管中。

⑦ 置于 37℃缓慢振荡培养 45～60min，使细菌恢复正常生长状态，并表达质粒编码的抗生素抗性（Kan^r）基因。

⑧ 熔化 LB 固体培养基，待冷却至 50℃左右时（感觉手背稍烫，但可忍受），根据载体的抗性加入 Kan 母液至终浓度 50μg/mL，摇匀后趁热倒平板，每板 20mL 左右，打开盖子，在紫外下照 10～15min，凝固后备用。

⑨ 将振荡培养的菌液 5000r/min 离心 5min，弃上清液剩 100～200μL，将细胞重悬，在超净工作台上取 100～200μL 菌液，加到筛选平板上，用无菌的涂布器涂匀。待菌液完全被培养基吸收即晾干后，盖上培养皿盖，封口。

⑩ 倒置于 37℃培养箱内培养 12～16h。待出现明显而又未相互重叠的单菌落时取出平板。

⑪ 按照电转化仪的维护要求，清洗处理电击杯，备用。

⑫ 计算转化率：同任务 8-3 中任务实施第⑨步。

4. 结果分析

① 观察平板，根据结果计算转化频率和感受态细胞转化效率。

② 分析电穿孔转化过程中存在的问题。

③ 对本次任务的完成过程和结果作出评价。

知·识·要·点

感受态是指受体最易接受外源DNA并实现转化的一种生理状态。常用的细菌感受态细胞制备方法有$CaCl_2$、RbCl（KCl）、PEG等化学方法及电击法，其中$CaCl_2$法使用最为广泛。

转化是将外源质粒DNA或重组DNA引入受体细胞，并使之获得新遗传性状的一种方法。包括热激法、电击法、接合转化、显微注射法、PEG介导的原生质体转化等，其中大肠杆菌常用的转化方法是热激法和电击法。

热激法：运用化学试剂（如$CaCl_2$）制备的感受态细胞，经过热激处置将质粒DNA分子导入受体细胞，其转化效率为10^6～10^7转化子/μg质粒DNA。

电击法：又称电穿孔法或电转化法，是运用瞬间高压电击用冰冷超纯水洗涤处于对数生长前期的细胞，使细胞膜出现短暂电穿孔，从而将DNA分子导入受体细胞。

技·能·要·点

1. 制备感受态细胞时，菌体生长应达到对数生长期，以A_{600}为0.4时较为合适。
2. 制备过程应在冰上操作；离心转速不宜过高，以4000r/min较为合适；轻轻悬浮细胞等。
3. 转化质粒时，加入质粒DNA含量不超过50ng，体积不超过10μL。
4. 在42℃水浴中热激90s，热激后迅速置于冰上冷却3～5min。

※ 能力拓展

一、基因打靶技术

1. 定义

基因打靶是指通过DNA定点同源重组，改变基因组中的某一特定基因，从而在生物活体内研究此基因的功能。对生物活体遗传信息的定向修饰包括基因灭活、点突变引入、缺失突变、外源基因定位引入、染色体组大片段删除等，并使修饰后的遗传信息在生物活体内遗传，表达突变的性状。基因打靶技术是一种定向改变生物活体遗传信息的实验手段，是建立在胚胎干细胞（ES细胞）与同源重组技术基础之上。

2. 原理

首先获得ES细胞系，利用同源重组技术获得带有研究者预先设计突变的中靶ES细胞。通过显微注射或者胚胎融合的方法将经过遗传修饰的ES细胞引入受体胚胎内。经过遗传修饰的ES细胞仍然保持分化的全能性，可以发育为嵌合体动物的生殖细胞，使得经过修饰的遗传信息经生殖系遗传。获得的带有特定修饰的突变动物提供研究者一个特殊的研究体系，使他们可以在生物活体中研究特定基因的功能。

3. 应用

基因打靶技术广泛应用在基因功能研究、研制人类疾病动物模型、改良动物品系和研制动物反应器等方面。基因打靶技术最早是20世纪70年代在酵母细胞中发展起来的，多为同源位点整合。20世纪80年代早期，基因打靶技术开始在小鼠细胞中进行模式试验。目前，在ES细胞进行同源重组已经成为一种对小鼠染色体组上任意位点进行遗传修饰的常规技术。基因打靶在动物上的应用研究取得了丰硕的成果。随着人类基因组计划的实施，越来越多的基因被发现，只有一小部分基因的作用是已知的，将基因打靶技术与其他生物学技术相结合对解读未知基因的功能、调控机制和它们之间的相互关系研究起到积极的作用。

二、转基因技术

1. 定义

将人工分离和修饰过的基因导入到生物体基因组中，由于导入基因的表达，引起生物体性状的可遗传的修饰，这一技术称为转基因技术。经转基因技术修饰的生物体常被称为遗传修饰体（genetically modified organism，GMO）。

目前已发展了许多用于植物基因转化的方法，可分为三大类。第一类是载体介导的转化方法，即将目的基因插入到农杆菌的质粒或病毒的DNA等载体分子上，随着载体DNA的转移而将目的基因导入到植物基因组中。农杆菌介导和病毒介导法就属于这种方法。第二类为基因直接导入法，是指通过物理或化学的方法直接将外源目的基因导入植物的基因组中。物理方法包括基因枪转化法、电激转化法、超声波法、显微注射法和激光微束法等；化学方法有PEG介导转化方法和脂质体法等。第三类为种质系统法，包括花粉管通道法、生殖细胞浸染法、胚囊和子房注射法等。植物常用的转基因方法包括花粉管通道法、基因枪法、农杆菌介导转化法等。

2. 原理

（1）花粉管通道法　是由中国科学院周光宇等（1983）建立，并在长期科学研究中发展起来的。该法的主要原理是：在授粉后向子房注射含目的基因的DNA溶液，利用植物在开花、受精过程中形成的花粉管通道，将外源DNA导入受精卵细胞，并进一步被整合到受体细胞的基因组中，随着受精卵的发育而成为带转基因的新个体。花粉管通道法的基本程序包括：①外源DNA（基因）的制备；②根据受体植物的受精过程及时间，确定导入外源DNA（基因）的时间及方法；③将外源DNA（基因）导入受体植物。

（2）根癌农杆菌介导转化法　根癌农杆菌（*Agrobacterium tumefaciens*）是普遍存在于土壤中的一种革兰阴性细菌。它能在自然条件下感染大多数双子叶植物的受伤部位，并诱导产生冠瘿瘤（crown gall tumor）。根癌农杆菌细胞中含有Ti质粒（tumor-inducing plasmid，瘤诱导质粒）。在Ti质粒上有一段T-DNA区（T-DNA region），即转移DNA（transfer-DNA），又称为T区（Tregion）。根癌农杆菌通过侵染植物伤口进入细胞后，可将T-DNA插入到植物基因组中。因此，根癌农杆菌是一种天然的植物遗传转化体系。人们将目的基因插入到经过改造的T-DNA区，借助根癌农杆菌的感染实现外源基因向植物细胞的转移与整合，然后通过细胞和组织培养技术，再生出转基因植株。

（3）基因枪法　本法由美国 Comel 大学生物化学系 John. C. Santord 等 1983 年研究成功。1987 年，Vlein 首先报道了应用此技术将 TMV（烟草花叶病毒）RNA 吸附到钨粒表面，轰击洋葱表皮细胞，经检测发现病毒 RNA 能进行复制。

基因枪根据动力系统可分为火药引爆、高压放电和压缩气体驱动三类。其基本原理是通过动力系统将带有基因的金属颗粒（金粒或钨粒），将 DNA 吸附在表面，然后在高压的作用下，微粒被高速射入受体细胞或组织，微粒上的外源 DNA 进入细胞后，整合到植物染色体上，得到表达，从而实现基因的转化。由于小颗粒穿透力强，故不需除去细胞壁和细胞膜而进入基因组，它具有无宿主限制、受体类型广泛、方法简单快速、转化时间短、转化频率高等优点。基因枪法是将直径 4μm 的钨粉或金粉在供体 DNA 中浸泡，然后用基因枪将这些粒子打入细胞、组织或器官中，具有一次处理多个细胞的优点，但转化效率较低。另外这种方法也用于基因治疗和抗体制备，并已取得初步成效。基因枪法是目前单子叶作物转基因的主要方法。然而，基因枪法仍存在一些不足，如易形成嵌合体，多基因拷贝的整合，易出现共抑制和基因沉默现象，而且基因枪法所用的仪器设备昂贵，也限制其广泛应用。

3. 应用

自 1983 年第一株转基因作物诞生以来，作物转基因技术得到了迅速发展。目前，几乎所有的作物都开展了转基因研究，该技术已在烟草、水稻、小麦、黑麦草、甘蔗、棉花、大豆、菜豆、洋葱、番木瓜、甜橙、葡萄等多种作物上获得成功。育种目标涉及高产、优质、高效兼抗性及多用途等诸多方面。一批抗病、抗虫、抗逆、抗除草剂等转基因作物已进入商品化生产阶段，如抗除草剂草甘膦的转基因大豆，抗虫转基因棉花、玉米、油菜、马铃薯、西葫芦、番茄和木瓜等。

三、农杆菌介导转化技术

1. 农杆菌介导转化过程

（1）农杆菌感受态细胞的制备

① 从 YEB 平板培养基（链霉素 Str^r、利福平 Rif^r）上挑取新鲜的农杆菌单菌落，接种于 100mg/L Str 和 50mg/L Rif 的 3mL LB 液体培养基中，在 28℃ 200r/min 条件下振荡培养 24h。

② 取对数生长期的菌液 1mL，接种于 50mL YEB 液体培养基中（50μg/mL Str），在 28℃ 200r/min 条件下振荡培养至 A_{600} 为 0.5（4～6h）。

③ 菌液冰浴 30min，分装至 1.5mL 离心管中，5000r/min 离心 5min。

④ 弃上清液，用 600μL 灭菌的 0.1mol/L $CaCl_2$ 溶液重悬菌体，冰浴 30min。

⑤ 5000r/min 离心 5min，弃上清液。

⑥ 用 100μL 灭菌的 0.1mol/L $CaCl_2$（含 15%甘油）溶液重悬菌体。

⑦ 制备好的感受态细胞保存在−70℃备用。

（2）冻融法转化根癌农杆菌

① 将 1μL（20～100ng）构建好的植物表达载体质粒，加入到 100μL 感受态细胞中，轻轻混匀，冰上放置 30min。

② 于液氮中速冻 6min，37℃温浴 3min。

③ 加入 500μL 无抗生素的 YEB 液体培养基，28℃轻摇 2～4h 消除感受态。

④ 从该培养物中取出 100μL 菌液均匀涂布在含有浓度为 50μg/mL 的卡那霉素的 YEB 选择平板培养基上，28℃培养 48h 后，待长出菌落，挑取单菌落进行 PCR 检测和酶切鉴定。

(3) 植物再生体系优化　优化宿主植物的无菌苗培养、共培养、芽的诱导、芽的伸长和生根培养的培养基配方。

(4) 植物转化体系优化

① 确定卡那霉素筛选压力　确定卡那霉素的筛选压力，目的是获得较高的阳性转化率。根据植物的种类不同设计几个卡那霉素质量浓度梯度，然后将植物叶片放在含有不同质量浓度卡那霉素的愈伤分化培养基上进行培养，当植物在没有抗生素的培养基上分化出愈伤组织及分化出芽时，统计愈伤组织诱导率和芽分化率。选择叶片外植体的分化完全受遏制、全部组织块变为白化并且死亡的培养基所含的卡那霉素的浓度为筛选浓度。

② 确定遗传转化的侵染浓度　外植体生长易受农杆菌侵染的限制。如果菌液浓度过高，就会对外植体造成严重的伤害，从而影响了外植体的生长和分化，甚至使外植体褐化死亡；而如果菌液浓度过低，会使农杆菌与外植体伤口处接触的概率降低，从而引起转化效率降低。因此，菌液浓度是影响农杆菌转化的重要因素。

③ 确定遗传转化的侵染时间　适宜的菌液侵染时间，既可以提高转化效率，又可减少后续培养中可能造成的污染，减轻细胞对植物细胞的毒害作用。根据宿主植物的种类选择几个侵染时间，对预培养 24h 的叶片外植体侵染处理，然后接种到卡那霉素筛选培养基上培养一段时间后观察外植体的变化情况，选择愈伤组织发生率和芽诱导率都高的菌液侵染时间为转化的侵染时间。

(5) 农杆菌介导转化植物

① 无菌外植体的培养：将宿主种子用 70%乙醇浸泡 30s，然后用 10%次氯酸钠消毒 15min，其间不断摇动，用无菌水冲洗 3 遍后，接种于 MS 培养基，置于适宜的温度下培养，待子叶展开时，在无菌条件下切下子叶放在共培养培养基中预培养一天，即可用于农杆菌转化。

② 农杆菌的培养：挑取 YEB 平板上的含重组载体的单菌落，接种于 5mL 含相应抗生素的 YEB 液体培养基中，28℃、200r/min 振荡过夜培养，菌液长至 A_{600} 为 0.4～0.6 时，按 1∶100 的比例稀释菌液，再摇菌进行二次活化，A_{600} 为 0.5 时，将菌液转入离心管，然后 4℃、4000r/min 离心 5min，收集细菌细胞，用 2%MSO 液体培养基悬浮沉淀至所需的侵染浓度。

③ 侵染和共培养：将外植体放入稀释的农杆菌菌液中侵染（侵染时间为优化出的侵染时间），其间轻轻摇动几次。然后将外植体放入共培养培养基中共培养 48h。设置对照为未经农杆菌侵染的子叶外植体（20～30 个），放置到芽诱导培养基中，这些子叶应该被卡那霉素杀死。

④ 继代和外植体的筛选：共培养后将外植体转移至含卡那霉素的芽诱导培养基（筛选培养基）中培养，此后每隔 15 天继代一次。将形成叶原基的外植体切成小块转移

到含卡那霉素的芽伸长培养基中，间隔一定时间继代培养。

⑤ 生根：当芽长至2～4cm时切下外植体，转到含卡那霉素的生根培养基中诱导生根。

⑥ 驯化移栽：植株长到5cm可驯化移栽，将转基因植株从三角瓶中取出，用自来水洗掉植株根部的琼脂，然后移栽到装有湿润土壤的营养钵中。再把营养钵放在浅盘中用自来水充分浸透营养钵中的土壤。将浅盘用透明的塑料膜罩上，以保证较高的湿度。5～7天后撤掉塑料膜，施肥浇水。植株长至10cm定植到温室。

⑦ 转基因植株检测：利用分子生物学、生物化学方法检测转基因植株。例如转基因植株的PCR检测、Southern印迹检测等。

2. 农杆菌介导转化的应用

农杆菌介导转化技术具有操作简单、效率高、周期短、可插入外源基因片段大、不易发生重排、拷贝数低、宿主范围广等优点，是目前国内外最常用的植物遗传转化方法之一，在主要农作物的抗病虫、抗逆、品质改良、雄性不育等遗传改良方面发挥了重要作用。

实·践·练·习

1. 大肠杆菌感受态细胞的制备方法有（ ）。

A. $CaCl_2$ 法　B. 电击法　C. RbCl（KCl）法　D. PEG法

2. 植物常用的转基因方法包括（ ）。

A. 花粉管通道法　B. 热激法

C. 基因枪法　D. 农杆菌介导转化法

3. 用 $CaCl_2$ 制备大肠杆菌感受态细胞时，菌体生长的适宜密度为（ ）。

A. $A_{600}=0.6\sim0.7$　B. $A_{600}=0.4\sim0.5$

C. $A_{600}=0.5\sim0.6$　D. $A_{600}=0.3\sim0.4$

4. 简述大肠杆菌感受态细胞制备的操作过程。

5. 简述用热激法将重组质粒转化至大肠杆菌的操作过程。

6. 简述用电穿孔法将重组质粒转化至大肠杆菌的操作过程。

（黄晓梅）

项目九

重组子的鉴定及基因表达产物分析

学·习·目·标

【学习目的】

通过本项目的学习，使学生了解重组子的筛选鉴定、目的基因的诱导表达及表达产物分析的一般原理和方法，并掌握与之相关的操作技能。

【知识要求】

1. 理解聚丙烯酰胺凝胶电泳的基本原理；
2. 熟悉核酸分子杂交的种类及方法；
3. 掌握重组子筛选和鉴定的常见方法。

【能力要求】

1. 能进行重组质粒的酶切及酶切产物的琼脂糖凝胶电泳分析；
2. 能制备光敏生物素标记的核酸探针，进行 Southern 印迹杂交；
3. 能进行目的基因的诱导表达及表达产物的 SDS-PAGE 电泳分析。

※ 项目说明

项目八获得的转化子，其所含质粒是空载的质粒（pET30a）还是重组质粒(pET30a-*glyA*)？如何鉴定是否含有外源目的基因（*glyA*）？如何诱导外源目的基因表达？表达产物是否为丝氨酸羟甲基转移酶？本项目在抗生素（Kan）抗性筛选基础上，进一步应用限制性核酸内切酶酶切、Southern 印迹杂交等方法进行重组子的鉴定，将鉴定为阳性的重组质粒转化至大肠杆菌 BL21（DE3），通过 IPTG 诱导目的基因表达，并采用 SDS-聚丙烯酰胺凝胶电泳对目的基因的表达情况（是否表达、表达产物是否为丝氨酸羟甲基转移酶、表达量等）进行分析。

学生在了解聚丙烯酰胺凝胶电泳、核酸分子杂交、重组子的筛选鉴定等基础知识基础上，完成重组质粒酶切、Southern 杂交、目的基因诱导表达以及表达产物的 SDS-PAGE 等相关任务的学习。

※ 必备知识

一、聚丙烯酰胺凝胶电泳

聚丙烯酰胺凝胶电泳（polyacrylamide gel electrophoresis，PAGE）是以聚丙烯酰胺凝胶为支持介质的电泳技术，已被广泛用于蛋白质、酶、核酸等生物分子的分离、制备及定性、定量分析。

聚丙烯酰胺凝胶由单体丙烯酰胺（Acr）和交联剂 N,N'-亚甲基双丙烯酰胺（Bis）在催化剂的作用下聚合而成。丙烯酰胺单体和 N,N'-亚甲基双丙烯酰胺单独存在或混合存在时是稳定的，当遇到自由基时，二者发生聚合反应形成三维网状结构的凝胶。聚丙烯酰胺凝胶的聚合体系有化学聚合和光聚合两种（如表 9-1 所示）。

表 9-1 聚丙烯酰胺凝胶的聚合体系

聚合方式	催化剂	加速剂	聚合条件	凝胶特点
化学聚合	过硫酸铵(AP)	N,N,N',N'-四甲基乙二胺(TEMED)	碱性环境	胶孔径较小，多用于制备分离胶
光聚合	核黄素(维生素 B_2)	无	光	胶孔径较大，不稳定，多用于制备浓缩胶

与其他凝胶相比，聚丙烯酰胺凝胶有以下优点：①在一定浓度时，胶体透明，有弹性，机械性能好；②化学性能稳定，与被分离物不起化学反应；③对 pH 和温度变化较稳定；④几乎无电渗作用，只要丙烯酰胺单体纯度高，操作条件一致，则样品分离重复性好；⑤样品不易扩散，且用量少，其灵敏度可达 10^{-6}g；⑥凝胶孔径可调节，根据被分离物质的相对分子质量，改变单体及交联剂的浓度可调节凝胶的孔径；⑦分辨率高，尤其在不连续凝胶电泳中，集浓缩、分子筛和电荷效应为一体，因而有更高的分辨率。

凝胶浓度和交联度是影响聚丙烯酰胺凝胶性能的主要因素。通常用 100mL 凝胶溶液中含有 Acr 及 Bis 的总质量（g）表示凝胶浓度（$T\%$）。交联度（$C\%$）是指交联剂 Bis 占单体 Acr 与 Bis 总量的百分数。一般分离蛋白质和核酸的聚丙烯酰胺凝胶标准浓度分别为 7.5%和 2.4%，实际操作时可根据被分离物的相对分子质量大小适当调整凝胶的浓度。

根据有无浓缩效应，聚丙烯酰胺凝胶电泳分为连续系统与不连续系统两类。连续系统中缓冲液离子成分、pH 及凝胶浓度相同，在电场中带电颗粒的泳动主要靠电荷及分子筛两种效应。不连续系统中缓冲液离子成分、pH、凝胶浓度及电位梯度具有不连续性，带电颗粒在电场中的泳动除电荷效应和分子筛效应外，还具有浓缩效应。

1. 电荷效应

电荷效应是指各种样品分子按各自所带电荷种类和数量的不同，在电场中以一定的方向和速度泳动，显现不同迁移率的现象。一般所带净电荷越多，则迁移速率越快。

2. 分子筛效应

分子筛效应是指分子大小和形状不同的样品分子，通过一定孔径的凝胶时，因受阻程度不同而表现出不同迁移率的现象。样品分子迁移速率与其分子大小和形状密切相关，分子小且为球形的蛋白质分子所受阻力小，移动快，走在前面；反之，则阻力大，移动慢，走在后面。从而通过凝胶的分子筛作用将样品成分分成各自的区带。

注意：这种分子筛效应不同于凝胶过滤时的分子筛效应，后者是大分子先从凝胶颗粒间的缝隙流出，小分子后流出。

3. 浓缩效应

原来浓度很稀的样品组分以高浓度的形式被压缩在浓缩胶很窄的区域范围，这主要与不连续系统中凝胶孔径、缓冲体系离子成分、pH 值的不连续性以及电泳开始后形成的电位梯度不连续性有关。

浓缩效应的存在，使不连续聚丙烯酰胺凝胶电泳比连续聚丙烯酰胺凝胶电泳分离出的条带清晰度及分辨率更高，因而一直以来都被广泛采用。需要说明的是，连续聚丙烯酰胺凝胶电泳利用分子筛及电荷效应也可使样品得到较好的分离，且在温和的 pH 条件下进行，不会使蛋白质、酶、核酸等活性物质变性失活，目前越来越多地被科学工作者所采纳。

二、SDS-聚丙烯酰胺凝胶电泳

1. 概念

各种蛋白质分子在凝胶电泳过程中的迁移率主要取决于其所带净电荷、相对分子质量大小和形状。SDS-聚丙烯酰胺凝胶电泳（SDS-PAGE）是一种在聚丙烯酰胺凝胶电泳体系中加入 SDS 和巯基乙醇，以消除蛋白质分子所带的净电荷和形状对电泳迁移率影响的电泳技术。SDS-聚丙烯酰胺凝胶电泳体系中待检蛋白质的迁移率主要依赖于其相对分子质量，因此被广泛用于测定蛋白质的相对分子质量。

2. 原理

十二烷基硫酸钠是一种阴离子去污剂，与蛋白质结合可形成蛋白质-SDS 复合物，由于十二烷基硫酸根带负电，使各种蛋白质-SDS 复合物都带上相同密度的负电荷，它的量大大超过了蛋白质分子原来的电荷量，因而掩盖了不同种蛋白质间原有的电荷差别。

SDS 在水溶液中主要以单体和分子团混合物形式存在。SDS 总浓度、离子强度、温度是影响混合物中单体和分子团比例的主要因素。在单体浓度为 0.5mmol/L 以上时，蛋白质和 SDS 就能结合成复合物；当 SDS 单体浓度大于 1mmol/L 时，它与大多数蛋白质平均结合比为 1.4g SDS/1g 蛋白质；在低于 0.5mmol/L 浓度时，其结合比一般为 0.4g SDS/1g 蛋白质。

此外，在蛋白质溶解液中加入 SDS 和巯基乙醇，还可引起构象改变。巯基乙醇可使蛋白质分子中的二硫键还原，使蛋白质的多肽组分分成单个亚单位；SDS 可使蛋白质的氢键、疏水键打断，与蛋白质结合后，蛋白质-SDS 复合物形成近似“雪茄烟”形的长椭圆棒。不同蛋白质-SDS 复合物的短轴相同，约 1.8nm，而长轴改变则与蛋白质的相对分子质量成正比。

上述表明，蛋白质-SDS 复合物在凝胶电泳中的迁移率不再受蛋白质原有电荷和形状的影响，而只与蛋白质的相对分子质量有关。

三、核酸分子杂交

1. 核酸分子杂交的概念

分子杂交是进行核酸序列分析、重组子鉴定以及检测外源基因整合及表达的有力手段，具有灵敏度高、特异性强等特点。分子杂交包括核酸分子杂交和蛋白质分子杂交两大类。蛋白质分子杂交多是利用抗原、抗体特异结合的原理，检测外源基因表达产物特异蛋白质的生成。核酸分子杂交是运用核酸分子双链结构以及双链结构变性和复性的性质，使不同来源的两条 DNA 与 DNA、DNA 与 RNA、RNA 与 RNA 链之间的同源序列进行碱基互补配对，形成异源杂合分子的过程。进行核酸分子杂交的主要目的是检出同源基因或同源序列。通常杂交的两条链中，一条是待检测的单链核酸分子，另一条是核酸探针。核酸杂交的主要操作内容涉及杂交探针的制备、被检核酸的制备、印迹及杂交三个方面。

2. 核酸分子杂交探针的制备

探针（probe）是被放射性同位素、生物素或荧光染料等标记化合物标记的已知序列的核苷酸片段。

核酸分子杂交中的探针，依据其来源及核酸性质又可分为双链 DNA 探针、单链 DNA 探针、cDNA 探针、RNA 探针及寡核苷酸探针等几类；根据标记物是否有放射性可分为放射性探针和非放射性探针；根据标记物掺入情况可分为均匀标记探针及末端标记探针。

基因工程中一般用酶促标记法和化学标记法制备探针。前者是用标记物预先标记核苷酸，然后利用酶促反应将标记的核苷酸掺入到探针分子上。后者通过标记物分子上的活性基团与核酸探针上的活性基团发生化学反应，使标记物直接结合到探针分子上。常见的酶促标记法和生物素化学标记法分述如下。

（1）切口平移法　利用 DNase Ⅰ 的核酸内切酶活性，先在 DNA 双链上造成单链切口，再利用大肠杆菌 DNA 聚合酶Ⅰ的 5′→3′核酸外切酶活性在切口处将旧链的 5′端脱氧核苷酸残基逐个切下，同时在 DNA 聚合酶Ⅰ的 5′→3′聚合酶活性的催化下，以互补的 DNA 单链为模板依次将反应体系中被标记物标记的 dNTP 连接到切口的 3′-OH 上，合成新的带有标记的 DNA 探针。在探针 DNA 合成过程中，切口将沿着 DNA 链移动，造成切口平移（图 9-1）。

（2）随机引物法　是在反应体系中加入寡核苷酸随机引物，待标记的模板 DNA 变

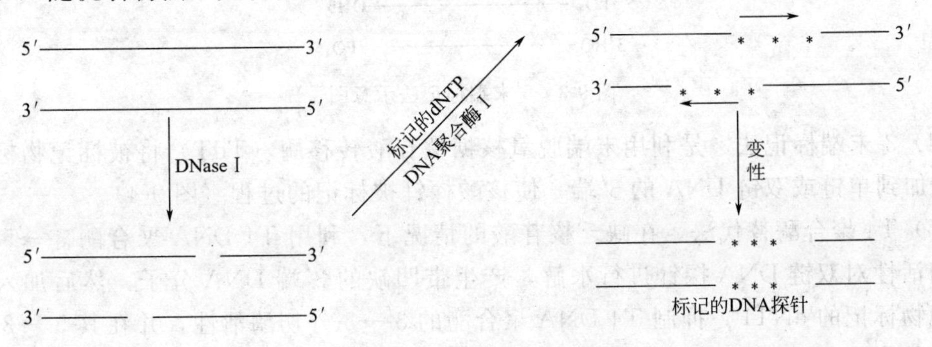

图 9-1　切口平移法示意图

性成单链后与随机引物杂交，形成局部双链区。在 DNA 聚合酶的催化下，以引物 3′-OH 为起点，利用反应体系中被标记的 dNTP，按照模板 DNA 的核苷酸顺序合成互补的探针链（图 9-2）。随机引物法的优点在于能进行双链 DNA、单链 DNA 或 RNA 探针的标记；操作简单方便，避免了因 DNase Ⅰ 处理浓度掌握不当而带来的一系列问题；标记活性高；可直接在低熔点琼脂糖溶液中进行标记等。

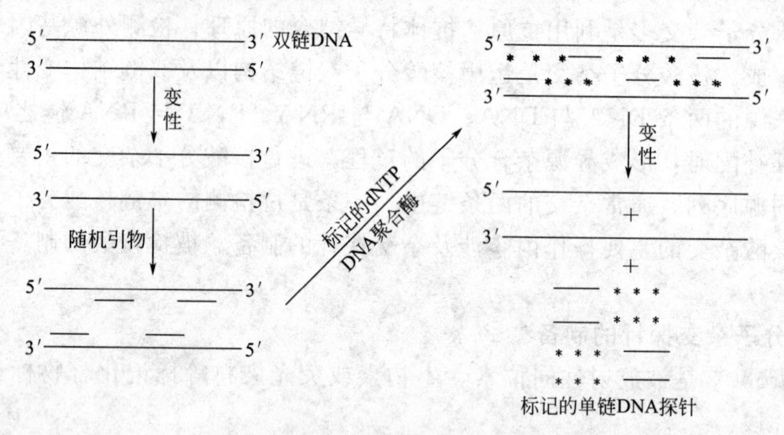

图 9-2 随机引物法示意图

(3) 5′末端标记法 5′末端标记探针常用的酶是碱性磷酸酶和 T4 多聚核苷酸激酶，最常用的标记物是［γ-^{32}P］ATP。进行标记时，一般先用碱性磷酸酶去掉 DNA 或 RNA5′端的磷酸基团，再利用 T4 多聚核苷酸激酶将［γ-^{32}P］ATP 中的^{32}P 特异地转移到 DNA 或 RNA 的 5′端游离羟基上，从而使探针核酸分子被标记。少数情况下，标记的核酸分子（人工合成的寡核苷酸片段）5′端没有磷酸基团时，可直接用 T4 多聚核苷酸激酶进行标记（图 9-3）。

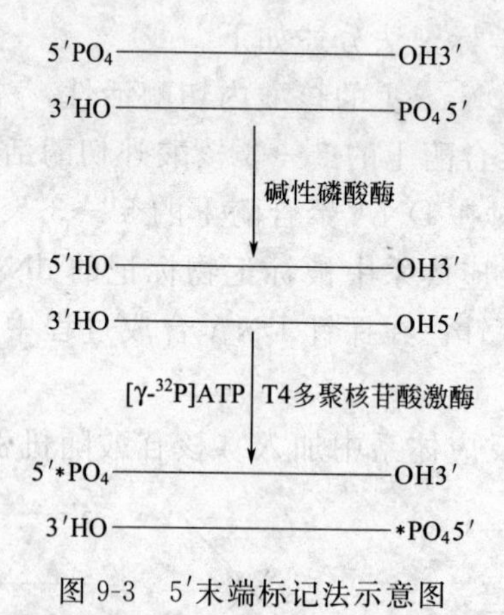

图 9-3 5′末端标记法示意图

(4) 3′末端标记法 是利用末端脱氧核糖核苷酸转移酶（TdT）将被标记物标记的 dNTP 加到单链或双链 DNA 的 3′端，使核酸探针被标记的过程（图 9-4）。

(5) T4 聚合酶替代法 在缺乏核苷酸的情况下，利用 T4 DNA 聚合酶 3′→5′核酸外切酶活性对双链 DNA 探针进行水解，产生带凹缺的 3′端 DNA 分子，然后加入 4 种被标记物标记的 dNTP，抑制 T4 DNA 聚合酶的 3′→5′外切酶活性，并在其 5′→3′聚合酶活性的作用下，修复 DNA 分子 3′端凹缺，从而使带有标记的核苷酸掺入到被修复的

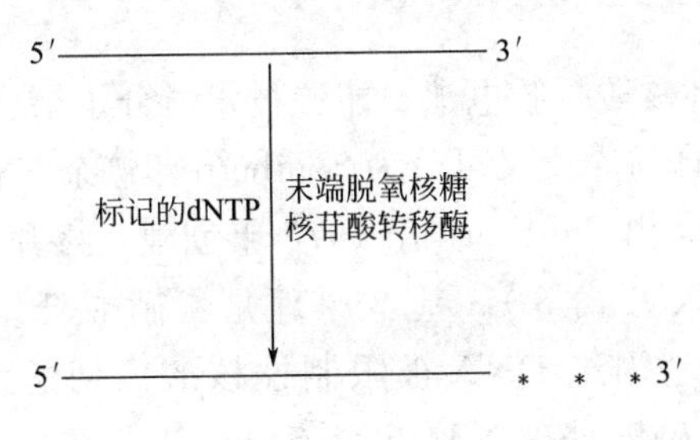

图 9-4 3′末端标记法示意图

探针 DNA 的 3′端（图 9-5）。

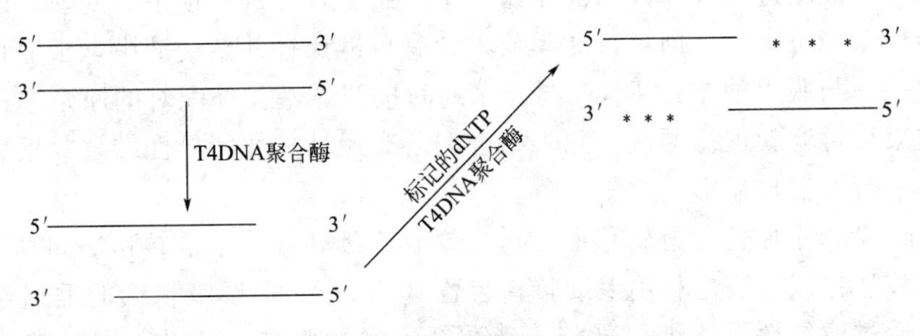

图 9-5 T4 聚合酶替代法示意图

（6）光敏生物素标记法 该方法先将光敏基团连接到生物素分子上，制备出光敏生物素，然后将光敏生物素与待标记的核酸混合，在一定条件下用强可见光照射约 15min，使光敏生物素与核酸间形成链接，从而获得生物素标记的核酸探针。

（7）双功能胺标记法 是在亚硫酸钠存在下，先用双功能胺对核酸单链上的胞嘧啶进行修饰，形成 N4 位置上带侧链的衍生物，然后利用该侧链的末端的活性氨基与生物素酯间的特异性反应，使单链核酸探针的胞嘧啶残基被生物素标记的过程。

（8）生物素酰肼标记法 其原理是核酸分子中不成对的胞嘧啶残基可以与生物素酰肼直接反应，从而使核酸分子被标记。标记时先将生物素酰肼溶于水，然后加入变性的 DNA 溶液，再加入重亚硫酸盐，于 37℃温育 24h 完成标记反应。

3. 核酸分子杂交种类及方法

根据杂交体系中待测核酸是否固定在固相支持物上，核酸杂交可分为液相杂交和固相杂交两种类型。

（1）液相杂交 液相杂交是一种研究较早且操作简便的杂交类型，其反应原理和反应条件与固相杂交基本相同，基本过程是将待测核酸样品与杂交探针同时置于杂交液中进行杂交反应，然后利用强磷灰石柱选择性结合单链核酸或双链核酸的性质分离杂交双链和未反应的探针，杂交结果可以通过 260nm 处核酸分子的减色性和仪器计数进行分析。实际应用中液相杂交不如固相杂交普遍。主要原因在于液相杂交后溶液中未杂交探针除去较为困难，且杂交过程中同源与异源的 DNA 分子会发生竞争，影响杂交结果分析。

（2）固相杂交 固相杂交是将欲检测的核酸样品预先固定在某种固相支持物上，再与溶液中的杂交探针进行反应，杂交结果可用仪器检测，也可直接进行放射自显影或酶联显色。固相杂交因其具有未杂交的探针易于漂洗去除、杂交物容易检测和能防止靶 DNA 自我复性等优点而得到普遍应用。常用的固相杂交有印迹杂交、斑点杂交、狭缝杂交和原位杂交等。

① 印迹杂交　是一种将核酸凝胶电泳、印迹技术、分子杂交融为一体的方法，依据杂交中被检核酸的差异，核酸印迹杂交又可分为Southern印迹杂交和Northern印迹杂交。

a. Southern印迹杂交　由Southern于1975年创建，多用于检测和分析外源基因的整合情况（如拷贝数、插入方式等）。基本原理是：硝酸纤维素膜或尼龙滤膜对单链DNA有很强的吸附能力，基因组DNA被限制性核酸内切酶消化后，进行琼脂糖凝胶电泳分离DNA片段，再用碱液处理凝胶以使各酶切片段在凝胶上变性，然后采用印迹技术将变性的各酶切片段由凝胶原位转移至固相滤膜。原位印迹转移结束后，进行烘烤或紫外线处理，使印迹的各片段与固相滤膜牢固结合，并进行预杂交处理，以掩盖滤膜上的非特异性杂交位点后，即可将滤膜放入含有单链探针的杂交液中，于适宜条件下进行杂交，使探针与膜上的单链DNA同源序列间按照碱基互补配对的原则进行特异性结合。杂交结束后对滤膜进行漂洗去除未结合的游离探针和非特异性结合。最后根据探针的标记性质进行放射自显影或化学显色。

Southern杂交中原位印迹转移的方法主要有毛细转移法、电转移法和真空转移法。

毛细转移法：该方法是利用毛细转移装置（图9-6）上层吸水纸的毛细作用使转移缓冲液依次通过滤纸桥、滤纸、凝胶、硝酸纤维素滤膜向上运动，同时带动凝胶中的DNA片段垂直向上运动，最终使凝胶中的DNA片段移出凝胶并沉积在硝酸纤维素滤膜表面上。毛细转移法由于操作简便，不需要特殊仪器设备，成本低廉，因此一直被广泛用于Southern印迹杂交的转膜。毛细转移法对小片段DNA（＜1kb）的转移效率较高，核酸分子量很大时，通过毛细转移较为困难，此外，对聚丙烯酰胺凝胶或聚丙烯酰胺与琼脂糖构成的混合凝胶中的DNA进行转移亦比较困难。

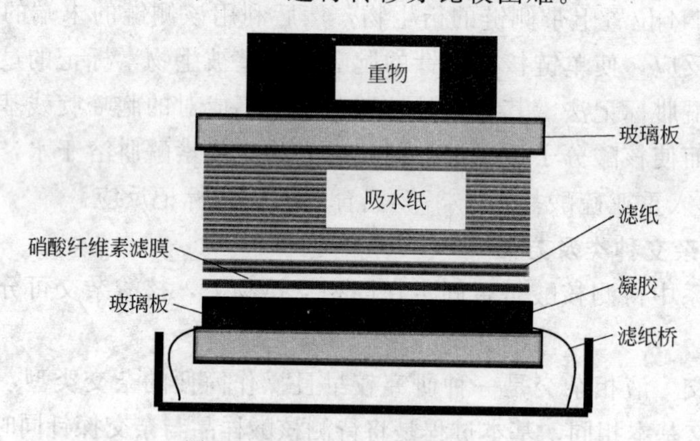

图9-6　Southern毛细转移装置

电转移法：电转移是利用电泳的原理，将凝胶中的DNA片段在电场作用下脱离凝胶，并原位转移到固相滤膜的过程。基本过程是将滤膜与凝胶紧贴后，置于滤纸之间，滤纸外侧分别置一层海绵（凝胶、滤膜、滤纸和海绵预先用缓冲液浸泡），再用多孔凝胶支持夹对其进行固定，然后将上述装置放于盛有电泳缓冲液的转移电泳槽中（凝胶平面与电场方向垂直，滤膜一侧朝向正极），接通电源后，凝胶中DNA片段在电场的作用下将沿与凝胶平面垂直的方向泳动，从凝胶中移出，在滤膜上形成印迹。电转移法适用于毛细转移不理想的大片段DNA。需注意的是为了提高DNA与固相滤膜的结合度，避免强电流引起升温破坏DNA分子，电转移时的固相滤膜不能选用硝酸纤维素膜，而选用正电荷修饰的尼龙膜或化学活化膜，转移缓冲液也不能用高盐缓冲液。

真空转移法：是在真空转移装置创造的真空条件下，使核酸片段从凝胶中快速定量转移至固相滤膜的过程。固相滤膜可用硝酸纤维素膜或尼龙膜。与毛细转移法相比，真空转移更加快速有效，30min即可使DNA片段从正常厚度（4～5mm）和正常琼脂糖浓度（<1%）的凝胶中转移出来。

b. Northern印迹杂交　该方法可以用于检测外源基因在受体中的表达情况，操作过程与Southern印迹杂交的过程基本相同。进行Northern印迹杂交的原理在于外源基因在受体中如果能够正常表达，转化的受体细胞将有其转录产物（特异性mRNA）生成。从转化的受体提取的总RNA或mRNA经变性凝胶电泳分离后，分子量大小不同的RNA分子将依次排列在凝胶上，将它们原位转移至固相滤膜，适宜的条件下，探针与滤膜上有同源序列的RNA杂交，形成RNA-DNA杂交双链，漂洗去除游离探针干扰后，依据探针标记检出杂交体并进行分析。若经杂交，样品中未出现预期杂交带，表明尽管外源目的基因已经整合到受体细胞中，但该基因并未有效表达。

② 斑点杂交与狭缝杂交　是将变性处理后的核酸样品直接点样于滤膜上，经烤干或紫外线照射使样品固定于固相滤膜，然后与探针进行杂交的过程。斑点杂交和狭缝杂交具有简单方便、经济快速的特点，可以进行半定量分析，但不能分析目的基因的长度，二者区别在于点样装置的样品孔形状不同，前者印迹为斑点状，后者印迹为线形。

③ 细胞原位杂交　是应用核酸探针与组织或细胞中的核酸同源序列进行特异性结合形成杂交体，再运用组织化学或免疫组织化学方法在显微镜下进行细胞内定位或基因表达检测的技术。该技术能在保持细胞或单个染色体形态的情况下进行，不需将DNA或RNA从细胞中提出来，多用于确定整合有外源基因的染色体在细胞内的位置以及外源基因在染色体上的位置等。

④ 菌落原位杂交　多用于重组细菌克隆筛选，主要操作是先进行细菌平板培养，再将灭菌后的滤膜覆盖于细菌平板上，以使菌落从培养平板转移到滤膜上，然后将滤膜上的菌体裂解以释放出DNA，将DNA烘干固定于滤膜上，并与标记的探针进行杂交。杂交后洗脱游离的探针，放射自显影检测菌落杂交信号，并与平板上的菌落对照以确定阳性菌落。

※ 项目实施

任务9-1　操作准备

任务描述：

围绕重组质粒（pET30a-*glyA*）的酶切及琼脂糖凝胶电泳分析、Southern印迹杂交、目的基因（*glyA*）的诱导表达和表达产物（丝氨酸羟甲基转移酶）的SDS-PAGE分析等任务，准备相关的菌种、试剂、仪器及耗材。

1. 菌种培养

(1) 菌种　含重组质粒(pET30a-*glyA*)的大肠杆菌 DH5α，大肠杆菌 BL21 (DE3)。

(2) 培养基配制　LB 培养基，其配制方法见任务 3-1 操作准备。

2. 试剂及配制

(1) 重组质粒抽提相关试剂　见任务 5-1 操作准备。

(2) 重组质粒酶切相关试剂　见任务 7-1 操作准备。

(3) 琼脂糖凝胶电泳相关试剂　见任务 6-1 操作准备。

(4) 大肠杆菌 BL21 感受态细胞制备相关试剂　见任务 8-1 操作准备。

(5) 重组质粒转化至大肠杆菌 BL21 (DE3) 相关试剂　见任务 8-1 操作准备。

(6) Southern 印迹杂交相关试剂

① 变性液　1.5mol/L NaCl，0.5mol/L NaOH。

② 中和液　0.5mol/L Tris，3mol/L NaCl，pH 7.4。

③ 20×SSC 溶液　见任务 2-1 常用溶液和抗生素的配制。6×SSC 溶液可用 20×SSC 溶液适当稀释获得。

④ 磷酸盐缓冲液　见任务 2-1 常用溶液和抗生素的配制。

⑤ 100×Denhardt 溶液　牛血清白蛋白 0.2g，聚乙烯吡咯烷酮 0.2g，聚蔗糖 0.2g，无菌水定容至 10mL。100×Denhardt 溶液用无菌水稀释 2 倍可得 50×Denhardt 溶液。

⑥ 光敏生物素乙酸盐溶液　暗室中，将 500μg 光敏生物素乙酸盐溶解于 500μL 无菌水(终浓度 1μg/μL)中，分装于无菌小离心管，−20℃避光保存 4 个月左右。

⑦ 预杂交液　甲酰胺 5mL，20×SSC 溶液 1.0mL，50×Denhardt 溶液 0.4mL，小牛胸腺 DNA (10g/L，用前热变性) 0.2mL，1mol/L 磷酸盐缓冲液 (pH6.4) 0.2mL，100mmol/L EDTA-Na_2 0.2mL，混匀。

⑧ 杂交液　甲酰胺 1.8mL，20×SSC 溶液 1.0mL，50×Denhardt 溶液 80μL，小牛胸腺 DNA (10g/L，用前热变性) 80μL，1mol/L 磷酸盐缓冲液 (pH6.4) 80μL，20%硫酸葡聚糖钠 80μL，混匀。

⑨ 抗生物素蛋白-碱性磷酸酶(AV-Ap)缓冲液　0.1mol/L Tris-HCl (pH7.5)，1mol/L NaCl，2mol/L $MgCl_2$，0.05%Triton X-100。

⑩ 封闭液　0.3g 牛血清蛋白溶于 10mL 抗生物素蛋白-碱性磷酸酶(AV-Ap)缓冲液。

⑪ 抗生物素蛋白-碱性磷酸酶(AV-Ap)酶联液　4μL 酶储存液(碱性磷酸酶或辣根过氧化物酶，1U/μL)加入抗生物素蛋白-碱性磷酸酶(AV-Ap)缓冲液 1.0mL。

⑫ 漂洗液　0.1mol/L Tris-HCl (pH7.5)，1mol/L NaCl，5mol/L $MgCl_2$。

⑬ 显色液　4mL 显色缓冲液中加入 BCIP 液和 NBT 液各 20μL。

a. BCIP (5-溴-4-氯-3-吲哚基磷酸盐)液　0.5g BCIP 溶解于 10mL 100%的二甲基甲酰胺，保存于 4℃。

b. 氮蓝四唑盐(NBT)液　15mg NBT 溶于 200μL 70%的二甲基甲酰胺水溶液。

c. 显色缓冲液　0.1mol/L Tris-HCl (pH 9.5)，0.1mol/L NaCl，5mmol/L $MgCl_2$。

温馨提示：

显色液应现用现配。

⑭ 终止液

10mmol/L Tris-HCl（pH7.5），1mol/L EDTA。

（7）诱导表达相关试剂

① 100mg/mL 卡那霉素（Kan） 见任务5-1操作准备。

② 2×SDS凝胶加样缓冲液 100mmol/L Tris-HCl（pH6.8），4%SDS，0.2%溴酚蓝，20%甘油，200mmol/L二硫苏糖醇或β-巯基乙醇。

温馨提示：

不含二硫苏糖醇或β-巯基乙醇的加样缓冲液可在室温保存，二硫苏糖醇或β-巯基乙醇临用前加入。

③ 1mol/L IPTG（异丙基硫代-β-D-半乳糖苷）溶液 在8mL蒸馏水中溶解2.38g IPTG后，用蒸馏水定容至10mL，用0.22μm滤器过滤除菌，分装成1mL小份，储存于−20℃。

（8）SDS-聚丙烯酰胺凝胶电泳相关试剂

① 30%丙烯酰胺储存液 称取丙烯酰胺29g、亚甲基双丙烯酰胺1g，加热至37℃溶解，蒸馏水定容至100mL，装于棕色瓶，4℃保存。

温馨提示：

丙烯酰胺具有很强的神经毒性并可通过皮肤吸收，其作用具有累积性。称量操作时，应戴手套和面罩。

② 1.5mol/L Tris-HCl（pH8.8）缓冲液 称取Tris 18.17g，加蒸馏水溶解，浓盐酸调pH至8.8，定容至100mL。

③ 10%SDS溶液 称取SDS 10.0g，加蒸馏水，68℃助溶，定容至100mL。

④ 10%过硫酸铵溶液 称取1.0g过硫酸铵，加水定容至10mL，4℃保存。

温馨提示：

由于过硫酸铵会缓慢分解，故应隔周新鲜配制。

⑤ 0.1%溴酚蓝溶液 称取0.1g溴酚蓝溶于20mL无水乙醇，定容至100mL。

⑥ 5×Tris-甘氨酸电泳缓冲液（pH8.3） 称取Tris 15.1g、甘氨酸94g、SDS 5g，加水定容至1L，室温存放，使用时稀释5倍使用。

⑦ 考马斯亮蓝R250染色液 在45mL甲醇、45mL水和10mL冰乙酸的混合液中溶解0.25g考马斯亮蓝R250，用Whatman1号滤纸过滤染液以去除颗粒状物质。

⑧ 脱色液 75mL冰乙酸，50mL甲醇，875mL水，混匀即可。若只配500mL，各物质减半。

3. 仪器设备与耗材

超净工作台，烘箱，培养箱，摇床，冰箱，制冰机，高速冷冻离心机，紫外分光光度计，电泳仪，平板电泳槽，夹心式垂直板电泳槽，紫外分析仪或凝胶成像系统，微波炉，旋涡混匀器，封口机，超级恒温水槽，硝酸纤维素膜（NC 膜），杂交袋，玻璃板（10cm×5cm），100W 卤钨灯，微量注射器，微量移液器，1.5mL 离心管，枪头、镊子，涂布棒，刀片，滤纸，吸水纸，培养皿，烧杯，试剂瓶，记号笔等。

任务 9-2　重组质粒的酶切鉴定

任务描述：

用碱裂解法从任务 8-3 获得的转化子中提取质粒，用限制性核酸内切酶 *Bam*HⅠ和 *Nde*Ⅰ对其进行酶切消化，对酶切产物进行琼脂糖凝胶电泳分析，以鉴定提取的质粒是否为重组质粒（pET30a-*glyA*）。

1. 实训原理

质粒载体具有抗生素抗性基因，如 Amp^r、Kan^r、Tet^r 等，外源目的基因的插入位点在抗生素抗性基因之外，这样形成的重组质粒转化至宿主细胞后，宿主就具有了抗生素抗性，因而在含抗生素的培养基中，只有转化菌落才能生长。但这种抗生素抗性筛选（平板筛选）多用于重组子筛选鉴定的初期，是一种初步的筛选方法。在实际工作中，由于质粒载体切割不完全、已切割的质粒载体自身环化或发生其他连接，往往会出现假阳性现象，因此需要进一步对转化子中的质粒进行酶切，并通过琼脂糖凝胶电泳分析酶切产物，以考察重组质粒酶切后能否释放外源目的基因及其片段大小。

2. 材料准备

在任务 9-1 操作准备基础上，准备材料清单，详见表 9-2。

表 9-2　重组质粒酶切及琼脂糖凝胶电泳材料准备单

菌种与试剂	菌种	任务 8-3 获得的转化子
	试剂	质粒抽提试剂：溶液Ⅰ，溶液Ⅱ，溶液Ⅲ，酚，氯仿，异戊醇，无水乙醇，70%乙醇，TE 缓冲液，10mg/mL RNase A 溶液，双蒸水。酶切试剂：*Bam*HⅠ、*Nde*Ⅰ及其 10×缓冲液，0.5mol/L EDTA(pH8.0)，3mol/L 乙酸钠(pH 5.2)，无水乙醇，70%乙醇，无菌双蒸水，TE 缓冲液。琼脂糖凝胶电泳试剂：1×TAE 电泳缓冲液，6×凝胶加样缓冲液，1%琼脂糖，10mg/mL EB，DNA Marker
仪器及耗材	超净工作台，摇床，台式高速离心机，恒温水浴锅，循环水真空泵，电泳仪，水平电泳槽，紫外检测仪，冰箱，制冰机，旋涡振荡器，微量移液器，1.5mL 离心管，1.5mL 离心管架，tip 头，温度计，吸水纸，记号笔等	

3. 任务实施

（1）重组质粒的抽提　从任务 8-3 获得的转化菌落中提取质粒，具体操作步骤见任务 5-2（用碱裂解法小量制备质粒 pET30a）。

（2）重组质粒的酶切

① 先用 *Bam*HⅠ酶切

a. 在 1.5mL 离心管中加入下列溶液，建立 20μL 酶切反应体系。

提取质粒 DNA　　　3.0μL

10×缓冲液	2.0μL
牛血清白蛋白（BSA）	0.2μL
无菌双蒸水	13.8μL
*Bam*HⅠ	1.0μL

b. 轻轻混匀，4000r/min 离心 10s，置于 37℃水浴中酶解 1.5h。

c. 酶切完成后，用等体积酚/氯仿抽提，12000r/min 离心 2min，吸取上清液，加 0.1 倍体积 3mol/L NaAc 和 2 倍体积无水乙醇，混匀后置 －20℃ 冰箱 30min，12000r/min 离心 5min，70%乙醇洗涤，离心、干燥并溶于 5μL 无菌双蒸水中。

② 再用 *Nde*Ⅰ酶切

a. 在 1.5mL 离心管中加入下列溶液，建立 20μL 酶切反应体系。

经 *Bam*HⅠ酶切质粒	5.0μL
10×缓冲液	2.0μL
牛血清白蛋白（BSA）	0.2μL
无菌双蒸水	11.8μL
*Nde*Ⅰ	1.0μL

b. 轻轻混匀，4000r/min 离心 10s，置 37℃水浴酶解 2h。

c. 酶切完成后，加入 0.5mol/L EDTA（pH8.0）使终浓度达 10mmol/L，以终止反应。

d. －20℃冰箱保存，待琼脂糖凝胶电泳分析。

（3）酶切产物的琼脂糖凝胶电泳分析　取 5μL 酶切产物与 1μL 6×上样缓冲液混合，同时设置 pET30a 作为对照以及 DL2000™ DNA Marker 作为电泳 Mark，进行 1%琼脂糖凝胶电泳鉴定。具体操作步骤见任务 6-2（琼脂糖凝胶电泳检测染色体 DNA、PCR 产物及质粒 pET30a）。

4. 结果分析

电泳结束后，在暗箱式紫外分析仪上观察重组质粒的酶切结果，如图 9-7 所示。图 9-7 中第 2 泳道显示重组质粒经酶切后形成两条带，一条是质粒 pET30a，其位置与第 1 泳道的对照 pET30a 一致；另一条是目的基因 *glyA*，其分子质量约 1.3kb，表明质粒样品中的目的基因 *glyA* 与质粒 pET30a 以正确方式重组。

温馨提示：

在紫外灯下观察时，应戴上防护眼镜或有机玻璃防护面罩，避免眼睛遭受强紫外光损伤。观察结束后的凝胶可用于 Southern 印迹杂交。

任务 9-3　重组质粒的 Southern 印迹杂交鉴定

任务描述：

本任务要求用 Southern 印迹杂交技术确定重组子中是否含有目的基因 *glyA* 片段。

1. 实训原理

glyA 和 pET30a 经酶切、连接和转化至大肠杆菌 DH5α 后，在含有 Kan 的 LB 平

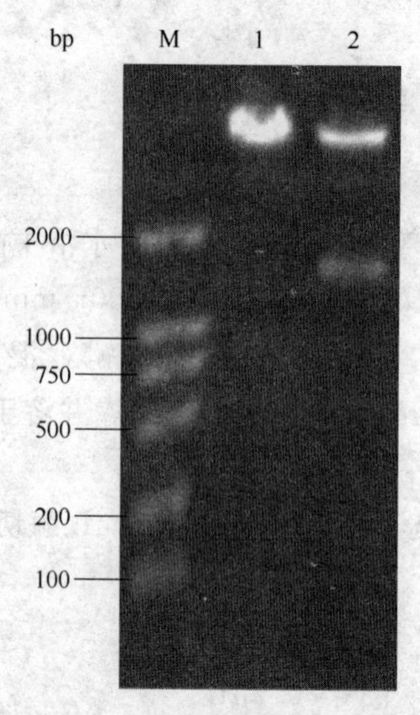

图 9-7 重组质粒酶切电泳图

1—pET30a；2—酶切产物；M—DNA Marker

板培养基上能生长的菌落，可初步确定为被质粒 pET30a 转化的菌落，但这种质粒 pET30a 可能是重组质粒 pET30a-*glyA*，也可能是空载的质粒 pET30a，或者是其他连接方式形成的质粒 pET30a。对重组质粒的鉴定，除任务 9-2 的酶切鉴定外，还可通过 Southern 杂交来鉴定重组子中是否含有外源目的基因。Southern 杂交的原理见本项目必备知识部分中的核酸分子杂交种类及方法。

2. 材料准备

在任务 9-1 和任务 9-2 基础上，准备材料清单，详见表 9-3。

表 9-3 Southern 印迹杂交材料准备单

样品与试剂	样品	任务 9-2 获得的重组质粒酶切产物电泳后的琼脂糖凝胶
	试剂	变性液，去离子水，中和液，20×SSC，6×SSC，TE 溶液，3mol/L 乙酸钠，0.1mmol/L EDTA 溶液，光敏生物素乙酸盐溶液，丝氨酸羟甲基转移酶基因（*glyA*）DNA 溶液，仲丁醇，无水乙醇，预杂交液，杂交液，2×SSC-0.1%SDS 漂洗液，0.1×SSC-0.1%SDS 漂洗液，封闭液，抗生物素蛋白-碱性磷酸酶（AV-Ap）酶联溶液，抗生物素蛋白-碱性磷酸酶（AV-Ap）缓冲液，显色液，终止缓冲液等
仪器及耗材	制冰机，水浴锅，恒温摇床，烘箱，封口机，微量移液器，1.5mL 离心管，吸头，刀片，玻璃平皿（20cm、10cm），玻璃板（10cm×5cm），杂交袋，滤纸，硝酸纤维素膜（NC 膜），100W 卤钨灯，镊子，吸水纸等	

3. 任务实施

（1）重组质粒的酶切及琼脂糖凝胶电泳　同任务 9-2，并以任务 9-2 获得的重组质粒酶切产物电泳后的琼脂糖凝胶作为材料。

（2）印迹转移

① 用刀片切掉凝胶一小角作为记号，然后将凝胶置于一玻璃平皿中。室温下将凝胶浸泡于适量的变性液中，放置 40～60min，期间不断地轻轻摇动，使凝胶上的 DNA 充分变性。

② 将凝胶用去离子水漂洗 1 次，并转移至另一玻璃平皿中，然后浸泡于适量的中

和液中约 40min，不断摇动。

③ 在直径为 20cm 的玻璃平皿中盛以 20×SSC 溶液，平皿中央再放置一个直径为 10cm 的平皿作为支撑物，其上放一块 10cm×5cm 的玻璃板，板上铺两张与玻璃板宽度相同的滤纸，滤纸的两个长边应垂入 20×SSC 溶液中，使溶液不断地吸到滤纸上。

温馨提示：

玻璃板和滤纸间不能有气泡，滤纸不能和手直接接触。

④ 将硝酸纤维素滤膜（NC 膜）剪成与凝胶完全一致的大小，去离子水浸湿后转入 20×SSC 溶液中浸泡 30min。

温馨提示：

硝酸纤维素滤膜不能用手直接接触。

⑤ 将中和处理后的凝胶置于上述铺好滤纸的玻璃板中央，用镊子将硝酸纤维素滤膜准确放于凝胶之上，硝酸纤维素滤膜上覆盖两张预先用 20×SSC 溶液浸湿的通用大小厚滤纸。

温馨提示：

凝胶点样孔朝下放置，一旦放置，不能再次移动。保证凝胶、滤纸、固相滤膜间紧密贴合，不能有气泡和褶皱。

⑥ 裁一叠 3cm 厚的吸水纸（大小略小于硝酸纤维素滤膜）放于上层滤纸之上，再将一块玻璃板置于吸水纸上，并用重物压在玻璃板上，虹吸转移 12～16h，期间可不断更换吸水纸，以加速凝胶上 DNA 向硝酸纤维素滤膜的转移。

温馨提示：

转移过程中要防止“短路”，即转膜缓冲液不经凝胶直接由滤纸流向吸水纸。避免“短路”应做到固相滤膜、吸水纸与凝胶大小一致，当凝胶上方的固相滤膜和吸水纸比凝胶大时，四边与凝胶下方的滤纸会直接接触，造成“短路”。同时，为确保原位印迹，固相滤膜一旦与凝胶接触，就不能取下重放或变换位置，且上方压放的重物应平稳，使凝胶平面上所受重力均一。

（3）固定 DNA

① 取下硝酸纤维素滤膜，于 6×SSC 溶液中浸泡约 5min。

② 将硝酸纤维素滤膜夹在四层滤纸间，置于 65～80℃烘箱中烘烤 4h，取出备用。

温馨提示：

印迹后应及时固定滤膜上的 DNA。

（4）光敏生物素标记核酸探针的制备

① 首先配制待标记核酸溶液。将丝氨酸羟甲基转移酶基因（*glyA*）DNA 溶于重蒸

水或 0.1mmol/L EDTA 溶液，使终浓度为 0.5～1μg/μL。

② 暗室中向一支 1.5mL 离心管中加入 5μL 光敏生物素乙酸盐溶液和待标记丝氨酸羟甲基转移酶基因（*glyA*）DNA 溶液。从此时开始不必避光操作。

③ 将上述 1.5mL 离心管置于冰浴中，打开管盖，调节标记灯（100W 卤钨灯）的灯泡，使之与液面相距 10cm，打开电源，照射 30min，加入 50μL（pH9.0）TE 溶液和 40μL 无菌水，使总体积为 100μL。

④ 加入 100μL 仲丁醇，混匀，离心 1min，小心吸去上层仲丁醇，重复提取 1 次。仲丁醇提取 1 次后，水相基本无色，真空浓缩至 30～40μL。

⑤ 加入 5μL 3mol/L 乙酸钠溶液，混匀后，加入 100μL 冷无水乙醇，混合后－20℃沉淀过夜。

⑥ 4℃，15000r/min 离心 20min，弃上清液，沉淀用 70%乙醇洗一次，离心，真空抽干，沉淀呈橘红色或棕色。

⑦ 沉淀溶于 100μL 0.1mmol/L EDTA 溶液，－20℃储存。

(5) 预杂交

① 将已经烘干的硝酸纤维素滤膜于 6×SSC 中浸湿，将膜放入大小合适的杂交袋中。

② 取 10mL 预杂交液加入袋中，封口机封口，42℃水浴保温 2～4h。

(6) 杂交

预杂交完毕后倒出预杂交液，加入适量杂交液及热变性（煮沸 10min）的光敏生物素标记探针（一般 2mL 杂交液加入 5μL 标记探针，依据 *glyA* 目的基因的序列进行探针的设计和制备），封口后 42℃杂交 20～24h。

(7) 洗膜

① 将杂交后的滤膜小心取出，放入 2×SSC-0.1%SDS 漂洗液中，室温振荡洗膜 3 次，每次 20min。

② 再将滤膜转入 0.1×SSC-0.1%SDS 溶液，漂洗 3 次，20min/次。

③ 漂洗后的滤膜用滤纸吸干，置于新塑料袋中，准备显色。

温馨提示：

漂洗应适当，洗膜不充分会导致背景太深，漂洗过度又可能导致假阴性。

(8) 显色

① 封闭　将硝酸纤维素滤膜置于适量封闭液（5cm×10cm 膜使用 4mL）中，42℃轻轻振荡 2～4h 以上。

② 酶联　倒去封闭液，加入 4mL 抗生物素蛋白-碱性磷酸酶（AV-Ap）酶联溶液，室温避光轻轻振荡 15min。

③ 洗涤　用抗生物素蛋白-碱性磷酸酶（AV-Ap）缓冲液洗膜 3 次，再用漂洗液洗膜 3 次，每次至少用 300mL 溶液，室温振荡 20min。

④ 显色　取出硝酸纤维素滤膜吸干表面并转入新袋中，加入适量显色液封袋，暗室中显色，随时观察条带的显现。

⑤ 终止反应　当条带显现清楚，而背景未显色时，倾去显色液，用终止缓冲液洗膜一次，终止反应。

温馨提示：

依据各实训室具体条件，操作中若使用有毒物质、制备放射性探针或放射自显影，应做好防护及环保。

4. 结果分析

终止反应后，蒸馏水洗膜数次后观察并分析结果，若在酶切产物泳道的 1.3kb 处有探针标记，表明重组质粒中含有目的基因 *glyA*（如图 9-8 所示）。

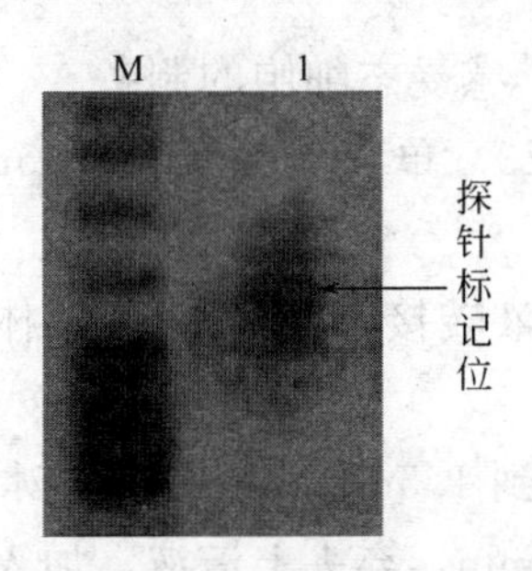

图 9-8　Southern 印迹杂交结果示意图

1—酶切产物；M—DNA Marker

任务 9-4　目的基因（*glyA*）的诱导表达

任务描述：

将从克隆菌株大肠杆菌 DH5α 中抽提获得的经鉴定为阳性的重组质粒 pET30a-*glyA* 转化至表达菌株大肠杆菌 BL21（DE3），然后在 IPTG 诱导下使目的基因（*glyA*）在大肠杆菌 BL21（DE3）中表达。

1. 实训原理

目的基因在宿主细胞中被人工诱导进行大量表达是基因工程的重要内容。大肠杆菌是目前应用最广泛的外源蛋白表达系统。利用含有携带外源目的基因表达载体的大肠杆菌表达菌株，通过向细菌培养基中加入化学试剂或是通过温度等条件的诱导（根据所构建的表达载体确定，不同载体所用的启动子不同，诱导表达方式也不一定相同），可使外源基因在大肠杆菌中高效表达。

大肠杆菌 DH5α 是一种常用于基因克隆的菌株。由于大肠杆菌 DH5α 的感受态效率高，质粒容易转化进去，所以 *glyA* 和 pET30a 经酶切、连接后一般先转化至大肠杆菌 DH5α，但目的基因（*glyA*）在 DH5α 中并不能实现表达。

大肠杆菌 BL21（DE3）是一种表达菌株，为溶源菌，带有处于 lac UV5 启动子控制下的 T7 噬菌体 RNA 聚合酶基因，常用于高效表达克隆于含有噬菌体 T7 启动子表达载体（如 pET 系列载体）的基因。因此，重组质粒（pET30a-*glyA*）须转化至大肠杆菌 BL21（DE3），使目的基因（*glyA*）在具有 T7 RNA 聚合酶的宿主细胞——大肠杆菌 BL21（DE3）中经 IPTG 诱导而表达。

2. 材料准备

在任务 9-1 和任务 9-2 基础上，准备材料清单，详见表 9-4。

表 9-4 重组质粒转化与目的基因诱导表达材料准备单

菌种与试剂	菌种	大肠杆菌 BL21(DE3)，阳性重组质粒(pET30a-*glyA*)
	培养基	LB 液体培养基，含卡那霉素(50μg/mL)的 LB 平板培养基
	试剂	0.1mol/L $CaCl_2$，IPTG 溶液，2×SDS 凝胶加样缓冲液等
仪器及耗材	超净工作台，培养箱，摇床，高速冷冻离心机，紫外分光光度计，恒温水浴锅，制冰机，微量移液器，1.5mL 离心管，离心管架，吸头，培养皿，记号笔，涂布器，牙签等	

3. 任务实施

(1) 大肠杆菌 BL21 (DE3) 感受态细胞的制备

① 挑取大肠杆菌 BL21 (DE3) 单菌落接种于 3～5mL LB 培养基中，37℃振荡培养过夜。

② 取 0.5mL 过夜培养的菌液转接到 50mL LB 液体培养基中，37℃振荡扩大培养，直到 A_{600} 达到 0.3～0.4。

③ 吸取 1.5mL 培养物转移到 1.5mL 离心管中，冰浴 20min。

④ 4℃，4000r/min 离心 10min，弃去上清液，加入 1.0mL 冰冷的 0.1mol/L $CaCl_2$ 溶液，小心悬浮细胞，冰浴 20min。

⑤ 4℃，4000r/min 离心 10min，倒净上清液，再用 1.0mL 冰冷的 0.1mol/L $CaCl_2$ 溶液轻轻悬浮细胞，冰浴 20min。

⑥ 4℃，4000r/min 离心 10min，弃去上清液，加入 100μL 冰冷的 0.1mol/L $CaCl_2$ 溶液，小心悬浮细胞，冰上放置片刻后，即制成了感受态细胞悬液。

温馨提示：

制备感受态细胞要近火无菌操作，防止感受态细胞受杂菌污染；制备好的感受态细胞悬液可直接用于转化实验，也可加入占总体积 15%左右高压灭菌过的甘油，置于－70℃条件下，长期保存。

(2) 阳性重组质粒转化至大肠杆菌 BL21 (DE3)

① 取 100μL 大肠杆菌 BL21 (DE3) 感受态细胞。

② 加入 1μL 阳性重组质粒 pET30a-*glyA*，轻轻摇匀。

③ 冰浴 30min 后，将菌液放入 42℃水浴中热激 90s，再立即放入冰浴中冷却 2min。

④ 向上述离心管中加入 0.8mL LB 液体培养基，摇匀后于 37℃振荡培养约 30min。

⑤ 取培养液 50μL 均匀涂布于含卡那霉素 (50μg/mL) 的 LB 平板培养基上。

⑥ 将涂布后的平板置于 37℃培养箱中，待菌液完全被培养基吸收后，倒置培养过夜。在平板上能够生长的菌落为含有重组质粒 (pET30a-*glyA*) 的大肠杆菌 BL21 (DE3)。

温馨提示：

42℃热处理时很关键，转移速度要快，温度要准确。菌液涂布应避免反复来回涂布。

(3) IPTG诱导目的基因（*glyA*）表达

① 挑取重组菌的单菌落，接种于3mL含卡那霉素（50μg/mL）的LB培养基中，37℃培养过夜。

② 次日取培养过夜的菌液50μL，接种于5mL含卡那霉素（50μg/mL）的LB液体培养基中，37℃，250r/min振荡培养至对数生长中期（A_{600}=0.5～0.6）。

③ 吸出1mL未经诱导的培养物放在一个微量离心管中，于室温以12000r/min离心1min，沉淀悬浮于100μL 1×SDS凝胶加样缓冲液，100℃加热3min，0℃保存待用。

④ 在剩余培养物中加入诱导物IPTG至终浓度1mmol/L，37℃继续振荡培养。

⑤ 分别在诱导后0.5h、1h、2h和3h取出1mL经过诱导的培养物，迅速在室温下以12000r/min离心1min，弃去上清液。

⑥ 将每一沉淀重悬于100μL 1×SDS凝胶加样缓冲液中，100℃加热3min。所有被收集的样品均储存于0℃，待SDS-聚丙烯酰胺凝胶电泳分析。

⑦ 在SDS-聚丙烯酰胺凝胶电泳前，融化样品，于室温以12000r/min离心1min，每种悬液取15μL加样于适当浓度的SDS-聚丙烯酰胺凝胶上。

4. 思考与分析

① 大肠杆菌外源蛋白表达的诱导方法有哪些？本任务采用的是哪种诱导方法？

② 影响外源目的基因表达的因素有哪些？

任务9-5　表达产物的SDS-PAGE分析

任务描述：

利用SDS-PAGE对任务9-4中目的基因（*glyA*）在大肠杆菌BL21（DE3）中的表达情况（是否表达、表达产物是否为丝氨酸羟甲基转移酶、表达量等）进行分析。

1. 实训原理

含有外源目的基因的细菌在诱导物存在下，可被诱导表达产生相应的目的蛋白。通过检测所表达的目的蛋白的大小或性质来判断其表达效果。而在检测诱导表达效果时，常采用SDS-PAGE来初步检测和判断所表达的目的蛋白情况。

在聚丙烯酰胺凝胶电泳体系中加入SDS和巯基乙醇，能掩盖不同蛋白质间的电荷差异，并引起蛋白质构象变化，从而导致变性后的蛋白质分子在凝胶电泳中的迁移率取决于其相对分子质量大小，而与其他因素（原有电荷、形状）无关。通过这种电泳方式可将细胞中所有蛋白质根据各自的相对分子质量大小而分离开来。通过比对实验组和对照组中蛋白质条带的差异，可初步判断蛋白质是否表达及表达量如何。

2. 材料准备

在任务9-1和任务9-4基础上，准备材料清单，详见表9-5。

3. 任务实施

(1) 电泳槽组装　以夹心式垂直板电泳槽为例，其装置如图9-9和图9-10所示。

① 将长、短玻璃板分别插到凹形橡胶框的凹形槽中。

表 9-5 SDS-PAGE 分析材料准备单

样品与试剂	样品	任务 9-4 获得的 IPTG 诱导前后培养物悬液
	试剂	30%丙烯酰胺，1.5mol/L Tris(pH8.8)，1.0mol/LTris(pH6.8)，10% SDS，10%过硫酸铵，TEMED，Tris-甘氨酸电泳缓冲液(pH8.3)，染色液，脱色液，蒸馏水，蛋白质 Marker 等
仪器及耗材		电泳仪，夹心式垂直板电泳槽，脱色摇床，微量注射器，微量移液器，1.5mL 离心管，离心管架，吸头，移液管，烧杯，记号笔等

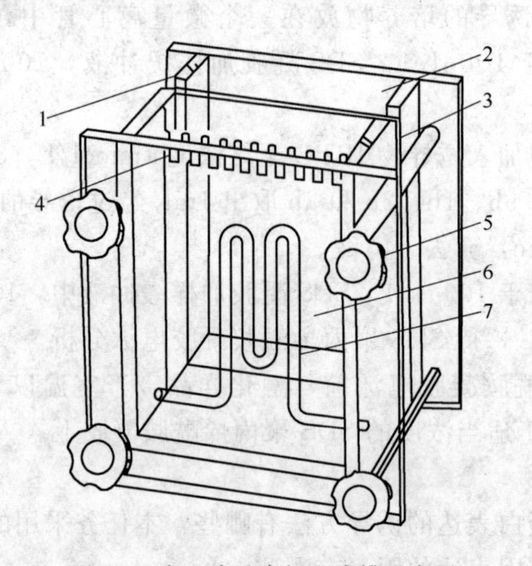

图 9-9 夹心式垂直板电泳槽示意图

1—导线接头；2—下储槽；3—凹形橡胶框；4—梳子；5—固定螺丝；6—上储槽；7—冷凝管

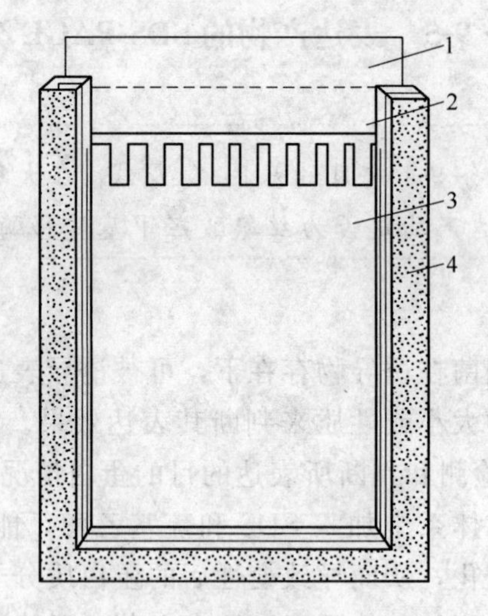

图 9-10 凝胶模示意图

1—梳子；2—长玻璃板；3—短玻璃板；4—凹形橡胶框

温馨提示：

注意勿用手接触灌胶面的玻璃。

② 在长玻璃板下端与橡胶模框交界的缝隙处加入已溶化的 1%琼脂，封住空隙。

温馨提示：

封底用的琼脂应用1×TBE溶解，凝固后的琼脂中应避免有气泡。

③ 将已插好玻璃板的凝胶模平放在上储槽上，短玻璃板应面对上储槽。

④ 将下储槽的螺孔对准已装好螺丝钉的上储槽，旋紧螺丝帽，竖直电泳槽。

温馨提示：

安装电泳槽，双手以对角线的方式旋紧螺丝帽，以免缓冲液渗漏。

（2）胶体的制备　参照待分离样品蛋白质的分子质量确定所用凝胶浓度（见表9-6）。

表9-6　SDS-聚丙烯酰胺凝胶的有效分离范围

凝胶浓度/%	线性分离范围/kDa
15	12～43
10	16～68
7.5	36～94
5.0	57～212

① 分离胶的制备　按表9-7配制12%分离胶，混匀后迅速将配好的分离胶倒入凝胶模长、短玻璃板间的间隙内，高度约8cm。然后沿长玻璃板板壁缓慢注入少许蒸馏水，进行水封。待凝胶完全聚合（约30min），倾去水封层的蒸馏水，并用滤纸条吸去残余水分。

温馨提示：

若凝胶与水封层间出现折射率不同的界线，则表示凝胶完全聚合。

表9-7　SDS-PAGE 12%分离胶配方

溶液成分	不同体积(mL)凝胶液中各成分所需体积/mL							
	5	10	15	20	25	30	40	50
蒸馏水	1.6	3.3	4.9	6.6	8.2	9.9	13.2	16.5
30%丙烯酰胺溶液	2.0	4.0	6.0	8.0	10.0	12.0	16.0	20.0
1.5mol/L Tris(pH8.8)	1.3	2.5	3.8	5.0	6.3	7.5	10.0	12.5
10%SDS	0.05	0.1	0.15	0.2	0.25	0.3	0.4	0.5
10%过硫酸铵	0.05	0.1	0.15	0.2	0.25	0.3	0.4	0.5
TEMED	0.002	0.004	0.006	0.008	0.01	0.012	0.016	0.02

② 浓缩胶的制备　按表9-8配制5%浓缩胶，混匀后迅速加到已聚合的分离胶上方（高度以插入梳子不溢出为宜），轻轻将梳子插入浓缩胶内，待凝胶完全聚合（约30min）后小心拔去梳子。

表9-8　SDS-PAGE 5%浓缩胶配方

溶液成分	不同体积(mL)凝胶液中各成分所需体积/mL							
	1	2	3	4	5	6	8	10
蒸馏水	0.68	1.4	2.1	2.7	3.4	4.1	5.5	6.8
30%丙烯酰胺溶液	0.17	0.33	0.5	0.67	0.83	1.0	1.3	1.7

续表

溶液成分	不同体积(mL)凝胶液中各成分所需体积/mL							
	1	2	3	4	5	6	8	10
1.0mol/L Tris(pH6.8)	0.13	0.25	0.38	0.5	0.63	0.75	1.0	1.25
10%SDS	0.01	0.02	0.03	0.04	0.05	0.06	0.08	0.1
10%过硫酸铵	0.01	0.02	0.03	0.04	0.05	0.06	0.08	0.1
TEMED	0.001	0.002	0.003	0.004	0.005	0.006	0.008	0.01

温馨提示：

丙烯酰胺为神经毒剂，使用时要小心，操作务必戴手套。过硫酸铵需新鲜配制，并注意浓度，否则影响胶凝固。残余胶液可暂时留存，便于参考胶凝固时间。

（3）上样

① 将 Tris-甘氨酸电泳缓冲液倒入上、下储槽中，高度应没过短玻璃板约 0.5cm。

② 用微量注射器吸取 10～20μL 制备好的诱导前后培养物悬液及已知相对分子质量的混合标准蛋白质（蛋白质 Marker）加入上样孔，加样体积可根据凝胶厚度及样品浓度灵活掌握。

温馨提示：

每个凹形样品槽内只加一个样品或蛋白质 Marker；若样品槽中有气泡，可用注射器针头挑除；加样时，微量注射器针头应尽量接近加样槽底部，但针头勿碰破凹形槽胶面。

（4）电泳

连接电泳仪，打开电源，按 8V/cm 确定所需电压，待指示剂（溴酚蓝）进入分离胶后将电压提高到 15V/cm，继续电泳直至溴酚蓝到达分离胶底部（约需 4h），停止电泳，关闭电源。

温馨提示：

正极应接下储槽。

（5）剥胶

电泳结束后，取下凝胶模，卸下橡胶框，轻轻撬开两层玻璃，取出凝胶，切角作记号。

温馨提示：

剥离凝胶应戴手套，防止污染胶面。

（6）染色

经 SDS-PAGE 分离的蛋白质样品可用考马斯亮蓝 R250 染色。

① 染色　将凝胶浸泡在染色液中，在室温下缓慢摇动染色 30min。

② 脱色　回收染色液，凝胶先用蒸馏水漂洗一次，再浸入脱色液中，放在脱色摇

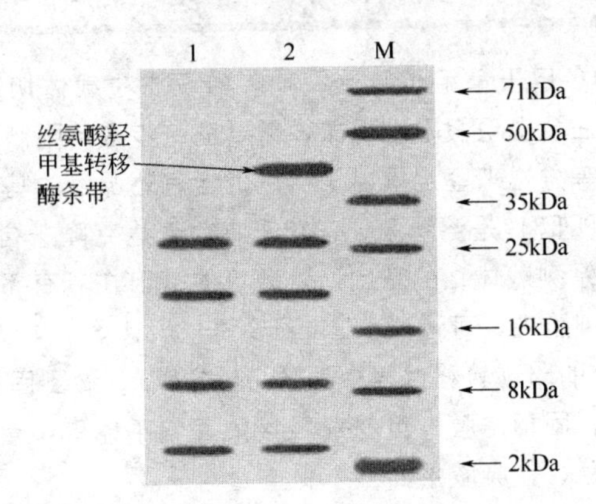

图 9-11　表达产物 SDS-PAGE 电泳示意图

1—诱导前样品；2—诱导后样品；M—蛋白质 Marker

床上于室温平缓摇动 3～5h，其间更换脱色液 3～4 次，直至条带清晰。

③ 漂洗　脱色后，用蒸馏水漂洗凝胶 3～5 次。

温馨提示：

脱色后的凝胶可长期封装在塑料袋内保存，亦可对凝胶进行拍照，或将凝胶干燥成胶片。

4. 结果分析

参照已知相对分子质量的蛋白质 Marker，观察 IPTG 诱导后培养物样品的电泳情况。如诱导后培养物样品所在泳道在 46.5kDa 处出现特异蛋白质条带，表明目的基因（*glyA*）已在大肠杆菌 BL21（DE3）中表达出目的蛋白——丝氨酸羟甲基转移酶（图 9-11），并可通过薄层扫描测定丝氨酸羟甲基转移酶的表达量。

知·识·要·点

聚丙烯酰胺凝胶电泳（PAGE）是以聚丙烯酰胺凝胶为支持介质的电泳技术，广泛应用于蛋白质、酶和核酸等生物分子的分离和分析。聚丙烯酰胺凝胶的聚合体系有化学聚合和光聚合两种，前者催化剂为过硫酸铵，加速剂为 TEMED；后者催化剂为核黄素，不需加速剂。

聚丙烯酰胺凝胶电泳可分为连续系统与不连续系统两类。不连续系统的电荷效应、分子筛效应和浓缩效应，使其分离出的条带清晰，分辨率更高。

SDS-PAGE 中待检蛋白质的迁移速率取决于其相对分子质量大小，而与其他因素无关，常用于测定蛋白质的相对分子质量和检测目的蛋白的表达情况。

核酸分子杂交是应用核酸分子双链结构以及双链结构变性和复性性质，使不同来源的两条 DNA 与 DNA、DNA 与 RNA、RNA 与 RNA 链之间的同源序列进行碱基互补配对，形成异源杂合分子的过程。其操作内容涉及杂交探针的制备、被检核酸的制备、印迹及杂交三个方面。

核酸分子杂交可分为液相杂交和固相杂交两种类型。常用的固相杂交有印迹杂交、斑点杂交、狭缝杂交和原位杂交等。印迹杂交又可分为 Southern 杂交和 Northern 杂交。

技·能·要·点

1、抗生素抗性筛选多用于重组子筛选初期。由于质粒载体切割不完全、自身环化等因素，转化子往往会出现假阳性现象，需要进一步应用限制性核酸内切酶酶切、Southern 印迹杂交等方法来鉴定重组子中是否含有外源目的基因。

2. 大肠杆菌 BL21（DE3）是溶源菌，常用于高效表达克隆于含有噬菌体 T7 启动子表达载体（如 pET 系列载体）的基因。外源目的基因在具有 T7 RNA 聚合酶的大肠杆菌 BL21（DE3）细胞中，可通过加入 IPTG 诱导表达。

3. 在 Southern 杂交的印迹转移过程中要防止“短路”，做到固相滤膜、吸水纸与凝胶大小一致。同时，固相滤膜一旦与凝胶接触，就不能取下重放或变换位置，且上方压放的重物应平稳，使凝胶平面上所受重力均一。

4. 30％丙烯酰胺溶液放置时间不宜超过三周；10％过硫酸铵须为新鲜配制的溶液；10％SDS 溶液若出现白色沉淀，可放入 37℃温箱片刻，使其成清亮溶液；加水封存分离胶液面时应从左到右，缓慢均匀，避免出现波浪形。

一、等电聚焦电泳

等电聚焦电泳（isoelectric focusing electrophoresis，IFE）是一种利用蛋白质分子或其他两性分子等电点的不同和凝胶（常用聚丙烯酰胺凝胶、琼脂糖凝胶、葡聚糖凝胶等）内建立的稳定、连续、线性的 pH 梯度，进行两性分子分离的电泳技术。电泳时每种两性分子将在与其等电点（p*I*）相同的 pH 处（此时此蛋白质不再带有净的正电荷或负电荷）形成一个很窄的区带。该技术于 1966 年由瑞典科学家 Rible 和 Vesterberg 建立，具有分辨率高（0.001 pH 单位）、重复性好、操作简便、快速等优点，广泛应用于分子生物学、遗传学、临床医学等相关研究。

1. 等电聚焦电泳的基本原理

等电聚焦电泳体系中，pH 梯度介质按照从阳极到阴极 pH 值逐渐增大的规律分布。蛋白质等两性分子具有两性解离的性质，因此电泳时在碱性区分布的两性分子将带负电荷，并向阳极移动，直至其等电点 pH 值处因净电荷为零而停止泳动。同理，位于酸性区域的两性分子带正电荷向阴极移动，直到它们的等电点 pH 值处聚焦。可见等电点是两性分子在等电聚焦电泳中相互分离的特性量度。将等电点不同的两性分子混合物加入有 pH 梯度的凝胶介质中，在电场内经过一定时间后，各组分将聚焦在各自等电点 pH 上，并形成相应的区带（图 9-12）。

使电泳体系产生 pH 梯度的方式有人工 pH 梯度和天然 pH 梯度两种。人工 pH 梯度采用两种 pH 值不同的缓冲液经相互扩散而形成，由于此梯度不稳定，重复性差，现已不再使用。天然 pH 梯度是在电场作用下，借助于两性电解质载体在凝胶中的移动，在正负极间形成的均匀连续的 pH 梯度（图 9-13）。电解质载体存在消除了对流现象，

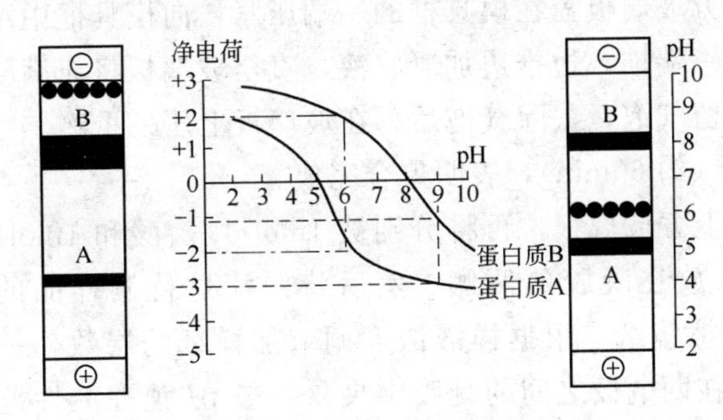

图 9-12　等电聚焦电泳原理示意图

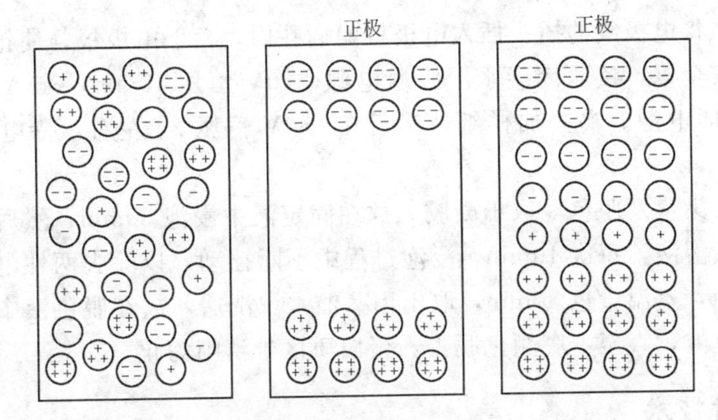

图 9-13　两性电解质载体在电场中形成的 pH 梯度

因此天然 pH 梯度在一定温度范围内是很稳定的。

两性电解质载体是等电聚焦电泳中的关键试剂，直接影响 pH 梯度形成和聚焦，多是由不饱和脂肪族多氨基多羧基化合物的混合物构成。混合物的各组分具有相近但不同的 pK_a 和 pI 值，在外电场作用下，可自然形成 pH 梯度。理想的两性电解质载体应在自身等电点范围内具有足够的缓冲能力及良好的导电性能，前者保证 pH 梯度的稳定，后者允许一定的电流通过。

2. 等电聚焦电泳的主要流程

等电聚焦电泳多采用水平式和管式，其操作基本流程相似，包括等电聚焦凝胶溶液配制、安装电泳槽、铺胶、加样、电泳、停止电泳、取胶固定、染色及脱色等主要环节。现以等电聚焦水平电泳为例说明等电聚焦电泳的主要操作步骤。

(1) 电泳槽的安装　先取一块表面平整光滑的玻璃板，洗净晾干，一面均匀涂布防水硅油，另一面做标记。然后将冷却槽调至水平，槽上铺一张用液体石蜡浸湿的滤纸或坐标纸，取另一块干净的玻璃板紧贴滤纸或坐标纸放置，不能出现气泡。再将塑料间隔模具框置于玻璃板上，夹紧固定，并把涂有硅油的玻璃板向下覆盖在模具框上。为了降低制胶成本也可用胶带代替塑料模具框，制备 0.15mm 厚的超薄型凝胶。

(2) 凝胶溶液配制　依次加入 30%丙烯酰胺储存液 2.6mL、两性电解质 0.8mL 和重蒸水 7.6mL，脱气 10min，再加入 10%过硫酸铵 70μL、TEMED 11μL 后混匀。

（3）灌胶　将上方玻璃板盖在模具框的一端压紧，向模具框中注入凝胶溶液。然后将玻璃板向模具框另一端推，边推边加凝胶液，直至玻璃板将充满凝胶溶液的模具框全部覆盖。检查有无残留气泡，去除气泡后，在玻璃板上压一重物。室温下聚合直至模具框周围出现折光波纹（约 60min），表明聚合完成。

（4）加样　取下上方玻璃板，再将分别被 1mol/L 磷酸和 1mol/L NaOH 浸湿的电极滤纸条各两张对称放在凝胶的两侧。然后将浸渍过待测样品的加样纸（0.5cm×0.5cm，厚度 4～8 层擦镜纸，根据样液浓度调节加样纸的层数，一般标准样 4 层，其他样液均为 8 层）放在两电极之间的凝胶中央（一般 p*I* 值在酸性范围的样品放置在偏碱性的位置，p*I* 值在碱性范围的样品放置在偏酸性的位置，但样品不能紧靠电极滤纸条）。

（5）电泳　将电极线的插头插入电极板的插孔内，盖上电极板，使铂金丝压在电极滤条上。盖上安全罩，接通冷凝水。接通电源，60V 恒压 15min，8mA 恒流至电压上升到 550V，关闭电源。揭去加样纸，然后在 580V 恒压 2h 左右，待电流降至接近于零，停止电泳。

（6）固定、染色及脱色　取出凝胶，放在固定液中浸泡 30min，然后转移至脱色液中浸泡。换 3 次溶液，每次 10min，浸泡过程中不断摇动，以除去两性电解质。再把胶放置于染色液中，室温染色 30min，取出用蒸馏水漂洗后，放在脱色液中脱色，不断摇动，并更换脱色液，直至本底颜色脱去，蛋白质区带清晰为止。

二、DNA 芯片技术

随着大规模基因组测序的完成，生命科学的发展逐渐跨入后基因组时代，涌现出以生物芯片技术为代表的许多功能强大的研究方法和研究工具。生物芯片主要包括基因芯片和蛋白质芯片。

基因芯片（gene chip）通常指 DNA 芯片（也叫 DNA 微阵列），是通过将数以万计的 DNA 探针分子（寡核苷酸、cDNA、基因组 DNA）以高度密集排列的方式固定在面积很小的基质载体（硅片、玻片或尼龙膜）上而构成的。

1. DNA 芯片技术的原理

DNA 芯片技术是用被标记的待测样品与芯片上集成的探针进行杂交，并对杂交信号进行实时、灵敏、准确的检测分析，从而判断样品中靶分子的数量及其与探针分子的同源性，获取相关序列信息的过程。该技术解决了传统的核酸印迹杂交操作复杂、操作序列数量少等缺点，具有自动化、多样化、微型化和并行性的突出特点，可以一次性对大量基因序列进行检测和分析，已在分子生物学研究、医学临床检验、生物制药和环境保护等领域显示出了强大的生命力。

2. DNA 芯片技术主要流程

DNA 芯片技术包括四个主要步骤：芯片制备、样品制备、杂交反应及杂交信号检测。

（1）DNA 芯片的制备　当前 DNA 芯片的制备主要有点样法和原位合成法两种类型。

① 点样法：即依据芯片的分析目标，采用适当的策略（人工合成、分离提取、PCR 扩增等）获得探针 DNA 分子，然后在计算机控制下通过点样机分别把不同的探针溶液滴加在基质载体相应位置上，并通过理化方法使之固定。点样法的优点在于技术成熟、成本低、速度快，但构成方阵的 DNA 探针需要预先合成。

② 原位合成法：是通过特定的技术在基质载体上直接合成 DNA 探针阵列而获得 DNA 芯片的技术，其技术关键在于高分辨率的模板定位和高合成产率的化学合成。目前原位合成芯片的技术手段主要有光蚀刻合成（图 9-14）与压电印刷两种。前者是利用汞光照射激活基质载体上探针 DNA 的合成，即先在基质载体上偶联带有光敏保护基团的羟基，汞光选择性地照射固相支持物特定位点，使该位点羟基去除保护基团成为自由羟基，然后产生的自由羟基可与加入的带光敏保护基团的核苷酸发生偶联，即第一个核苷酸被固定到目标位置。随着此过程的循环进行，DNA 链不断地延伸，直至探针 DNA 序列合成完毕。压电印刷法的技术原理类似于喷墨打印机，主要通过使用 4 支分别装有 A、T、G、C 核苷的压电喷头在芯片上做原位 DNA 探针合成。

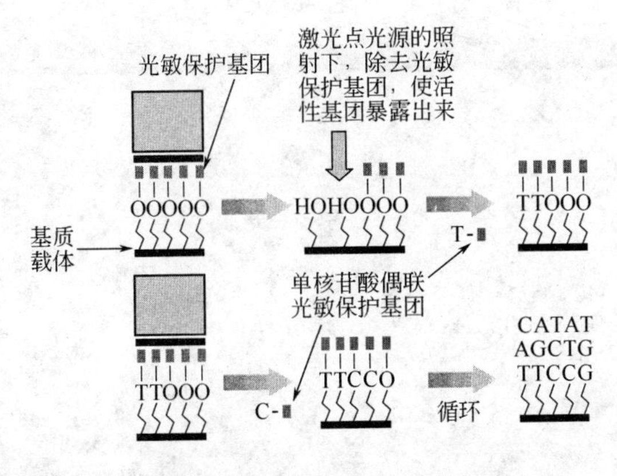

图 9-14　光蚀刻芯片合成

（2）样品的制备　除少数特殊样品外，待检样品成分往往比较复杂，一般与芯片接触前要进行提取、纯化操作，若样品量很小，还需进行扩增。最后用荧光、生物素或同位素对制备的样品进行标记，以提高检测的灵敏度和使用者的安全性。

（3）杂交反应　杂交是待测的标记样品与芯片上已知序列的探针进行反应的过程。影响待测 DNA 样品和芯片上 DNA 探针杂交的因素主要是时间、温度及缓冲液的盐浓度。应根据检测目的确定杂交反应的最佳条件。用于基因表达检测时一般要在低温和高盐条件下进行较长时间的杂交反应，若是基因测序或突变检测在高温和低盐条件下进行短时杂交即可。

（4）杂交信号的检测　待测样品与支持物上的探针杂交后，标记样品结合在芯片特定位置。杂交信号与样品 DNA 和探针 DNA 序列碱基配对的完全程度呈正相关。杂交信号检测是 DNA 芯片技术的重要环节，杂交信号的检测方法有激光扫描或激光共聚焦检测系统、CCD 检测系统、质谱法、化学发光法和光导纤维法等多种方法。

实·践·练·习

1. 常见的DNA探针标记方法有（　　）。

A. 切口平移法　　B. 随机引物法　　C. 光敏生物素标记法

D. T4聚合酶替代法　　E. 3′末端标记法　　F. 5′末端标记法

2. Southern印迹杂交是（　　）。

A. 将DNA转移到膜上所进行的杂交

B. 将RNA转移到膜上所进行的杂交

C. 将蛋白质转移到膜上所进行的杂交

D. 将多糖转移到膜上所进行的杂交

E. 将脂类转移到膜上所进行的杂交

3. 质粒DNA导入细菌的过程称为（　　）。

A. 转化　　B. 转染　　C. 感染

D. 传染　　E. 连接

4. 等电聚集电泳主要操作环节包括（　　）。

A. 等电聚焦凝胶溶液配制　　B. 安装电泳槽　　C. 铺胶

D. 加样　　E. 电泳　　F. 染色及脱色

（王小国）

参 考 文 献

[1] 袁婺洲. 基因工程. 北京：化学工业出版社，2010.

[2] 庞俊兰等. 现代生物技术实验室安全与管理. 北京：科学出版社，2006.

[3] 徐涛. 实验室生物安全. 北京：高等教育出版社，2010.

[4] 袁榴娣. 高级生物化学与分子生物学实验教程. 南京：东南大学出版社，2006.

[5] 刘志国. 基因工程原理与技术. 第2版. 北京：化学工业出版社，2010.

[6] 陈秀秀等. 生物化学与分子生物学实验技术——实验指导分册. 杭州：浙江大学出版社，2010.

[7] 李钧敏. 分子生物学实验. 杭州：浙江大学出版社，2010.

[8] 张吉林等. 医学分子生物学实验指导. 北京：中国医药科技出版社，2005.

[9] 赵亚力等. 分子生物学基本实验技术. 北京：清华大学出版社，2006.

[10] 陈雪岚. 基因工程实验. 北京：科学出版社，2012.

[11] 赵丽等. 现代基因操作技术. 北京：中国轻工业出版社，2010.

[12] 张惠展. 基因工程. 上海：华东理工大学出版社，2005.

[13] 高勤学. 基因操作技术. 北京：中国环境科学出版社，2007.

[14] 赵亚华. 分子生物学教程. 北京：科学出版社，2007.

[15] 朱玉贤，李毅. 现代分子生物学. 北京：高等教育出版社，2001.

[16] 杨建雄. 生物化学与分子生物学实验技术教程. 北京：科学出版社，2002.

[17] 胡福泉. 现代基因操作技术. 北京：人民军医出版社，2000.

[18] 汪峻. 基因操作技术. 武汉：华中师范大学出版社，2010.

[19] 张虎成. 基因操作技术. 北京：化学工业出版社，2010.

[20] 吴乃虎. 基因工程原理. 第2版. 北京：科学出版社，2003.

[21] 刘进元. 分子生物学实验指导. 北京：清华大学出版社，2002.

[22] 严海燕. 基因工程与分子生物学实验教程. 湖北：武汉大学出版社，2009.

[23] 陈金中，薛京伦. 载体学与基因操作. 北京：科学出版社，2007.

[24] 彭银祥等. 基因工程. 武汉：华中科技大学出版社，2007.

[25] 曾佑炜等. 基因工程技术. 北京：中国轻工业出版社，2010.

[26] 申煌煊. 分子生物学实验方法与技巧. 广州：中山大学出版社，2010.

[27] 钟卫鸿. 基因工程技术实验指导. 北京：化学工业出版社，2007.

[28] 李立家，肖庚富. 基因工程. 北京：科学出版社，2004.

[29] 王关林，方宏筠. 植物基因工程原理与技术. 北京：科学出版社，1998.

[30] 刘仲敏，林兴兵，杨生玉. 现代应用生物技术. 北京：化学工业出版社，2004.

[31] 萨姆布鲁克等著. 分子克隆实验指南. 黄培堂等译. 第3版. 北京：科学出版社，2008.

[32] 克里斯托弗·豪. 基因克隆与操作. 李慎涛等译. 北京：科学出版社，2010.

[33] 乔越美等. 丝氨酸羟甲基转移酶基因（*glyA*）的克隆. 广西农业生物科学，2003，(6)：139-142.

[34] 李鑫等. 共表达SHMT和TPase载体的构建及双酶法合成L-色氨酸. 生物工程学报，2010，26（9）：1302-1308.

[35] 吴丽娟等. 酵母表达系统及其应用研究. 生命的化学，2003，23（1）：46-49.

[36] Williams J G K，et al. Nucleic Acids Res，1990，18：6531-6535.